单片机控制技术及应用

唐耀武　罗忠宝　张立新　编著

机械工业出版社

本书从单片机的实际应用出发，通过任务驱动方式，使学生在完成任务的过程中，逐步掌握单片机的基本结构、原理、接口技术及其应用。书中通过 15 个任务，使学生逐步掌握单片机内部资源的应用和 I/O 口的功能及控制方法，掌握数码管显示、键盘、液晶显示、A-D 转换、D-A 转换、EEPROM 的控制等单片机常用技术，从而进一步学会和掌握利用单片机开发交通灯控制器、温控仪表等工业产品的技术和方法。本书在内容编排上力求体现单片机知识的系统性，注重前后知识点之间的关联，在注重理论基础的同时突出实践应用，并通过任务、实例引导激发读者学习兴趣，培养实际应用能力。

本书可作为普通高校计算机类、电子信息类、电气自动化及机械专业的教学用书，还可作为高职高专以及培训机构的教学用书，同时，也可作为单片机应用领域工程技术人员的参考书。

图书在版编目（CIP）数据

单片机控制技术及应用 / 唐耀武，罗忠宝，张立新编著. —北京：机械工业出版社，2016.10
ISBN 978-7-111-55332-8

Ⅰ.①单…　Ⅱ.①唐…　②罗…　③张…　Ⅲ.①单片微型计算机－计算机控制　Ⅳ.①TP368.1

中国版本图书馆 CIP 数据核字（2016）第 267448 号

机械工业出版社（北京市百万庄大街 22 号　邮政编码 100037）
责任编辑：丁　伦　　责任校对：张艳霞
责任印制：李　洋
中国农业出版社印刷厂印刷

2017 年 1 月第 1 版·第 1 次印刷
184mm×260mm·18 印张·345 千字
0001—3000 册
标准书号：ISBN 978-7-111-55332-8
定价：45.00 元

凡购本书，如有缺页、倒页、脱页，由本社发行部调换

电话服务　　　　　　　　　　网络服务
服务咨询热线：(010)88379833　机 工 官 网:www.cmpbook.com
读者购书热线：(010)88379649　机 工 官 博:weibo.com/cmp1952
　　　　　　　　　　　　　　　教育服务网:www.cmpedu.com
封面无防伪标均为盗版　　　金 书 网:www.golden - book.com

前　言

　　单片机作为计算机发展的一个重要分支，已渗透到人们生活的各个领域。单片机在各领域的广泛应用，使其成为目前工程教育中最基本和最核心的课程之一。

　　在教学体系中，单片机是一门实践性很强的课程，如果只注重理论学习，不重视实践环节，就得不到好的学习效果。只有遵循"任务驱动→案例引导→在学中做→在做中学"这样一个循序渐进、由浅入深的学习过程，才能逐渐理解和掌握单片机的理论知识和应用技能。

　　单片机的学习，难在软件设计，也就是如何用软件控制硬件，因此书中列举了大量的案例，这些案例都是经过实验验证的。读者可以通过分析这些案例，理解和掌握单片机的编程及操作，同时通过这些案例加深对理论的理解。分析案例和模仿案例进行程序设计是初学者提高技能的有效方法，但一直模仿下去就不会进步了，因此要尽力独立完成工作任务，尽情发挥个人创造力，多实践、多积累，就会逐渐成为编程高手。

　　学习单片机的最终目的，是获得利用知识解决生产实际问题的能力。为此，本书在详细介绍了单片机的基础知识后，从工程实际应用角度出发，以培养开发设计能力为目的，在单片机接口技术的应用方面，引入了交通灯控制器设计和温控仪表设计等侧重于实际应用的工作任务，旨在引导读者掌握工业产品开发的能力。

　　就软件设计而言，汇编语言和 C 语言各有特点，很难区分孰优孰劣。究竟采用哪种语言编程，完全取决于个人的兴趣和爱好。但汇编语言入门难和移植性不好是业界公认的，而且随着存储器技术的发展和单片机执行速度的提升，在设计开发时人们已经不再担心存储容量和程序执行时间的问题，因此 C 语言逐渐成为单片机软件开发的"新宠"。本书采用 C 语言作为软件设计语言，对 C 语言的介绍以"够用"为目标，只求灵活精炼，不求广博深奥，并简单介绍了 Keil C51 编译器的实操用法。

　　本书除能满足大中专院校《单片机控制技术与应用》的课程教学外，也可以作为相关专业课程设计、毕业设计的参考书，还可以作为单片机开发设计爱好者的参考资料。

　　本书是吉林工程技术师范学院刘君义教授主持的教育部、财政部"职业院校教师素质提高计划——本科专业职教师资培养资源开发项目"（项目编号：VTNE030）的成果之一。

　　本书由唐耀武、罗忠宝、张立新编著，唐耀武编写了第 2 章、第 4 章、第 8 章及附录；罗忠宝编写了第 3 章、第 5 章及第 6 章；张立新编写了第 1 章和第 7 章；全书由唐耀武统稿，由刘君义教授通篇审读。在此对全体参编人员予以感谢，同时感谢许建平教授、方建教授在本书编写过程中给予的大力帮助。

　　由于编著者水平有限，书中不足之处难免，敬请广大读者批评指正。

目　　录

V

第1章　单片机概述

单片机自 20 世纪 70 年代诞生以来，经过长足的发展，在全世界单片机市场已形成了几十个系列、上百种型号。本章主要介绍单片机的概念、用途、种类、特点等内容，以帮助读者为今后的应用和选择打下基础。

如何学习单片机是新手最为关心的问题，要想掌握这门知识，没有捷径可走，只有勤学苦练，学中做、做中学才能学好。

1.1　什么是单片机

单片机也叫作"微控制器"或者"嵌入式微控制器"，它不是完成某一个逻辑功能的芯片，而是把组成微型计算机的各种功能部件——中央处理单元（Central Processing Unit，CPU）、随机存取存储器（Random Access Memory，RAM）、只读存储器 ROM（Read-only Memory，ROM）、基本输入/输出（Input/Output）接口电路和定时器/计数器等部件——都制作在一块集成芯片上，构成一台完整的微型计算机，从而实现微型计算机的基本功能。简言之，一块芯片就实现了一台计算机的功能。

1.2　单片机的用途

目前单片机已渗透到人们生活的各个领域，其应用包括消费类电子（电视机、录像机、空调控制器等）、商场市场管理类产品（智能电子秤、条码管理系统等）、汽车电子（恒温空调、胎压检测仪、倒车雷达和汽车内各种控制器等）、通信类产品（手机、对讲机等）、农业类产品（如温湿度控制、自动灌溉等产品）、数据采集类产品（如气象数据采集、电量数据采集）、计算机外围设备类（键盘、鼠标、打印机、显示器等）、办公设备（复印机、传真机、扫描仪等）、智能仪器仪表（各种电量测量仪、高精度测试电源等）、智能大厦安全防护产品（录像监控、火灾报警、门禁系统等）、计量类产品（民用 IC 卡电表、水表、燃气表、标准表等）和休闲娱乐类产品（智能玩具、跑步机、按摩椅等）。

单片机具有体积小、价格低、应用灵活方便、运行稳定可靠等特点，其应用给人们生活的各个领域带来了重大技术革新和技术进步。单片机可以嵌入任何装置的系统中，实现检测、运算、控制等功能。目前，单片机正为越来越多的人所接受，据统计，我国单片机的年使用量已达 10 亿片左右，且每年还在以一定速度增长。

1.3　单片机的种类

随着市场上使用单片机的智能电子产品有所增多，对单片机的成本、体积、性能也有了不同的要求，为此单片机生产商推出了诸多不同型号的单片机。下面对市场上常用的单片机及其生产商进行简单介绍。

1. MCS-51 单片机

MCS-51 单片机最早由英特尔（Intel）公司推出。随后 Intel 公司将 80C51 内核使用权以专利互换或出让的方式授权给世界许多著名 IC 制造厂商，如 Philips、NEC、Atmel、AMD、Dallas、Siemens、Fujitsu、华邦、LG 等。这些公司所生产的单片机在保持与 80C51 单片机兼容的基础上，融入了自身的优势，扩展了满足不同测控对象要求的外围电路，如满足模拟量输入的 A-D、满足伺服驱动的 PWM、满足高速输入/输出控制的 HSI/HSO、满足串行扩展总线 I^2C、保证程序可靠运行的 WDT、引入使用方便且价格低廉的 Flash ROM 等，开发出了上百种功能各异的新品种。这样 80C51 单片机就变成了众多芯片制造厂商支持的大家族，统称为 80C51 系列单片机。客观事实表明，80C51 已成为 8 位单片机的主流，为业界标准 MCU 芯片。

2. Philips 单片机

飞利浦半导体作为全球著名的半导体产品供应商，在单片机领域具有强大的影响力，其产品范围广泛并且在技术创新上极为活跃，尤其近几年在 ARM（32 位）和增强型 51 单片机方面有大量的新产品问世。飞利浦 51 系列单片机与 MCS-51 指令系统完全兼容。

3. Atmel 单片机

Atmel 公司是世界上著名的高性能、低功耗、非易失性存储器和数字集成电路的一流半导体制造公司，其最令人注目的是电可擦除技术、闪速存储器技术和高质量高可靠性的生产技术。在 CMOS 器件生产领域中，Atmel 先进的设计水平、优秀的生产工艺及封装技术一直处于世界领先地位。这些技术的应用使单片机在结构性能和功能等方面都有了明显的优势。Atmel 公司的单片机是目前市面上一种独具特色而性能卓越的单片机，其生产的 AT90 系列是增强型 RISC 内载 Flash 单片机，通常称为 AVR。AT91M 系列是基于 ARM7TDMI 嵌入式处理器的 ATMEL16/32 微处理器系列中的一个新成员，该处理器用高密度的 16 位指令集实现了高效的 32 位 RISC 结构，且功耗很低。另外 Atmel 的增强型 51 系列单片机目前在市场上仍然十分流行，特别是其中的 AT89S51 更是十分活跃。

4. MicroChip 单片机

MicroChip 公司的单片机产品主要是 PIC 16C 系列和 PIC 17C 系列 8 位单片机，CPU 采用 RISC 结构，指令数量少，具有 Harvard 双总线结构，具有运行速度快、低工作电压、低功耗、较大的输入/输出直接驱动能力、价格低、一次性编程，以及体积小等特点，适用于用量大、档次低、价格低的产品。近些年，PIC 系列单片机的世界单片机市场份额排名逐年提高，发展非常迅速。

5. TI 公司的 MSP430 系列单片机

MSP430 系列单片机是由 TI 公司开发的 16 位单片机，其突出特点是超低功耗，非常适合于各种功率要求低的场合。MSP430 系列单片机有多个系列和型号，分别由一些基本功能模块按不同的应用目标组合而成，其典型应用是流量计、智能仪表、医疗设备和保安系统等。由于其具有较高的性价比，因此应用日趋广泛。

6. 凌阳单片机

中国台湾省凌阳科技股份有限公司（Sunplµs Technology CO. LTD）致力于 8bit 和 16bit

单片机的开发，其主推产品是 SPMC65 系列单片机。该产品采用 8bit SPMC65 的 CPU 内核，并围绕这个通用的 CPU 内核，形成了不同片内资源的一系列产品。另一款 SPMC75 系列单片机内核采用凌阳科技自主知识产权的 μnSP16 位微处理器，集成了多种功能模块：多功能 I/O 口、串行口、ADC、定时计数器等常用硬件模块，以及能产生电机驱动波形的 PWM 发生器、多功能的捕获比较模块、BLDC 电机驱动专用位置侦测接口、两相增量编码器接口等特殊硬件设备，主要用于变频电动机驱动控制。SPMC75 系列单片机具有很强的抗干扰能力，广泛应用于变频家电、变频器、工业控制等控制领域。

7. Motorola 单片机

Motorola 是世界上最大的单片机厂商，所生产的单片机 68HC05 有 30 多个系列 200 多个品种；8 位增强型单片机 68HC11 有 30 多个品种；16 位单片机 68HC16 有十多个品种；32 位单片机 683XX 系列有几十个品种。Motorola 单片机的特点之一是在同样的速度下所用的时钟较 Intel 类单片机低得多，因而使得高频噪声低，抗干扰能力强，更适合用于工控领域以及恶劣环境。Motorola 的 8 位单片机过去采取是以掩膜为主的策略，最近推出一次性可编程（One Time Programable，OTP）系列以适应单片机的发展，其 32 位机在性能和功耗上都胜过 ARM7。

8. 飞思卡尔（Freescale）单片机

飞思卡尔（Freescale）半导体公司，就是原来 Motorola 公司的半导体产品部，于 2004 年从 Motorola 分离出来，更名为 Freescale。Freescale 系列单片机采用哈佛结构和流水线指令结构，在许多领域内都表现出低成本、高性能的特点，其体系结构为产品的开发节省了大量时间。此外，Freescale 提供了多种集成模块和总线接口，可以在不同的系统中更灵活地发挥作用。Freescale 单片机主要有 HC05、HC08、HCS08、RS08 等 8 位机系列；HC12、S12、S12X 等 16 位机系列；PowerPC、Coldfire、ARM、M.CORE 等 32 位机系列。

9. Zilog 单片机

Zilog 公司的主推产品是 Z8 单片机，采用了多累加器结构，有较强的中断处理能力。Z8 单片机为 OTP 型，其开发工具可以说是物美价廉。Z8 单片机以低价位的优势面向低端应用，以 18 引脚封装为主，内含 0.5～2KB 的 ROM。最近 Zilog 公司又推出了 Z86 系列单片机，该系列内部集成廉价的 DSP 单元。

10. Scenix 单片机

Scenix 公司推出的 8 位 RISC 结构 SX 系列单片机与 Intel 的 Pentium II 等一起被评选为"1998 年世界十大处理器"。该系列单片机在技术上有其独到之处：SX 系列双时钟设置，指令运行速度可达 50/75/100MIPS（每秒执行百万条指令，×××Million Instructions Per Second）；具有虚拟外设功能，柔性化 I/O 端口，所有 I/O 端口都可单独编程设定；公司提供各种 I/O 的库函数，用于实现各种 I/O 模块的功能，如多路 UART、多路 A-D、PWM、SPI、DTMF、FS、LCD 驱动等等；采用 EEPROM/FLASH 程序存储器，可以实现在线系统编程。值得一提的是通过计算机 RS232C 接口，采用专用串行电缆即可对目标系统进行在线实时仿真。

11. NEC 单片机

日本 NEC 公司生产的 NEC 单片机自成体系，以 8 位机 78K 系列产量最高，此外，也有 16 位、32 位单片机。16 位单片机采用内部倍频技术，以降低外时钟频率。除此之外，有的单片机还采用了内置操作系统。NEC 注重服务大客户，并投入相当大的技术力量帮助大客户开发新产品。

12．东芝单片机

日本东芝（TOSHIBA）公司生产从 4 位到 64 位的单片机，种类齐全。4 位单片机在家电领域仍有较大市场，8 位单片机主要有 870 系列、90 系列等。该类单片机允许使用慢模式，采用 32kHz 时钟，功耗低至 10μA 数量级。CPU 内部多组寄存器的使用，使得中断响应与处理更加快捷。东芝公司的 32 位单片机采用 MIPS3000ARISC 的 CPU 结构，面向数字相机、图像处理等市场领域。

13．NSC 公司的 COP800 系列单片机

COP800 系列单片机是美国国家半导体（National Semiconductor，NSC）公司的产品。COP 即 Control Orienteted Processor 的缩写，其含义为"面向控制的处理机"或"以控制为应用目标的计算机"。COP800 系列单片机，其内部集成了 16 位 A-D，这在 8 位单片机中是不多见的。COP800 系列单片机内部使用了 EMI 电路，在"看门狗"电路以及 STOP 方式下的唤醒方式都有独到之处。此外，COP800 系列的程序加密也做得非常好。

14．STC 单片机

宏晶科技有限公司生产的 STC 单片机完全兼容 51 单片机，并有其独到之处，其抗干扰性强、加密性强、超低功耗、可以远程升级、内部有 MAX810 专用复位电路、价格也较便宜，由于这些特点使得 STC 系列单片机的应用日趋广泛。

15．华邦单片机

中国台湾省华邦公司的 W77、W78 系列 8 位单片机的引脚和指令集与 MCS-51 兼容，但每个指令周期只需要 4 个时钟周期，速度提高了 3 倍，工作频率最高可达 40MHz；同时增加了 Watchdog Timer、6 组外部中断源、2 组 UART、2 组 Datapointer 及 Wait state control pin.。W741 系列的 4 位单片机带液晶驱动，具有在线烧录、保密性高、低操作电压（1.2V～1.8V）等特点。

16．SST 单片机

美国 SST 公司推出的 SST89 系列单片机为标准的 51 系列单片机，包括 SST89E/V52RD2、SST89E/V54RD2、SST89E/V58RD2、SST89E/V554RC 和 SST89E/V564RD 等型号。它与 8052 系列单片机兼容，提供系统在线编程（ISP 功能），且其内部 Flash 擦写次数可达 1 万次以上，程序保存时间可达 100 年左右。

17．C8051 单片机

Silicon Labs 公司的 C8051 单片机具有增强的 CIP-51 内核，其指令集与 MCS-51 完全兼容，具有标准 MCS-51 的组织架构，可以使用标准的 803x/805x 汇编器和编译器进行软件开发。CIP-51 采用流水线结构，70% 的指令执行时间为 1 或 2 个系统时钟周期，是标准 MCS-51 指令执行速度的 12 倍；其峰值执行速度可达 100MIPS（C8051F120 等），是目前世界上速度最快的 8 位单片机。绝大部分 C8051F 系列单片机都集成了单个或两个 A-D 转换器，在片内模拟开关的作用下可实现对多路模拟信号的采集转换；片内 A-D 转换器的采样精度最高可达 24bit，采样速率最高可达 500ksps（kilo samples per second），集成了丰富的外部设备接口。

1.4　本书的选择

MCS-51 单片机因其芯片价格低廉、资料多、易学习、易开发等特点而成为学习其他高档单片机的基础。

STC 单片机是以 MCS-51 内核为主的系列单片机，它是宏晶科技生产的单时钟/机器周期的单片机，是高速、低功耗、超强抗干扰的新一代 MCS-51 单片机，指令代码完全兼容传统 MCS-51，但速度快 8～12 倍，内部集成 MAX810 专用复位电路。4 路脉冲宽度调制（Pulse Width Modulation，PWM）和 8 路高速 10 位 A-D 转换，针对电动机控制、强干扰场合。芯片内置电可擦可编程只读存储器（Electrically Erasable Programmable Read-Only Memory，EEPROM），具有在系统可编程/在应用可编程（ISP/IAP）功能，无须使用编程器/仿真器。

本书以 MCS-51 的基本结构为基础进行教学，使用 STC12C5A60S2 单片机作为实验用芯片，STC12C5A60S2 芯片引脚和 MCS-51 单片机的引脚完全兼容，只是在保留了 MCS-51 引脚基本功能的基础上对引脚功能有更多的扩展，STC12C5A60S2 指令代码与 MCS-51 完全兼容，其内部功能也在 MCS-51 的基础上有了很大改进。对于 STC12C5A60S2 所特有的功能，这里只进行部分介绍，读者若想了解 STC 单片机更多信息，请参阅相关资料。

1.5　如何学习单片机

1．看书学习与实践相结合

看书学习与实践相结合是学习单片机的最好方法。通过看书学习可以掌握单片机的概念、用途以及所具有的资料等知识，但只学习理论是不够的，单片机是一门实用技术，不通过实践是无法掌握实用技术的，因此要边看书学习边实践，要"学中做""做中学"，用理论知识指导实践，用实践加深对理论知识的理解和掌握。学习实用技术和应付考试不同，书上的内容不需要读者去硬性记忆，书是用来参考查阅的，遇到问题，要学会查阅参考资料，知道该去哪里找，找到相关知识点，分析明白并领悟透彻。通过这种实践、查阅，再实践、再查阅，循环往复，就可以掌握相关知识。

2．由简单到复杂，逐步积累

单片机内部结构复杂、编程语言抽象，且实际应用中与其他电子技术和元器件知识相互关联，涉及的知识较多，因此在学习时不能好高骛远和急于求成。俗话说，万事开头难，学习单片机应该从简单做起，先解决入门问题，只要入了门，就把握了学习的主动权。要明白，单片机其实就是一块芯片，用软件控制引脚的变化实现其控制功能。通常，如何编写软件控制硬件是初学者很头疼的问题，因此要从简单入手，从控制 1 个 LED 的闪烁到控制 8 个 LED 轮流闪烁，用不同的编程思路来体会软件和硬件的相互关系，逐步掌握软件的功能和作用，然后再逐步深入中断、定时器/计数器、串行口的应用以及外部接口技术的应用。同时要学会模仿和借鉴，多参考和分析他人的程序设计思想，在此过程中积累自己的设计经验，在不断学习与积累中提高自己的技术水平。

3．互相帮助，独立思考

学习单片机时，共同学习的人要互相帮助，共同提高，在学习的过程中多加切磋，这样既能提高学习效率，又可增进同学或同事之间的友谊，是一举多得的好事。但不能产生依赖心理，要注意培养自己独立思考、分析问题、解决问题的能力，特别是创新能力。

名词解释：

- Mask ROM（掩膜 ROM）：Mask ROM 的写入是由生产厂商用最后一道工序——掩膜工艺来写入信息的，用户不能擦写更改。
- OTP ROM（One Time Programe ROM）：一次性编程，写入后不能更改。若要更改，则会使芯片作废。
- EPROM（Erasable Programmable ROM）：EPROM 可由用户以专用的 EPROM 编程器自行写入。需要修改时可先用紫外线照射，擦除原有信息，再次写入新的信息，能反复使用。
- EEPROM：EEPROM 比 EPROM 具有更大的灵活性。在 TTL 电压下就能实现写入操作。
- Flash ROM：Flash ROM 是一种新型的电可擦除、非易失性存储器，使用方便，价格低廉，可多次擦写，近年来应用广泛。
- MPU（Microprocessor Unit）：微处理器。
- MCU（Microcontroller Unit）：微控制器，单片机。
- CISC（Complex Instruction Set Computing）：复杂指令集。
- RISC（Reduced Instruction Set Computer：精简指令集。

练习题

1. 单片机与普通微型计算机的区别是什么？
2. 为什么说 80C51 单片机已成为事实上的标准 MCU 芯片？
3. PIC 单片机有哪些特点？
4. STC 单片机有哪些种类和特点？

第2章 MCS-51单片机的硬件结构

本章将以 MCS-51 单片机为例介绍单片机的引脚功能、存储器结构、特殊功能寄存器功能、4 个并行 I/O 口的结构和特点、复位电路、时钟电路，以及单片机最小系统等。本章是学习单片机的基础，只有了解了单片机的硬件构成，才能进一步研究其用途。

2.1 MCS-51 单片机的硬件组成

MCS-51 系列单片机的内部基本结构框图如图 2-1 所示，其中包括中央处理器（CPU）、程序存储器（ROM）、数据存储器（RAM）、定时/计数器、串行口、I/O 接口特殊功能寄存器（Special Function Register，SFR）、看门狗定时器等模块。

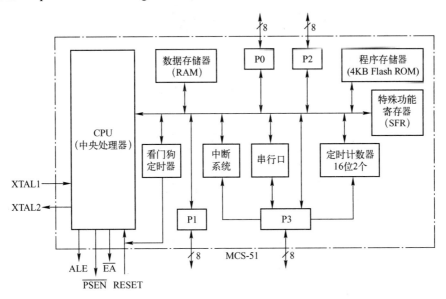

图 2-1 MCS-51 系列单片机的内部基本结构框图

MCS-51 系列单片机的主要特性如下：

1）8 位微处理器（CPU），内含 1 个布尔处理器。

2）4K 字节片内 ROM，256 字节的片内 RAM。

3）21 个特殊功能寄存器（Special Function Register，SFR）。

4）32 条双向 I/O 接口线，且分别可按位控制（可位寻址）。

5）可扩展 64K 外部程序存储器的地址空间。

6）可扩展 64K 外部数据存储器的地址空间。

7）2 个 16 位定时 / 计数器。

8）具有 2 个优先级的 5 个中断源结构。

9）1 个可编程全双工串行口。

10）1 个片内时钟振荡器和时钟电路。

就 STC 系列单片机而言，它还包括大容量 Flash 程序存储器、多字节片内静态随机存取存储器（Static Random Access Memory，SRAM）、在系统可编程（In System Programming，ISP）/在应用可编程（In Application Programming，IAP）、EEPROM、"看门狗"、程序状态字存储器（Program Status Word，PSW）、A-D 转换等模块。

2.2 MCS-51 单片机的引脚功能

要掌握 MCS-51 单片机，应首先了解 MCS-51 单片机的引脚，熟悉并牢记各引脚的功能。MCS-51 系列单片机中各种型号芯片的引脚是互相兼容的。目前 MCS-51 单片机多采用 40 个引脚的塑料双列直插式封装（Plastic Dual In-Line Package，PDIP）方式，如图 2-2 所示。

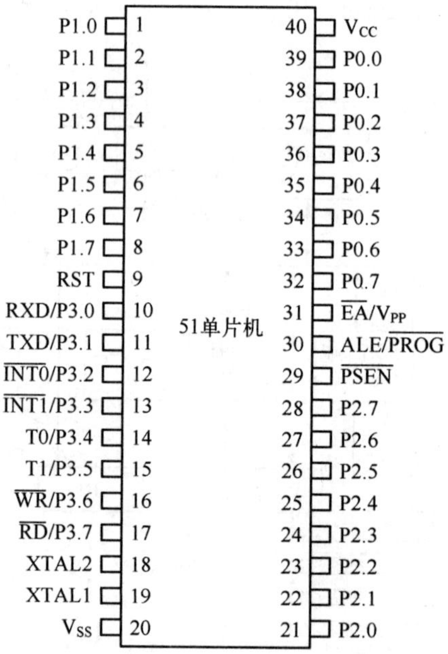

图 2-2　STC89C51 塑料双列直插式封装方式的引脚

此外，还有 44 个引脚的带引线的塑料芯片载体（Plastic Leaded Chip Carrier，PLCC）封装和薄型四侧引脚扁平封装（Low-Profile Quad Flat Package，LQFP）的芯片，如图 2-3 所示。

40 个引脚按其功能可分为如下 3 类。

1）电源及时钟引脚：Vcc、Vss；XTAL1 及 XTAL2。

2）控制引脚：$\overline{\text{PSEN}}$、ALE/$\overline{\text{PROG}}$、$\overline{\text{EA}}$/Vpp 及 RST（RESET）。

3）I/O 口引脚：P0.0～P0.7、P1.0～P1.7、P2.0～P2.7 及 P3.0～P3.7。

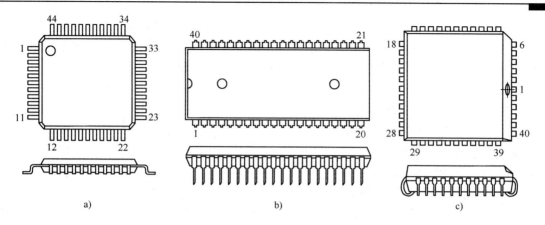

图 2-3　MCS-51 单片机的封装形式

a) LQFP-44 封装　　b) PDIP-40 封装　　c) PLCC-44 封装

1．电源引脚

电源引脚接入单片机的工作电源。

1）Vcc（40 脚）：接+5 V 电源。

2）Vss（20 脚）：接数字地。

2．时钟引脚

（1）XTAL1（19 脚）

片内振荡器反相放大器和时钟发生器电路的输入端。当使用片内振荡器时，该引脚连接外部石英晶体和微调电容；当采用外接时钟源时，该引脚接外部时钟振荡器的信号。

（2）XTAL2（18 脚）

片内振荡器反相放大器的输出端。当使用片内振荡器时，该引脚连接外部石英晶体和微调电容；当采用外部时钟源时，该引脚悬空。

3．控制引脚

（1）RST（RESET，9 脚）

复位信号输入端，高电平有效。在此引脚加上持续时间大于 2 个机器周期的高电平，就可以使单片机复位。在单片机正常工作时，此引脚应为≤0.5V 的低电平。当看门狗定时器溢出输出时，该引脚将输出长达 96 个时钟振荡周期的高电平。

（2）$\overline{EA}$（External Access Enable，31 脚）

外部程序存储器访问允许控制端。

当 $\overline{EA}$ 引脚接高电平时，在 PC 值不超出 0FFFH（即不超出片内 4KB 程序存储器的地址范围）时，单片机读片内程序存储器（4KB）中的程序；当 PC 值超出 0FFFH（即超出片内 4KB Flash 程序存储器地址范围）时，单片机将自动转向读取片外 60 KB（1000H～FFFFH）程序存储器空间中的程序。

当 $\overline{EA}$ 引脚接低电平时，单片机只读取外部程序存储器中的内容，读取的地址范围为 0000H～FFFFH，此时片内的 4KB Flash 程序存储器不起作用。

（3）ALE（Address Latch Enable，30 脚）

ALE 为 CPU 访问外部程序存储器或外部数据存储器提供一个地址锁存信号，将低 8 位地址锁存在片外的地址锁存器中。此外，单片机在正常运行时，ALE 端一直有正脉冲信号输出，此频率为时钟振荡器频率（fosc）的 1/6，该正脉冲振荡信号可作外部定时或触发信号使用。但是要注意，每当 AT89C51 访问外部 RAM 时（即执行 MOVX 类指令时），要丢失一个 ALE 脉冲。

（4）$\overline{\text{PSEN}}$（Program Strobe Enable，29 脚）

片外程序存储器的读选通信号，低电平有效。

4．并行 I/O 口引脚

（1）P0 口（P0.0～P0.7）

8 位漏极开路的三态双向 I/O 口。

当 51 单片机扩展外部存储器及 I/O 接口芯片时，P0 口作为地址总线（低 8 位）及数据总线的分时复用端口。

P0 口也可作为通用的 I/O 口使用，但需外加上拉电阻，这时为准双向口。当作为通用的 I/O 输入时，应先向端口输出锁存器写入 1。P0 口可驱动 8 个 LS 型 TTL 负载。

（2）P1 口（P1.0～P1.7）

8 位准双向 I/O 口，具有内部上拉电阻。

P1 口是专为用户使用的准双向 I/O 口。当作为通用的 I/O 口输入时，应先向端口锁存器写入 1。P1 口可驱动 4 个 LS 型 TTL 负载。

（3）P2 口（P2.0～P2.7）

8 位准双向 I/O 口，具有内部上拉电阻。

当 51 单片机扩展外部存储器及 I/O 接口芯片时，P2 口作为高 8 位地址总线用，输出高 8 位地址。P2 口也可作为普通的 I/O 口使用。当作为通用的 I/O 口输入时，应先向端口输出锁存器写入 1。P2 口可驱动 4 个 LS 型 TTL 负载。

（4）P3 口（P3.0～P3.7）

8 位准双向 I/O 口，具有内部上拉电阻。

P3 口可作为通用的 I/O 口使用。当作为通用的 I/O 口输入时，应先向端口输出锁存器写入 1。P3 口可驱动 4 个 LS 型 TTL 负载。

P3 口还可提供第二功能，其第二功能定义见表 2-1。

表 2-1　P3 口的第二功能定义

引　　脚	第二功能	说　　明
P3.0	RXD	串行数据输入
P3.1	TXD	串行数据输出
P3.2	$\overline{\text{INT0}}$	外部中断 0 输入
P3.3	$\overline{\text{INT1}}$	外部中断 1 输入
P3.4	T0	定时器 0 外部计数输入
P3.5	T1	定时器 1 外部计数输入
P3.6	$\overline{\text{WR}}$	外部数据存储器写选通输出
P3.7	$\overline{\text{RD}}$	外部数据存储器读选通输出

注意：双向口与准双向口的差别如下：

双向口有"高电平""低电平"及"高阻"3 个状态，称为三态 I/O 口。P0 口作为数据总线使用时，多个数据源都挂在数据总线上，当 P0 口不需要与其他数据源打交道时，需要与数据总线"高阻"隔离，因此，P0 口必须是三态 I/O 口。

准双向口仅有"高电平"和"低电平"两个状态，无"高阻"状态，所以准双向 I/O 口作为输入使用时，一定要向该口先写入 1。

2.3 MCS-51 单片机的 CPU

MCS-51 单片机的 CPU 由运算器和控制器构成。

2.3.1 运算器

运算器主要用来对操作数进行算术、逻辑和位操作运算，包括算术逻辑运算单元（Arithmetic Logical Unit，ALU）、累加器（A）、程序状态字存储器（PSW）、位处理器及两个暂存器等。

1．算术逻辑运算单元（ALU）

ALU 的功能十分强大，它不仅可对 8 位变量进行逻辑运算和算术运算，还具有位操作功能，对位（bit）变量进行位处理，如置1、清0、求补、测试转移及逻辑与、或等操作。

2．累加器（A）

累加器（A）是 CPU 中使用最频繁的一个 8 位寄存器，其作用如下。

1）累加器 A 不仅是 ALU 单元的输入数据源之一，还是 ALU 运算结果的存放单元。

2）CPU 中的数据传送大多都通过累加器，故累加器又相当于数据的中转站，所以 51 系列单片机有"瓶颈堵塞"问题。

3．程序状态字存储器（PSW）

MCS-51 单片机的程序状态字存储器（Program Status Word，PSW）位于单片机片内的特殊功能寄存器区，字节地址为 D0H，可以位寻址。PSW 主要用来保存当前指令执行后的状态，以供程序查询和判断。PSW 的格式和各个位的功能见表 2-2。

表 2-2　程序状态字寄存器的格式和各个位的功能

数据位	D7	D6	D5	D4	D3	D2	D1	D0
位符号	Cy	Ac	F0	RS1	RS0	OV	—	P
位地址	D7H	D6H	D5H	D4H	D3H	D2H	D1H	D0H

（1）Cy（PSW.7）进位标志位

Cy 也可写为 C。在执行算术运算和逻辑运算指令时，若有进位/借位，则 Cy=1；否则，Cy=0。在位处理器中，它是位累加器。

（2）Ac（PSW.6）辅助进位标志位

在 BCD 码运算时，Ac 辅助进位标志位用作十进制调整。即若 D3 位向 D4 位产生进位或借位，Ac=1；否则，Ac=0。

（3）F0（PSW.5）用户设定标志位

供用户使用的一个状态标志位，可用指令置 1 或清 0，也可由指令来测试该标志位，根据测试结果控制程序的流向。

（4）RS1 和 RS0（PSW.4 和 PSW.3）4 组工作寄存器区选择控制位

MCS-51 单片机把内部 RAM 地址为 00H～1FH 这 32 个存储单元划分为工作寄存器区，并分成 4 组，每组占 8 个单元，分别用 R0～R7 表示，CPU 在任何时刻只能选中一组作为当前工作寄存器。RS1 和 RS0 的设定状态与所选择的 4 组工作寄存器区的对应关系见表 2-3。

表 2-3　RS1、RS0 与 4 组工作寄存器区的对应关系

RS1　RS0	所选的 4 组寄存器
0　0	0 区（内部 RAM 地址 00H～07H）
0　1	1 区（内部 RAM 地址 08H～0FH）
1　0	2 区（内部 RAM 地址 10H～17H）
1　1	3 区（内部 RAM 地址 18H～1FH）

（5）OV（PSW.2）溢出标志位

当执行算术指令时，OV 溢出标志位用来指示运算结果是否产生溢出。如果结果产生溢出，OV=1；否则，OV=0。

（6）PSW.1 位

保留位，未用。

（7）P（PSW.0）奇偶标志位

该标志位用来指示累加器中 1 的个数是奇数还是偶数。若 P=1，则表示 A 中 1 的个数为奇数；若 P=0，则表示 A 中 1 的个数为偶数。

此标志位对串行通信中的串行数据传输有重要的意义。在串行通信中，常用奇偶检验的方法来检验数据串行传输的可靠性。

2.3.2　控制器

控制器的主要任务是识别指令，并根据指令的性质控制单片机各功能部件，从而保证单片机各部分能自动协调地工作。控制器主要包括程序计数器、指令寄存器、指令译码器、定时及控制逻辑电路等，其功能是控制指令的读入、译码和执行，从而对单片机的各功能部件进行定时和逻辑控制。

程序计数器（Program Counter，PC）是控制器中最基本的寄存器，它为一个独立的 16 位计数器，并且是不可访问的，即用户不能直接使用指令对 PC 进行读/写。当单片机复位时，PC 中的内容为 0000H，即 CPU 从程序存储器 0000H 单元取指令，开始执行程序。

PC 的基本工作过程是：CPU 读指令时，PC 的内容作为所取指令的地址发送给程序存储器，然后程序存储器按此地址输出指令字节，同时 PC 自动加 1，这也就是它被称为"程序计数器"的原因。

PC 中内容的变化决定了程序的流程。由于 PC 是不可访问的，因此当顺序执行程序时自动加 1；当执行转移程序或子程序、中断子程序调用时，由运行的指令自动将其内容更改成所要转移的目的地址，从而实现程序的跳转。

PC 的计数宽度（位数）决定了程序存储器的地址范围。MCS-51 单片机中的 PC 位数为 16 位，故可对 64KB 的程序存储器进行寻址（也就是最大寻址范围是 64×1024Byte）。

2.4　MCS-51 单片机的存储器结构

　　MCS-51 单片机存储结构的特点之一是将程序存储器和数据存储器分开（称为"哈佛结构"），并用各自的指令对这两个不同的存储器空间进行访问。

　　MCS-51 单片机的存储器空间可划分为程序存储区、数据存储区、特殊功能寄存器区和位地址区。各类存储器结构如图 2-4 所示。

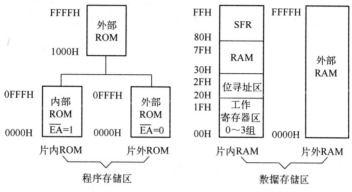

图 2-4　MCS-51 单片机的各类存储器结构

2.4.1　程序存储区

　　程序存储器是只读存储器（ROM），用于存放程序和表格之类的固定常数。

1. 片内 ROM

　　MCS-51 单片机的片内程序存储器为 4KB Flash 程序存储器（STC 单片机最大为 32KB），地址范围为 0000H～0FFFH。

2. 片外 ROM

　　MCS-51 单片机有 16 位地址线，可外扩的程序存储器空间最大为 64KB，地址范围为 0000H～FFFFH。

3. 片内与片外 ROM 的关系

　　整个程序存储区可以分为片内和片外两部分，CPU 究竟是访问片内的还是片外的程序存储器，可由 $\overline{EA}$ 引脚上所接的电平来确定。

　　1）$\overline{EA}$ =1 时，CPU 从片内 0000II 开始取指令，当 PC 值没有超出 0FFFH（0000H～0FFFH 为片内 4KB Flash 存储器的地址范围）时，CPU 只访问片内的 Flash 程序存储器，当 PC 值超出 0FFFH 时，CPU 会自动转向读取片外程序存储区 1000H～FFFFH 内的程序。

　　2）$\overline{EA}$ =0 时，单片机只能执行片外程序存储器（地址范围为 0000H～FFFFH）中的程序。CPU 不理会片内 4KB 的 Flash 存储器。

4. 程序存储区中的特殊单元

　　程序存储区的某些单元被固定用于各中断源的中断服务程序的入口地址。MCS-51 的 64KB 程序存储器空间中有 5 个特殊单元，分别对应于 5 个中断源的中断入口地址，见表 2-4。MCS-51 复位后，程序存储器地址指针 PC 的内容为 0000H，程序从程序存储器中的 0000H 地址开始执行。一般在该单元存放一条跳转指令，跳向主程序的入口地址。

表 2-4　5 个中断源的中断入口地址

中　断　源	入口地址
外部中断 0	0003H
定时器 T0	000BH
外部中断 1	0013H
定时器 T 1	001BH
串行口	0023H

通常在这 5 个中断入口地址处都放一条跳转指令，用以跳向对应的中断服务子程序，而不是直接存放中断服务子程序。这是因为两个中断入口间隔仅有 8 个单元，不可能存放一段很长的程序。

2.4.2　数据存储区

数据存储区分为片内与片外两部分。

1. 片内 RAM

MCS-51 单片机的片内 RAM 共有 128 个单元，字节地址为 00H～7FH。图 2-5 所示为 MCS-51 单片机片内 RAM 的结构，其中可分为 3 个区。

地址为 00H～1FH 的 32 个单元是 4 组通用工作寄存器区，每个区包含 8 个工作寄存器，编号为 R0～R7。用户可以通过指令改变 PSW 中的 RS1 和 RS0 来切换当前选择的工作寄存器区。

地址为 20H～2FH 的 16 个单元，是 128 位可位寻址区，也可以进行字节寻址。

地址为 30H～7FH 的单元为用户 RAM 区，只能进行字节寻址，用于存放数据以及作为堆栈区使用。

图 2-5　片内 RAM 的结构

注意：对于内部 RAM 为 256 个单元的机型，由于 80H～FFH 单元和特殊功能寄存器发生了地址重叠，为了区分操作对象，80H～FFH 的 RAM 只能用寄存器间接寻址方式，特殊功能寄存器 SFR 只能用直接寻址方式。

2. 片外数据存储器

MCS-51 也可以扩展外部数据存储器，MCS-51 单片机最多可外扩 64KB 的 RAM。

注意：片内 RAM 与片外 RAM 两个空间是相互独立的，即使地址相同，但由于使用不同的访问指令，所以不会发生冲突。

2.4.3　特殊功能寄存器

MCS-51 单片机中有中断、定时器/计数器、串行口、I/O 口等功能部件，CPU 通过特殊功能寄存器来控制和管理单片机内部的这些功能部件。特殊功能寄存器（Special Function Register，SFR）的单元地址映射在片内 RAM 的 80H～FFH 区域中，共有 21 个，离散地分布在该区域中。表 2-5 所示即为 SFR 的名称及其分布。其中有些 SFR 还可以进行位寻址，其位地址已在表 2-5 中列出。

表 2-5　SFR 的名称及其分布

序　号	特殊功能寄存器符号	名　　称	字节地址	位　地址	复　位　值
1	P0	P0 口	80H	87H～80H	FFH
2	SP	堆栈指针	81H		07H
3	DPL	数据指针低字节	82H		00H
4	DPH	数据指针高字节	83H		00H
5	PCON	电源控制寄存器	87H		0××× 0000B
6	TCON	定时器/计数器控制寄存器	88H	8FH～88H	00H
7	TMOD	定时器/计数器方式控制寄存器	89H		00H
8	TL0	定时器/计数器 0 低字节	8AH		00H
9	TL1	定时器/计数器 1 低字节	8BH		00H
10	TH0	定时器/计数器 0 高字节	8CH		00H
11	TH1	定时器/计数器 1 高字节	8DH		00H
12	P1	P1 口	90H	97H～90H	FFH
13	SCON	串行口控制寄存器	98H	9FH～98H	00H
14	SBUF	串行发送数据缓冲器	99H		×××× ××××B
15	P2	P2 口	A0H	A7H～A0H	FFH
16	IE	中断允许控制寄存器	A8H	AFH～A8H	0××0 0000B
17	P3	P3 口	B0H	B7H～B0H	FFH
18	IP	中断优先级控制寄存器	B8H	BFH～B8H	××00 0000B
19	PSW	程序状态字寄存器	D0H	D7H～D0H	00H
20	A（或 Acc）	累加器	E0H	E7H～E0H	00H
21	B	寄存器 B	F0H	F7H～F0H	00H

从表 2-5 中可以发现，凡是 SFR 的字节地址能被 8 整除的，也就是其字节地址是 X0H 或 X8H 的，可以位寻址，而且其位地址从字节地址数起。如 A 的字节地址为 E0H，其位地址为 E0H～E7H。另外，没有定义的单元为生产商留用，读/写没有定义的单元，将得到一个不确定的随机数。

MCS-51 单片机的型号众多，每种单片机的功能各异，不同的功能都是通过 SFR 进行控制。每种单片机的 SFR 不尽相同，理解掌握 SFR 是学习应用单片机的关键。

表 2-5 中的累加器和 PSW 已在前面介绍过，下面简单介绍 SFR 块中的某些 SFR，余下的 SFR 将在后续章节中介绍。

1．堆栈指针

堆栈指针（Stack Pointer，SP）中的内容指示出堆栈顶部在内部 RAM 块中的位置。它可指向内部 RAM 00H～7FH 的任何单元。MCS-51 单片机的堆栈特点如下。

1）MCS-51 单片机的堆栈结构是向上生长型（即每向堆栈压入 1 个字节数据，SP 的内容自动加 1）。入栈时，先 SP+1 后入栈；出栈时，先出栈后 SP-1。

2）单片机复位后，SP 中的内容为 07H，使得堆栈实际上从 08H 单元开始，考虑到 08H～1FH 单元分别属于 1～3 组的工作寄存器区，在程序设计中常用到这些工作寄存器区，所以在复位后且运行程序前，最好 SP 值改置为 60H 左右为好，以免堆栈区与工作寄存器区发生冲突。

堆栈主要是为子程序调用和中断操作而设立的，堆栈的具体功能有两个：保护断点和保护现场。

1）保护断点：无论是子程序调用操作还是中断服务子程序调用操作，最终都要返回主程序，所以，应预先把主程序的断点在堆栈中保护起来，为程序的正确返回做准备，断点保护由 CPU 硬件完成。

2）保护现场：在单片机执行子程序或中断服务子程序时，很可能要用到其中的一些寄存器单元，这会破坏主程序运行时这些寄存器单元中的原有内容，所以在执行子程序或中断服务程序之前，要把单片机中有关寄存器单元的内容保护起来，送入堆栈，这就是所谓的"保护现场"，保护现场由软件完成。

2. 寄存器 B

寄存器 B 是一个 8 位寄存器，主要用于乘除法运算。进行乘法运算时，两个乘数分别在 A、B 中，执行乘法指令后，B 中放乘积的高 8 位，A 中放乘积的低 8 位。进行除法运算时，被除数在 A 中，除数在 B 中，执行除法指令后，商存放在 A 中，余数存放在 B 中。B 也可作为一个普通寄存器来使用。

2.4.4 位地址空间

MCS-51 单片机在 RAM 和 SFR 中共有 211 个可寻址位地址，位地址范围为 00H～FFH，其中，00H～7FH 这 128 个可寻址位处于片内 RAM 字节地址 20H～2FH 单元中，见表 2-6。其余的 83 个可寻址位分布在特殊功能寄存器（SFR）中，见表 2-7。

表 2-6 MCS-51 单片机片内 RAM 的可寻址位及其位地址

字节地址	位地址							
	D7	D6	D5	D4	D3	D2	D1	D0
2FH	7FH	7EH	7DH	7CH	7BH	7AH	79H	78H
2EH	77H	76H	75H	74H	73H	72H	71H	70H
2DH	6FH	6EH	6DH	6CH	6BH	6AH	69H	68H
2CH	67H	66H	65H	64H	63H	62H	61H	60H
2BH	5FH	5EH	5DH	5CH	5BH	5AH	59H	58H
2AH	57H	56H	55H	54H	53H	52H	51H	50H
29H	4FH	4EH	4DH	4CH	4BH	4AH	49H	48H
28H	47H	46H	45H	44H	43H	42H	41H	40H
27H	3FH	3EH	3DH	3CH	3BH	3AH	39H	38H
26H	37H	36H	35H	34H	33H	32H	31H	30H
25H	2FH	2EH	2DH	2CH	2BH	2AH	29H	28H
24H	27H	26H	25H	24H	23H	22H	21H	20H
23H	1FH	1EH	1DH	1CH	1BH	1AH	19H	18H
22H	17H	16H	15H	14H	13H	12H	11H	10H
21H	0FH	0EH	0DH	0CH	0BH	0AH	09H	08H
20H	07H	06H	05H	04H	03H	02H	01H	00H

表 2-7　SFR 中的可寻址位地址分布

特殊功能寄存器	位　地　址							
	D7	D6	D5	D4	D3	D2	D1	D0
B	F7H	F6H	F5H	F4H	F3H	F2H	F1H	F0H
Acc	E7H	E6H	E5H	E4H	E3H	E2H	E1H	E0H
PSW	D7H	D6H	D5H	D4H	D3H	D2H	D1H	D0H
IP	–	–	–	BCH	BBH	BAH	B9H	B8H
P3	B7H	B6H	B5H	B4H	B3H	B2H	B1H	B0H
IE	AFH	–	–	ACH	ABH	AAH	A9H	A8H
P2	A7H	A6H	A5H	A4H	A3H	A2H	A1H	A0H
SCON	9FH	9EH	9DH	9CH	9BH	9AH	99H	98H
P1	97H	96H	95H	94H	93H	92H	91H	90H
TCON	8FH	8EH	8DH	8CH	8BH	8AH	89H	88H
P0	87H	86H	85H	84H	83H	82H	81H	80H

2.5　MCS-51 单片机的并行 I/O 口

　　MCS-51 单片机共有 4 个双向的 8 位并行 I/O 口，分别记为 P0、P1、P2 和 P3，端口的每一位均由输出锁存器、输出驱动器和输入缓冲器组成，其中输出锁存器属于特殊功能寄存器。这 4 个端口不仅可以按字节输入/输出，还可以按位寻址进行操作。

2.5.1　P0 口

　　P0 口是一个双功能的 8 位并行口，字节地址为 80H，位地址为 80H～87H。端口的各位具有完全相同但又相互独立的电路结构，P0 口某一位的电路结构如图 2-6 所示。

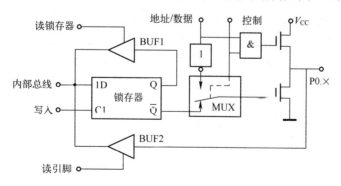

图 2-6　P0 口某一位的电路结构

1. 位电路结构

　　P0 口某一位的电路包括：一个数据输出的锁存器，用于数据位的锁存；两个三态的数据输入缓冲器，分别是用于读锁存器数据的输入缓冲器 BUF1 和读引脚数据的输入缓冲器 BUF2；一个多路转接开关 MUX，它的一个输入来自锁存器的 $\overline{Q}$ 端，另一个输入为地址/数据信号的反相输出，MUX 由"控制"信号控制，用以实现锁存器的输出和地址/数据信号输出之间转换；数据输出的控制和驱动电路，由两个场效应晶体管（Field Effect Transistor，FET）组成。

2．工作过程分析

（1）P0 口用作地址/数据总线

MCS-51 单片机外扩存储器或 I/O 时，P0 口作为单片机系统复用的地址/数据总线使用。

当作为地址/数据输出时，"控制"信号为 1，使转接开关 MUX 打向上面接通反相器的输出，同时打开上面的与门。当输出的地址/数据信息为 1 时，与门输出为 1，上方的场效应晶体管导通，下方的场效应晶体管截止，P0.×引脚输出为 1；当输出的地址/数据信息为 0 时，上方的场效应晶体管截止，下方的场效应晶体管导通，P0.×引脚输出为 0。P0.×引脚的输出状态随地址/数据状态的变化而变化。

当作为地址/数据输入时，"控制"信号为 0，使转接开关 MUX 接通锁存器的 $\overline{Q}$ 端，同时使上面的场效应晶体管截止，因为是进行总线的读操作，CPU 自动向 P0 口写入 FFH，使下方的场效应晶体管截止，从而保证数据信息的高阻抗输入，从外部总线输入的数据信息直接由 P0.×引脚通过输入缓冲器 BUF2 进入内部总线。

作为地址/数据总线使用时的 P0 口是一个真正的双向三态端口。

（2）P0 口用作通用 I/O 口

当 P0 口不作为系统的地址/数据总线使用时，此时 P0 口也可作为通用的 I/O 口使用。当用作通用的 I/O 口时，对应的"控制"信号为 0，MUX 打向下面，接通锁存器的 $\overline{Q}$ 端，与门输出为 0，上方的场效应晶体管截止，形成的 P0 口输出电路为漏极开路输出。此时的 P0 口是准双向口，必须外加上拉电阻。

P0 口用作输出口时，来自 CPU 的"写"脉冲加在 D 锁存器的 CP 端，内部总线上的数据写入 D 锁存器，并由引脚 P0.×输出。当 D 锁存器输入为 1 时，$\overline{Q}$ 端为 0，下方场效应晶体管截止，输出为漏极开路，此时，通过外接的上拉电阻才能获得高电平输出；当锁存器输入为 0 时，下方场效应晶体管导通，P0 口输出为低电平。

P0 口用作输入口时，有两种读入方式："读锁存器"和"读引脚"。当 CPU 发出"读锁存器"指令时，锁存器的状态由 Q 端经上方的三态缓冲器 BUF1 进入内部总线；当 CPU 发出"读引脚"指令时，要先向 D 锁存器写 1，使 D 锁存器的输出状态=1（即 $\overline{Q}$ 端为 0），从而使下方场效应晶体管截止，引脚的状态经下方的三态缓冲器 BUF2 进入内部总线。

2.5.2　P1 口

P1 口是单功能的准双向 I/O 口，字节地址为 90H，位地址为 90H～97H。P1 口某一位的电路结构如图 2-7 所示。P1 口某一位的电路结构比 P0 口的简单，包括一个数据输出锁存器；两个三态的数据输入缓冲器 BUF1 和 BUF2；数据输出驱动电路，由一个场效应晶体管（FET）和一个片内上拉电阻组成。

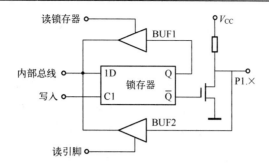

图 2-7　P1 口某一位的电路结构

工作过程分析:

P1 口只能作为通用的 I/O 口使用。

P1 口作为输出口时,若 CPU 输出 1,Q=0,场效应晶体管截止,P1 口引脚的输出为 1;若 CPU 输出 0,$\overline{Q}$=1,场效应晶体管导通,P1 口引脚的输出为 0。

P1 口作为输入口时,分为"读锁存器"和"读引脚"两种方式。"读锁存器"时,锁存器输出端 Q 的状态经输入缓冲器 BUF1 进入内部总线;"读引脚"时,先向锁存器写 1,使场效应晶体管截止,P1.×引脚上的电平经输入缓冲器 BUF2 进入内部总线。

2.5.3　P2 口

P2 口是一个双功能的准双向 I/O 口,字节地址为 A0H,位地址为 A0H～A7H。P2 口某一位的电路结构如图 2-8 所示。当单片机扩展外部存储器时,由 P2 口提供高 8 位地址总线,所以和 P0 口一样,在其电路中有一个转换开关 MUX。

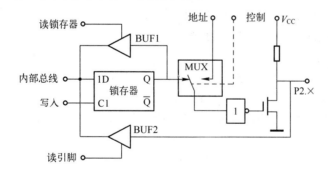

图 2-8　P2 口某一位的电路结构

工作过程分析:

(1) P2 口用作地址总线

在内部控制信号作用下,MUX 与"地址"接通。当"地址"线为 0 时,场效应晶体管导通,P2 口引脚输出 0;当"地址"线为 1 时,场效应晶体管截止,P2 口引脚输出 1。

(2) P2 口用作通用 I/O 口

输出时,在内部控制信号作用下,MUX 与锁存器的 Q 端接通。经非门控制场效应晶体管的输入,CPU 输出 1 时,Q=1 场效应晶体管截止,P2.×引脚输出 1;CPU 输出 0 时,Q = 0 场效应管导通,P2.×引脚输出 0。

输入时，和 P1 口的输入状态相同。

2.5.4　P3 口

P3 口也是准双向 I/O 口，由于 MCS-51 单片机的引脚数目有限，因此在 P3 口电路中增加了引脚的第二功能。P3 口的每一位都可以分别定义第二功能。P3 口的字节地址为 B0H，位地址为 B0H～B7H。P3 口某一位的电路结构如图 2-9 所示。

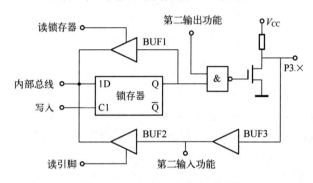

图 2-9　P3 口某一位的电路结构

工作过程分析：

（1）P3 口用作第二功能

用作输出时，该位的锁存器需要置 1，使与非门为开启状态。当第二输出功能为 1 时，场效应晶体管截止，P3.×引脚输出为 1；当第二输出功能为 0 时，场效应晶体管导通，P3.×引脚输出为 0。

用作输入时，该位的锁存器和第二输出功能端均应置 1，保证场效应晶体管截止，P3.×引脚的信息由输入缓冲器 BUF3 的输出获得。

（2）P3 口用作通用 I/O 口

P3 口用作通用 I/O 口时，其输入/输出操作和 P1 口相同。

P3 口的第二功能定义见表 2-1，读者要将其熟记。

与 P1、P2、P3 口相比，P0 口的驱动能力较大，每位可驱动 8 个 LSTTL 输入，而 P1、P2、P3 口的每一位的驱动能力，只有 P0 口的一半。若 P0 口的某位为高电平，则可提供 4mA 的拉电流；若 P0 口的某位为低电平（0.45 V），则可提供 15mA 的灌电流，如低电平允许提高，灌电流可相应加大。所以，任何一个口要想获得较大的驱动能力，只能用低电平输出。MCS-51 单片机各型号的驱动能力差别较大，使用时可参考其产品手册。

2.6　时钟电路

时钟电路用于产生 MCS-51 单片机工作时所必需的时钟信号。MCS-51 单片机的内部电路正是在时钟信号的控制下，严格地按时序执行指令进行工作。

在执行指令时，CPU 先到程序存储器中取出需要执行的指令操作码，然后译码，并由时序电路产生一系列控制信号完成指令所规定的操作。CPU 发出的时序信号有两类：一类用于对片内各个功能部件的控制，用户无需了解；另一类用于对片外存储器或 I/O 口的控制，这部分时序对于分析、设计硬件接口电路至关重要，也是单片机应用系统设计者普遍关心和重视的问题。

MCS-51 单片机常用的时钟电路有两种方式：一种是内部时钟方式，另一种是外部时钟方式。

1. 内部时钟方式

MCS-51 单片机内部有一个用于构成振荡器的高增益反相放大器，其输入端为芯片引脚 XTAL1，输出端为引脚 XTAL2。这两个引脚跨接石英晶体和微调电容，构成一个稳定的自激振荡器。图 2-10 是 MCS-51 单片机内部时钟方式的电路，电路中的电容 $C1$ 和 $C2$ 的典型值通常选择为 20pF～30pF，该电容的大小会影响振荡器的稳定性和起振的快速性。晶体振荡频率的范围可选 1.2～12MHz，常用 6MHz 或 12MHz。晶体的频率越高，系统的时钟频率越高，单片机的运行速度也就越快。随着集成电路制造工艺技术的发展，单片机的时钟频率也在逐步提高，部分芯片的时钟最高频率已达 80MHz。但运行速度快对存储器的速度要求就高，对印制电路板的工艺要求也高，在设计时晶体和电容的安装应尽可能与单片机芯片靠近，以减少寄生电容，更好地保证振荡器稳定、可靠地工作。

2. 外部时钟方式

外部时钟方式使用现成的外部振荡器产生脉冲信号，常用于多片 MCS-51 单片机同时工作的情况，以便于多片单片机之间的同步，一般为低于 12MHz 的方波。外部时钟源直接接到 XTAL1 端，XTAL2 端悬空，其电路如图 2-11 所示。

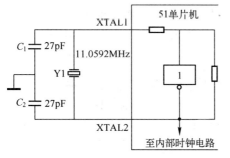

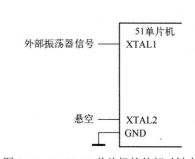

图 2-10　MCS-51 单片机的内部时钟电路　　　图 2-11　MCS-51 单片机的外部时钟电路

2.7　复位电路

复位是单片机的初始化操作，其主要功能是把 PC 初始化为 0000H，使单片机从 0000H 单元开始执行程序。RST 引脚是复位信号输入端，只需在 RST 引脚加上大于 2 个机器周期（即 24 个时钟振荡周期）的高电平就可使 MCS-51 单片机复位。

除 PC 之外，复位操作还对其他一些寄存器有影响，这些寄存器复位时的状态见表 2-4。由表 2-5 可以看出，复位时，SP=07H，而 4 个 I/O 端口 P0～P3 的引脚均为高电平。在某些控制应用中，要注意考虑复位对特殊功能寄存器及 P0～P3 引脚电平的影响。

MCS-51 单片机的复位是由外部的复位电路实现的。复位电路通常采用上电自动复位和按键手动电平复位两种方式。

最简单的上电自动复位电路如图 2-12 所示。对于 CMOS 型单片机，由于在 RST 引脚内部有一个下拉电阻，故可将电阻 R 去掉，而将电容 C 选为 10～22μF。

上电自动复位是通过外部 RC 电路加至 RST 引脚一个短的高电平信号，此信号随着 Vcc 对电容 C 的充电过程而逐渐回落，即 RST 引脚上的高电平持续时间取决于电容 C 的充电时间，因此为保证系统能可靠地复位，RST 引脚上的高电平必须维持足够长的时间。若使用频率为 6MHz 的晶振，则复位信号持续时间应超过 4μs 才能完成复位操作。

按键手动电平复位是通过 RST 端经电阻与电源 V_{CC} 接通来实现，具体电路如图 2-13 所示。当时钟频率选用 6MHz 时，C 的典型取值为 10μF，R 的取值为 10kΩ。

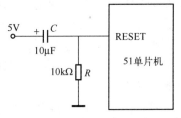
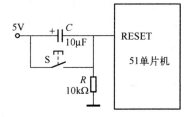

图 2-12　上电自动复位电路　　　　图 2-13　按键手动电平复位电路

2.8　单片机最小系统

单片机最小系统就是使单片机正常运行的最低配置，包括时钟电路和复位电路。由于 MCS-51 单片机内部集成了程序存储器和数据存储器，只要在加上时钟电路和复位电路，单片机就具备了最基本的工作条件，供电就可正常工作了。图 2-14 所示即为单片机最小系统。

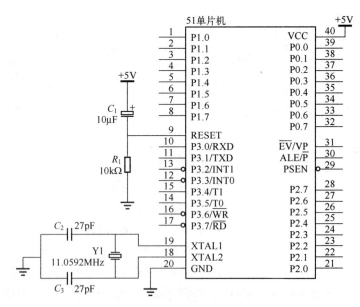

图 2-14　MCS-51 单片机最小系统

2.9　单片机的低功耗节电模式

STC12C5A60S2 有两种低功耗节电工作模式：空闲模式（Idle Mode）和掉电模式（Power Down Mode）。在正常工作模式下，STC12C5A60S2 系列单片机的典型功耗是 2～7mA，而掉电模式下的典型功耗小于 0.1μA，空闲模式下的典型功耗小于 1.3mA。

2.9.1　节电模式控制寄存器

空闲模式和掉电模式的进入由电源控制寄存器（Power Control Register，PCON）的相应位控制。PCON 寄存器的地址为 87H，其各位定义见表 2-8。

表 2-8　电源控制寄存器各位定义

位序	D7	D6	D5	D4	D3	D2	D1	D0
位符号	SMOD	SMOD0	LVDF	POF	GF1	GF0	PD	IDL

1）SMOD 和 SMOD0：与串行口控制有关，与电源控制无关，此处不予介绍。

2）LVDF：低压检测标志位，同时也是低压检测中断请求标志位。

在正常工作和空闲工作状态时，如果内部工作电压 Vcc 低于低压检测门槛电压，该位自动置 1，与低压检测中断是否被允许无关。该位要用软件清 0，清 0 后，如内部工作电压 Vcc 继续低于低压检测门槛电压，该位又被自动设置为 1。

在进入掉电工作状态前，如果低压检测电路未被允许可产生中断，则在进入掉电模式后，该低压检测电路不工作以降低功耗。如果被允许可产生低压检测中断，则在进入掉电模式后，该低压检测电路继续工作，在内部工作电压 Vcc 低于低压检测门槛电压后，产生低压检测中断，可将 CPU 从掉电状态唤醒。

3）POF：上电复位标志位，单片机停电后，上电复位时（冷启动）POF=1，其他方式复位时 POF=0，可由软件清 0 。

4）GF1 和 GF0：两个用户通用工作标志位，可供用户任意使用。

5）PD：掉电模式控制位，PD=1，进入掉电模式。

6）IDL：空闲模式控制位，IDL=1，进入空闲模式。

2.9.2　空闲模式

把 PCON 中的 IDL 位置 1，单片机将进入空闲模式（Idle Mode）。在空闲模式下，仅 CPU 无时钟停止工作，但是外部中断、外部低压检测电路、定时器、A-D 转换器、串行口等仍正常运行。而"看门狗"在空闲模式下是否工作取决于其自身的一个"IDLE"模式位——IDLE_WDT（WDT_CONTR.3）。当 IDLE_WDT 位被设置为 1 时，"看门狗"定时器在"空闲模式"正常计数；当 IDLE_WDT 位被清 0 时，"看门狗"定时器在"空闲模式"时不计数，即停止工作。在空闲模式下，RAM、堆栈指针、程序计数器、程序状态字、累加器等寄存器都保持原有数据。I/O 口保持着空闲模式被激活前那一刻的逻辑状态。在空闲模式下，单片机的所有外围设备都能正常运行（除 CPU 无时钟不工作外）。当任何一个中断产生时，它们都可以将单片机"唤醒"，单片机被"唤醒"后，CPU 将继续执行进入空闲模式语句的下一条指令。

　　退出空闲模式的方式有两种：任何一个中断的产生都会引起 IDL 被硬件清除，从而退出空闲模式；另一个退出空闲模式的方法是外部 RST 引脚复位，复位结束后，单片机从用户程序的 0000H 处开始正常工作。

2.9.3　掉电模式/停机模式

　　将 PCON 中的 PD 位置 1，单片机将进入掉电模式，掉电模式也叫"停机模式"。进入掉电模式后，内部时钟停振，由于无时钟源，CPU、定时器、"看门狗"、A-D 转换、串行口等停止工作，而外部中断继续工作。如果低压检测电路被允许可产生中断，则低压检测电路也可继续工作；否则，将停止工作。进入掉电模式后，所有 I/O 口和特殊功能寄存器维持进入掉电模式前那一刻的状态不变。外部中断、外部复位可将单片机 CPU 从掉电模式中唤醒，唤醒后的单片机从 0000H 处开始正常工作。

练习题

一、选择题

1. 对程序计数器（PC）的操作（　　）。
　　A. 是自动进行的　　　　　　　　B. 是通过传送进行的
　　C. 是通过加"1"指令进行的　　　D. 是通过减"1"指令进行的

2. 单片机程序存储器的寻址范围是由程序计数器（PC）的位数决定的，MCS-51 的 PC为 16 位，因此其寻址范围是（　　）。
　　A. 4KB　　　　　B. 64KB　　　　　C. 8KB　　　　　D. 128KB

3. 第 2 组通用寄存器的字节地址为（　　）。
　　A. 00H～07H　　B. 10H～17H　　C. 08H～0FH　　　D. 18H～1FH

4. MCS-51 单片机内部 RAM 可进行位寻址的字节为（　　）。
　　A. 10H～20H　　B. 10H～1FH　　C. 20H～2FH　　　D. 30H～40H

5. MCS-51 单片机复位后堆栈指针（SP）的值为（　　）。
　　A. 07H　　　　　B. 0FH　　　　　C. 18H　　　　　D. 30H

6. MCS-51 单片机复位后程序计数器（PC）的值为（　　）。
　　A. 0030H　　　　B. 0000H　　　　C. FFFFH　　　　D. 0003H

7. MCS-51 单片机的入栈操作应该是（　　）。
　　A. 先入栈，后 SP-1　　　　　　B. 先入栈，后 SP+1
　　C. 先 SP+1，后入栈　　　　　　D. 先 SP-1，后入栈

8. 对 MCS-51 单片机 I/O 口描述正确的是（　　）。
　　A. P1 是双向口，P0、P2 和 P3 是准双向口
　　B. P2 和 P3 是双向口，P0、P1 和 P3 是准双向口
　　C. P0 是双向口，P1、P2 和 P3 是准双向口
　　D. P0 和 P2 是双向口，P1 和 P3 是准双向口

9. MCS-51 单片机的复位控制是（　　）。

　　A．低电平复位　　　B．高电平复位　　　C．脉冲下降沿复位　　　D．脉冲上升沿复位

10．内部 RAM 中位寻址区定义的位是给（　　　）。

　　A．位操作准备的　　　　　　　　　B．移位操作准备的

　　C．控制移位操作准备的　　　　　　D．以上都对

二、简答题

1．8051 单片机如何确定和改变当前工作寄存器区？

2．8051 单片机复位的条件是什么？复位后 PC、SP 和 P0～P3 的值是多少？

3．MCS-51 内部 RAM 低 128 单元划分为 3 个区域，说明这 3 个区域的地址范围和使用特点。

4．说明 MCS-51 的堆栈特点，复位时 SP 的值是什么？正常工作时应如何设置 SP 的值？

5．简述 AT89C51 单片机 ALE、EA 引脚的功能。

6．使用单片机 I/O 口时，应注意的问题有哪些？

第 3 章 MCS-51 单片机的指令系统

指令是 CPU 控制计算机进行某种操作的命令，指令系统则是全部指令的集合。MCS-51 单片机的指令系统具有简明、易掌握、效率较高等特点。

凡是用 MCS-51 的核生产的单片机，尽管扩展了许多功能，但指令是完全和 MCS-51 兼容的，STC 系列单片机也是如此。用助记符、符号地址、标号等表示的书写程序的语言称为汇编语言指令。系统地掌握和熟知指令系统的各类汇编语言指令是进行单片机应用程序设计的基础。

3.1 指令系统概述

MCS-51 单片机的基本指令共计 111 条，如果按在存储器中所占的字节来分，指令可分为以下 3 种：

1）单字节指令 49 条。

2）双字节指令 45 条。

3）三字节指令 17 条。

如果按执行时间来分，指令可分为以下 3 种：

1）1 个机器周期的指令 64 条。

2）2 个机器周期的指令 45 条。

3）只有乘、除法两条指令的执行时间为 4 个机器周期。

1. 指令格式

指令的表示方法称为指令格式，一条指令通常由两部分组成，即操作码和操作数。

操作码用于规定语句执行的操作内容，是以指令助记符或伪指令助记符表示的，它是汇编指令格式中唯一不能空缺的部分。

操作数用于给指令的操作提供数据或地址。

2. 指令的长度

在 MCS-51 指令系统中，有一字节、二字节和三字节等不同长度的指令。

（1）一字节指令

一字节指令只有一个字节，操作码和操作数同在一个字节中。

（2）二字节指令

二字节指令中第一个字节为操作码，第二个字节是操作数。

（3）三字节指令

三字节指令中第一个字节为操作码，第二和第三字节是操作数，其中操作数既可能是数据，也可能是地址。

3.2　MCS-51 单片机的寻址方式

寻址就是如何指定操作数或操作数所在的地址。根据指定方法的不同，MCS-51 单片机共有 7 种寻址方式。

1．寄存器寻址方式

指令中的操作数在某一寄存器中。

例如，MOV　A，Rn　　；（Rn）→A，n=0～7

寻址范围：

1）通用寄存器，共有 4 组共 32 个通用寄存器。

2）部分专用寄存器。例如累加器 A、寄存器 B 以及数据指针 DPTR 等。

2．直接寻址方式

指令中的操作数直接以单元地址的形式给出。

例如，MOV　A，40H　　；把内部 RAM 40H 单元的内容传送到累加器 A

寻址范围：

1）低 128 单元。在指令中直接以单元地址形式给出。

2）专用寄存器。专用寄存器除了以单元地址形式给出外，还可以按寄存器符号形式给出。

3．寄存器间接寻址方式

寄存器中存放的是操作数的地址，即操作数是通过寄存器间接得到的。

注意：在寄存器间接寻址方式中，应在寄存器的名称前面加前缀标志"@"。

例如，MOV　A，@Ri　；把 Ri 中的内容作为地址，把该地址的内容传送到 A（i=0 或 1）

寻址范围：

1）内部 RAM 低 128 单元。只能使用 R0 或 R1 作间址寄存器（地址指针），其通用形式为"@Ri（i=0 或 1）"。

2）外部 RAM 64 KB。只能使用 DPTR 作间址寄存器，其形式为"@DPTR"。

3）外部 RAM 的低 256 单元。可用 DPTR、R0、R1 作间址寄存器，其形式为@DPTR、@R0、@R1。

4）堆栈操作指令（PUSH 和 POP）。即以堆栈指针（SP）作间址寄存器的间接寻址方式。

4．立即寻址方式

操作数在指令中直接给出。

例如，MOV　A，#30H　；把立即数 30H 送给 A

为了与直接寻址指令中的直接地址加以区别，需在操作数前面加前缀标志"#"。

5．变址寻址方式

以 DPTR 或 PC 作基址寄存器，以累加器 A 作变址寄存器，并以两者内容相加形成的 16 位地址作为操作数地址。

1）变址寻址方式只能对程序存储器进行寻址，寻址范围可达 64 KB。

2）变址寻址的指令只有 3 条。具体如下：

```
MOVC    A，@A+DPTR
MOVC    A，@A+PC
JMP     @A+DPTR
```

6．位寻址方式

位寻址是指对内部 RAM 和特殊功能寄存器具有位寻址功能的某位进行的操作。位地址一般以直接地址给出，位地址符号为"bit"。

例如，MOV C，40H   ；把位地址为 40H 的该位的值传送到位累加器 C

寻址范围：

1）内部 RAM 中的位寻址区，单元地址为 20H～2FH，共 16 个单元 128 位，位地址是00H～7FH。其表示方法有两种：一种是位地址；另一种是单元地址加位。

2）专用寄存器的可寻址位。其表示方法有以下 4 种：

● 直接使用位地址。例如 PSW 寄存器位 5 地址为 0D5H。

● 位名称表示方法。例如 PSW 寄存器位 5 是 F0 标志位，则可使用 F0 表示该位。

● 单元地址加位数的表示方法。例如 PSW 寄存器位 5，表示为 0D0H.5。

● 专用寄存器符号加位数的表示方法。例如 PSW 寄存器位 5，表示为 PSW.5。

7．相对寻址方式

为解决程序转移而专门设置的，为转移指令所采用。转移的目的地址可用式（3-1）计算：

$$目的地址 = 转移指令地址 + 转移指令字节数 + rel \qquad (3-1)$$

其中，偏移量 rel 是单字节的带符号的二进制补码数，所能表示的数的范围是-128～+127，因此，程序的转移范围是以转移指令的下条指令首地址为基点，向前（地址增加方向）转移 127 个单元，向后（地址减小方向）转移 128 个单元。

3.3 MCS-51 单片机指令分类介绍

MCS-51 单片机指令系统共有指令 111 条，分为 5 大类。

1）数据传送类指令（29 条）。

2）算术运算类指令（24 条）。

3）逻辑运算及移位类指令（24 条）。

4）控制转移类指令（17 条）。

5）位操作类指令（17 条）。

指令格式中各符号的意义如下：

1）Rn——当前寄存器组的 8 个通用寄存器 R0～R7，所以 n=0～7。

2）Ri——可用作间接寻址的寄存器，只能是 R0 和 R1 两个寄存器，所以 i=0、1。

3）direct——8 位直接地址，在指令中表示直接寻址方式，寻址范围 256 个单元。其值包括 0～127（内部 RAM 低 128 单元地址）和 128～255（专用寄存器的单元地址或符号）。

4）#data——8 位立即数。

5）#datal6——16 位立即数。

6）addr16——16 位目的地址，只限于在 LCALL 和 LJMP 指令中使用。

7）addrl1——11 位目的地址，只限于在 ACALL 和 AJMP 指令中使用。

8）rel——相对转移指令中的偏移量，为 8 位带符号补码数。

9）DPTR——数据指针。

10）bit——内部 RAM（包括专用寄存器）中的直接寻址位。

11）A——累加器。Acc 直接寻址方式的累加器。

12）B——寄存器 B。

13）C——进位标志位，它是布尔处理机的累加器，也被称为"累加位"。

14）@——间址寄存器的前缀标志。

15）/——加在位地址的前面，表示对该位状态取反。

16）(X)——某寄存器或某单元的内容。

17）((X))——由 X 间接寻址的单元中的内容。

18）←——箭头左边的内容被箭头右边的内容所取代。

3.3.1　数据传送类指令

传送指令中有从右向左传送数据的约定，即指令的右边操作数为源操作数，表达的是数据的来源；而左边操作数为目的操作数，表达的则是数据的去向。数据传送指令的特点为：把源操作数传送到目的操作数，执行指令后，源操作数不改变，目的操作数修改为源操作数。

1．内部 RAM 数据传送指令组

（1）以累加器为目的操作数的指令

```
MOV   A，Rn          ；A←(Rn)，n=0～7
MOV   A，direct       ；A←(direct)
MOV   A，@Ri          ；A←((Ri))，i=0、1
MOV   A，#data        ；A←#data
```

（2）以寄存器 Rn 为目的操作的指令

```
MOV   Rn，A           ；Rn←(A)，n=0～7
MOV   Rn，direct      ；Rn←(direct)，n=0～7
MOV   Rn，#data       ；Rn←#data，n=0～7
```

（3）以直接地址为目的操作数的指令

```
MOV   direct，A       ；direct←(A)
MOV   direct，Rn      ；direct←(Rn)，n=0～7
MOV   directl，direct2 ；direct1←(direct2)
MOV   direct，@Ri     ；direct←((Ri))，i=0、1
MOV   direct，#data   ；direct←#data
```

（4）以间接地址为目的操作数的指令

```
    MOV   @Ri, A              ; ((Ri))←(A), i=0、1
    MOV   @Ri, direct         ; ((Ri))←(direct), i=0、1
    MOV   @Ri, #data          ; ((Ri))← #data, i=0、1
```

（5）十六位数的传送指令

```
    MOV   DPTR, #data16       ; DPTR ← #data16
```

2. 外部 RAM 数据传送指令

```
    MOVX  A, @Ri              ; A ←((Ri))
    MOVX  @Ri, A              ; ((Ri))←(A)
    MOVX  A, @DPTR            ; A ←((DPTR))
    MOVX  @DPTR, A            ; ((DPTR))←(A)
```

3. 程序存储器数据传送指令

```
    MOVC  A, @A+DPTR          ; A ←((A)+(DPTR))（远程查表指令）
    MOVC  A, @A+ PC           ; A ←((A)+(PC))（近程查表指令）
```

4. 堆栈操作指令

```
    PUSH   direct             ; (SP)←(SP)+1, (SP)←(direct)（压入）
    POP    direct             ; direct ←((SP)), (SP)←(SP)−1（弹出）
```

堆栈操作的特点是"先进后出"，在使用时应注意指令顺序。

5. 数据交换指令

（1）字节交换指令

```
    XCH   A, Rn               ; (A)←→(Rn), n=0~7
    XCH   A, @Ri              ; (A)←→((Ri)), i=0、1
    XCH   A, direct           ; (A)←→(direct)
```

（2）半字节交换指令

```
    XCHD  A, @Ri              ; 累加器的低 4 位与内部 RAM 的低 4 位交换
```

（3）累加器半字节交换指令

```
    SWAP  A                   ; 累加器 A 高低半字节内容交换
```

3.3.2　算术运算类指令

算术运算类指令都是单字节的，而且都是针对 8 位无符号数的，如要进行代符号或多字节二进制数运算，须编写具体的运算程序，通过执行程序实现。

1. 加法指令

```
    ADD   A, Rn               ; A ←(A)+(Rn), n=0~7
    ADD   A, direct           ; A ←(A)+(direct)
    ADD   A, @Ri              ; A ←(A)+((Ri)), i=0、1
    ADD   A, #data            ; A ←(A)+ #data
```

2．带进位加法指令

ADDC　A，Rn	；A ←(A)+(Rn)+(CY)，n=0～7
ADDC　A，direct	；A ←(A)+(direct)+(CY)
ADDC　A，@Ri	；A ←(A)+((Ri))+(CY)，i=0、1
ADDC　A，#data	；A ←(A)+ #data +(CY)

3．带借位减法指令

SUBB　A，Rn	；A ←(A)−(Rn)−(CY)，n=0～7
SUBB　A，direct	；A ←(A)−(direct)−(CY)
SUBB　A，@Ri	；A ←(A)−((Ri))−(CY)，i=0、1
SUBB　A，#data	；A ←(A)− #data−(CY)

4．加 1 指令

INC　A	；A ←(A)+1
INC　Rn	；Rn ←(Rn)+1，n=0～7
INC　direct	；direct ←(direct)+1
INC　@Ri	；(Ri)←((Ri))+1，i–0、1
INC　DPTR	；DPTR ←(DPTR)+1

5．减 1 指令

DEC　A	；A ←(A)−1
DEC　direct	；direct ←(direct)−1
DEC　@Ri	；(Ri)←((Ri))−1，i=0、1
DEC　Rn	；Rn ←(Rn)−1，n=0～7

6．乘法、除法指令

```
MUL  AB
DIV  AB
```

MUL 指令用以实现 8 位无符号数的乘法操作，两个乘数分别放在累加器 A 和寄存器 B 中，乘积为 16 位，低 8 位放在 A 中，高 8 位放在 B 中。

DIV 指令用以实现 8 位无符号数除法操作，被除数放在 A 中，除数放在 B 中，指令执行后，商放在 A 中，余数放住 B 中。

7．十进制加法调整指令

```
DA  A
```

1）这条指令必须紧跟在 ADD 或 ADDC 指令之后，而且这里的 ADD 或 ADDC 的操作是对压缩的 BCD 数进行运算。

2）DA 指令不影响溢出标志。

3.3.3　逻辑操作类指令

逻辑操作类指令有与、或、异或、求反、左/右移位、清 0 等逻辑操作，有直接、寄存器和寄存器间接等寻址方式。值得注意的是，这类指令一般不影响程序状态字标志。

1. 逻辑与运算指令

运算规则为：0·0=0；0·1=0；1·0=0；1·1=1。

```
ANL  A，Rn             ; A←(A)∧(Rn)，n=0～7
ANL  A，direct         ; A←(A)∧(direct)
ANL  A，@Ri            ; A←(A)∧((Ri))，i=0、1
ANL  A，#data          ; A←(A)∧ #data
ANL  direct，A         ; direct←(direct)∧(A)
ANL  direct，#data     ; direct←(direct)∧#data
```

2. 逻辑或运算指令

运算规则为：0+0=0；0+1=1；1+0=1；1+1=1。

```
ORL  A，Rn             ; A←(A)∨(Rn)，n=0～7
ORL  A，direct         ; A←(A)∨(direct)
ORL  A，@Ri            ; A←(A)∨((Ri))，i=0、1
ORL  A，#data          ; A←(A)∨ #data
ORL  direct，A         ; direct←(direct)∨(A)
ORL  direct，#data     ; direct←(direct)∨ #data
```

3. 逻辑异或运算指令

运算规则为：0⊕0=0；1⊕1=0；0⊕1=1；1⊕0=1。

```
XRL  A，Rn             ; A←(A)⊕(Rn)，n=0～7
XRL  A，direct         ; A←(A)⊕(direct)
XRL  A，@Ri            ; A←(A)⊕((Ri))，i=0、1
XRL  A，#data          ; A←(A)⊕ #data
XRL  direct，A         ; direct←(direct)⊕(A)
XRL  direct，#data     ; direct←(direct)⊕ #data
```

4. 累加器清"0"和取反指令

累加器清"0"指令一条：

```
CLR  A                 ; A← 0
```

累加器按位取反指令一条：

```
CPL  A                 ; 累加器 A 的内容按位取反
```

5. 移位指令

（1）累加器内容循环左移

RL A

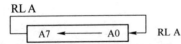

（2）累加器带进位标志循环左移

RLC A

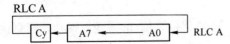

（3）累加器内容循环右移

RR　A

（4）累加器带进位标志循环右移

RRC　A

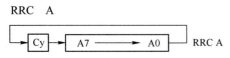

3.3.4　控制转移类指令

控制转移类指令分为无条件转移指令、条件转移指令、子程序调用与返回指令和空操作指令。

1．无条件转移指令

不规定条件的程序转移称为无条件转移。MCS-51 单片机共有 4 条无条件转移指令：

（1）长转移指令

　　　LJMP　addr16

长转移指令是三字节指令，目的地址直接在第二和第三字节中给出，转移范围 64KB，因此称之为"长转移"。

（2）绝对转移指令

　　　AJMP　addr11

其指令格式见表 3-1。

表 3-1　绝对转移指令的格式

第 1 字节	A10	A9	A8	0	0	0	0	1
第 2 字节	A7	A6	A5	A4	A3	A2	A1	A0

AJMP 指令提供了 11 位地址去替换 PC 的低 11 位指令，形成新的 PC 值，即为转移的目的地址，值得注意的是，由于高 5 位的地址是不变的，因此转移的范围只能是 2KB。如果把 64KB 分成 32 页，每页 2KB，则 AJMP 指令只能在每页内跳转，不能超出该页范围。

（3）短转移指令

　　　SJMP　rel

rel 为相对偏移量，计算目的地址，并按计算得到的目的地址实现程序的相对转移，计算公式如式（3-2）所示：

$$rel = 目的地址 - 转移指令地址 + 2 \qquad (3-2)$$

转移范围：向前（地址增加方向）转移 127 个单元，向后（地址减小方向）转移 128 个单元。

（4）变址寻址转移指令

　　　JMP　@A+DPTR　　　　　；PC ← (A)+(DPTR)

指令以 DPTR 内容作基址，而以 A 的内容作变址，转移的目的地址由 A 的内容和 DPTR 内容之和来确定。

2．条件转移指令

所谓条件转移，就是说程序转移是有条件的。执行条件转移指令时，如指令中规定的条件满足，则进行程序转移；否则，程序顺序执行。条件转移有如下指令：

（1）累加器判零转移指令

  JZ rel   ；若(A)=0，PC ←(PC)+2+rel 转移；若(A)≠0，顺序执行
  JNZ rel ；若(A)≠0，PC ←(PC)+2+rel 转移；若(A)=0，顺序执行

（2）数值比较转移指令

数值比较转移指令把两个操作数进行比较，然后以比较结果作为条件来控制程序转移，其中共有4条指令：

  CJNE A，#data，rel
  CJNE A，direct，rel
  CJNE Rn，#data，rel
  CJNE @Ri，#data，rel

指令的转移可按以下3种情况说明。

1）若左操作数=右操作数，则程序顺序执行 PC←(PC)+3；进位标志位清"0"（CY）=0。
2）若左操作数>右操作数，则程序转移 PC←(PC)+3+rel；进位标志位清"0"（CY）=0。
3）若左操作数<右操作数，则程序转移 PC←(PC)+3+rel；进位标志位置"1"（CY）=1。

（3）减1条件转移指令

减1条件转移指令用以把减1与条件转移两种功能结合在一起，其中共有两条指令：

1）寄存器减1条件转移指令。

  DJNZ Rn，rel

其功能为：寄存器内容减 1，如所得结果为 0，则程序顺序执行；如没有减到 0，则程序转移。具体表示如下：

  Rn ←(Rn)－1，若(Rn)≠0，则 PC ←(PC)+2+rel；若（Rn）=0，则顺序执行。

2）直接寻址单元减1条件转移指令。

  DJNZ direct，rel

其功能为：直接寻址单元内容减 1，如所得结果为 0，则程序顺序执行；如没有减到 0，则程序转移。具体表示如下：

  direct ←(direct)－1，若(direct)≠0，则 PC ←(PC)+3+rel；若（direct）=0，则顺序执行。

这两条指令主要用于控制程序循环。如预先为寄存器或内部 RAM 单元赋值循环次数，则利用减 1 条件转移指令，以减 1 后是否为 0 作为转移条件，即可实现按次数控制循环。

3．子程序调用与返回指令

在应用程序设计中，常把重复的程序段独立出来，将其称为子程序，并通过主程序调用

而使用它。这样既减少了编程工作量，又缩短了程序的长度。

调用指令在主程序中使用，返回指令则应该是子程序的最后一条指令。执行完这条指令之后，程序返回主程序断点处继续执行。

（1）绝对调用指令

    ACALL　addr11

子程序调用范围是 2KB，其构造目的地址是在 PC+2 的基础上，以指令提供的 11 位地址取代 PC 的低 11 位，而 PC 的高 5 位不变，其用法及注意事项与 AJMP 相同。

ACALL 指令格式见表 3-2。

表 3-2　绝对调用指令的格式

第 1 字节	A10	A9	A8	0	1	0	0	1
第 2 字节	A7	A6	A5	A4	A3	A2	A1	A0

（2）长调用指令

    LCALL　addr16

长调用指令是三字节指令，子程序的地址直接在第二和第三字节中给出，子程序调用范围 64KB，因此称之为"长调用"。

（3）子程序的返回指令

    RET

执行本指令时：(SP)→PCH，然后(SP)-1→(SP)

(SP)→PCL，然后(SP)-1→(SP)

子程序的返回指令执行子程序返回功能，从堆栈中自动取出断点地址送至程序计数器 PC，使程序在主程序断点处继续向下执行。

（4）中断子程序的返回指令

    RETI

这条指令的功能和 RET 相似，两者的不同之处在于 RETI 指令还清除了中断响应时被置 1 的中断优先级标志。

4．空操作指令

    NOP　　　　　　　　　　；PC ←(PC)+1

空操作指令也算一条控制指令，即控制 CPU 并使之不进行任何操作，只消耗一个机器周期的时间。空操作指令是单字节指令，因此执行后 PC 加 1，时间延续一个机器周期。NOP 指令常用于程序的等待或时间的延迟。

3.3.5　位操作类指令

在 MCS-51 单片机的硬件结构中，有一个位处理器（又称"布尔处理器"），对位地址空间具有丰富的位操作指令。

1. 位传送指令

```
MOV   C，bit          ；CY ←(bit)
MOV   bit，C          ；bit ←(CY)
```

2. 位置位复位指令

```
SETB   C             ；CY← 1
SETB   bit           ；bit ← 1
CLR    C             ；CY ← 0
CLR    bit           ；bit ← 0
```

3. 位运算指令

```
ANL   C，bit          ；CY ←(CY)∧(bit)
ANL   C，/bit         ；CY ←(CY)∧(/bit)
ORL   C，bit          ；CY ←(CY)∨(bit)
ORL   C，/bit         ；CY ←(CY)∨(/bit)
CPL   C              ；CY ←(/CY)
CPL   bit            ；bit ←(/bit)
```

4. 位控制转移指令

位控制转移指令就是以位的状态作为实现程序转移的判断条件。

（1）以 C 状态为条件的转移指令

```
JC   rel             ；(CY)=1 转移，否则顺序执行
JNC  rel             ；(CY)=0 转移，否则顺序执行
```

（2）以位状态为条件的转移指令

```
JB    bit，rel        ；位状态为“1”转移
JNB   bit，rel        ；位状态为“0”转移
JBC   bit，rel        ；位状态为“1”转移，并使该位清“0”。
```

3.4 汇编语言程序设计

计算机程序设计语言通常分为机器语言、高级语言和汇编语言。

1. 机器语言

机器语言能被计算机直接识别和执行，但不易为人们所编写和阅读，因此，人们一般不用它来进行程序设计。

2. 高级语言

高级语言是一种面向过程和问题并能独立于机器语言的通用程序设计语言，是一种接近人们自然语言和常用数字表达式的计算机语言。使用高级语言编程的速度快且编程者不必熟悉机器内部的硬件结构而可以把主要精力集中于掌握语言的语法规则和程序的结构设计方面，但程序执行的速度慢且占据的存储空间较大。

3．汇编语言

汇编语言是一种面向机器的语言，它的助记符指令和机器语言保持着一一对应的关系。也就是说，这种语言实际上就是机器语言的符号表示。用汇编语言编程时，编程者可以直接操作机器内部的寄存器和存储单元，能把处理过程描述得非常具体，因此通过优化能编制出高效率的程序，既可节省存储空间又可提高程序执行的速度，在空间和时间上都充分发挥了计算机的潜力。在实时控制的场合下，计算机的监控程序大多采用汇编语言编写。

3.4.1　伪指令及汇编语言源程序汇编

程序设计者使用汇编语言编写的汇编语言源程序必须汇编（翻译）成机器代码（即指令代码）单片机才能运行，在汇编语言源程序中应有向汇编程序发出的指示信息，告诉它如何完成汇编工作，这一任务是通过使用伪指令来实现的。

1．伪指令

伪指令不属于指令集中的指令，在汇编时不产生目标代码，不影响程序的执行，仅指明在汇编时执行一些特殊的操作。

（1）定义起始地址伪指令 ORG

格式：ORG　操作数

说明：操作数为一个 16 位的地址，它指出了下面那条指令目标代码的第一个字节的程序存储器地址。在一个源程序中，可以多次定义 ORG 伪指令，但要求规定的地址由小到大安排，各段之间地址不允许重复。

（2）定义赋值伪指令 EQU

格式：字符名称　EQU　操作数

说明：该伪指令是用来给字符名称赋值的。在同一个源程序中，任何一个字符名称只能赋值一次。赋值以后，其值在整个源程序中的值是固定的，不可改变。对所赋值的字符名称必须先定义赋值后才能使用，其操作数可以是 8 位或 16 位的二进制数，也可以是事先定义的表达式。

（3）定义数据地址赋值伪指令 DATA

格式：字符名称　DATA　操作数

说明：该伪指令的功能和 EQU 伪指令相似，两者的不同之处是 DATA 伪指令所定义的字符名称可先使用后定义，也可先定义后使用，在程序中，它常用于定义数据地址。

（4）定义字节数据伪指令 DB

格式：[标号：] DB 数据表

说明：该伪指令用于定义若干字节数据，并从指定的地址单元开始存放在程序存储器中。数据表是由 8 位二进制数或由加单引号的字符组成，中间用逗号间隔，每行的最后一个数据不用逗号。

DB 伪指令确定数据表中第一个数据的单元地址有两种方法：一是由 ORG 伪指令规定首地址，二是由 DB 前一条指令的首地址加上该指令的长度。

（5）定义双字节数据伪指令 DW

格式：[标号：] DW 数据表

说明：该伪指令与 DB 伪指令的不同之处是，DW 定义的是双字节数据，而 DB 定义的是单字节数据，其余用法都相同。在汇编时，每个双字节的高 8 位数据要排在低地址单元，低 8 位数据排在高地址单元。

（6）定义预留空间伪指令 DS

格式： [标号：] DS 操作数

说明： 该伪指令用于"告诉"汇编程序，从指定的地址单元开始（如由标号指定首址），保留由操作数设定的字节数空间，以作为备用空间。要注意的是，DB、DW 及 DS 伪指令只能用于程序存储器，而不能用于数据存储器。

（7）定义位地址赋值伪指令 BIT

格式： 字符名称　BIT　位地址

说明： 该伪指令只能用于有位地址的位（片内 RAM 和 SFR 块中），给位地址赋予规定的字符名称，常用于位操作的程序中。

（8）定义汇编结束伪指令 END

格式： [标号：] END

说明： 该伪指令用于"告诉"汇编程序，此源程序到此结束。在一个程序中，只允许出现一条 END 伪指令，而且必须放在源程序的末尾。

2．汇编语言源程序汇编

用汇编语言编写的源程序称为汇编语言源程序，但是单片机不能直接识别这种程序，需要通过汇编，将其转换成用二进制代码表示的机器语言程序，单片机才能够识别和执行。汇编通常由专门的编译程序来进行，通过编译自动得到对应于汇编源程序的机器语言目标程序，这个过程称为机器汇编，另外还可用人工汇编。

（1）汇编程序的汇编过程

汇编过程是将汇编语言源程序翻译成目标程序的过程。机器汇编通常是在计算机上（与 MCS-51 单片机仿真器联机）通过编译程序实现汇编。

（2）人工汇编

人工汇编是指由程序员根据 MCS-51 单片机的指令集，将汇编语言源程序的指令逐条翻译成机器码的过程。

3.4.2　汇编语言程序设计举例

汇编语言程序设计通常的步骤如下：

1）建立数学模型。根据课题要求，用适当的数学方法来描述和建立数学模型。

2）确定算法。绘制程序流程图算法是程序设计的基本依据。程序流程图是编程时的思路体现。

3）编写源程序合理选择和分配内存单元、工作寄存器。按模块结构具体编写源程序。

4）汇编及调试程序，通过汇编生成目标程序。经过多次调试，对程序运行结果进行分析，不断修正源程序中的错误，最后得到正确结果，达到预期目的。

1．顺序程序设计

顺序程序是各类结构化程序块中最简单的一种。它按程序执行的顺序依次编写，在执行程序过程中不使用转移指令，只是顺序执行。

【例3-1】 把 A 中的压缩 BCD 码转换成二进制数。

解：此程序采用将 A 中的高半字节（十位）乘以 10，再加上 A 的低半字节（个位）的方法。编程如下：

```
MOV    R2，A            ；暂存
ANL    A，#F0H          ；屏蔽低 4 位
SWAP   A
MOV    B，#10
MUL    AB              ；A 中高半字节乘 10
MOV    R3，A
MOV    A，R2            ；取原 BCD 数
ANL    A，#0FH          ；取 BCD 数个位
ADD    A，R3            ；个位数与十位数相加
SJMP   $               ；无限循环
```

2．分支程序的设计

分支程序主要用于根据判断条件的成立与否来确定程序的走向，因此在分支程序中需要使用控制转移类指令，可组成简单分支结构和多分支结构。

【例 3-2】 设变量 X 的值存放在内部 RAM 的 30H 单元中，编程求解下列函数式，将求得的函数值 Y 存入 40H 单元。

$$Y = \begin{cases} X+1 & (X \geqslant 100) \\ 0 & (10 \leqslant X < 100) \\ X-1 & (X < 10) \end{cases}$$

解：自变量 X 的值在 3 个不同的区间所得到的函数值 Y 不同，编程时要注意区间的划分。程序如下：

```
         MOV   A，30H           ；取自变量 X 值
         CJNE  A，#10，LOOP0     ；与 10 比较，A 中值不改变
LOOP0：  JC    LOOP2            ；若 X< 10，转 LOOP2
         CJNE  A，#100，LOOP1    ；与 100 比较
LOOP1：  JNC   LOOP3            ；若 X>100，转 LOOP3
         MOV   40H，#00H         ；因 10≤X<100，故 Y=0
         SJMP  EXIT
LOOP2：  DEC   A                ；因 X<10，故 Y=X-1
         MOV   40H，A
         SJMP  EXIT
LOOP3：  INC   A                ；若 X>100，故 Y=X+1
         MOV   40H，A
         SJMP  $
```

3．循环程序设计

循环结构由初始化部分、循环处理部分、循环控制部分和循环结束部分 4 部分组成。

1）初始化部分用来设置循环处理之前的初始状态，如循环次数的设置、变量初值的设置、地址指针的设置等。

2）循环处理部分又称为循环体，是重复执行的数据处理程序段，是循环程序的核心部分。

3）循环控制部分这部分用来控制循环继续与否。

4）结束部分是对循环程序全部执行结束后的结果进行分析、处理和保存。

【例3-3】 设内部 RAM 存有一无符号数数据块，长度为 128 字节，在以 30H 单元为首址的连续单元中，试编程找出其中最小的数，并放在 20H 单元。

解：

```
        MOV    R7，#7FH          ；设置比较次数
        MOV    R0，#30H          ；设置数据块首地址
        MOV    A，@R0            ；取第一个数
        MOV    20H，A            ；第一个数暂存于 20H 单元，作为最小数
LOOPl：  INC    R0
        MOV    A，@R0            ；依次取下一个数
        CJNE   A，20H，LOOP
LOOP：   JNC    LOOP2            ；比较两数后，将其中较小的数放在 20H 单元
        MOV    20H，A
LOOP2：  DJNZ   R7，LOOP1         ；若 R7 中内容为零，则比较完毕
        SJMP   $
```

【例3-4】 MCS-51 单片机的 P1 端口作输出，驱动 8 只发光二极管，如图 3-1 所示。当输出为 0 时，发光二极管点亮；当输出为 1 时，发光二极管变暗。试分析下述程序执行过程及发光二极管点亮的工作规律。

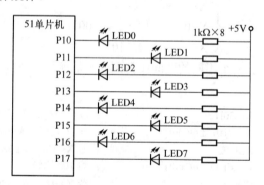

图 3-1 【例 3-4】的电路图

```
LP：MOV     P1，#81H
    LCALL   DELAY
    MOV     P1，#42H
    LCALL   DELAY
    MOV     P1，#24H
    LCALL   DELAY
    MOV     P1，#18H
    LCALL   DELAY
    MOV     P1，#24H
    LCALL   DELAY
    MOV     P1，#42H
    LCALL   DELAY
    SJMP LP
```

延时子程序：

```
DELAY:    MOV   R2，#0FAH
L1:       MOV   R3，# 0FAH
L2:       DJNZ  R3，L2
          DJNZ  R2，L1
          RET
```

解： 上述程序执行过程及发光二极管点亮的工作规律为：首先是第 1 个和第 8 个灯亮；延时一段时间后，第 2 个和第 7 个灯亮；延时一段时间后，第 3 个和第 6 个灯亮；延时一段时间后，第 4 个和第 5 个灯亮；延时一段时间后，重复上述过程。

若系统的晶振频率为 6MHz，延时子程序 DELAY 的延时时间计算如下：

```
DELAY:    MOV   R2，#0FAH
L1:       MOV   R3，#0FAH
L2:       DJNZ  R3，L2
          DJNZ  R2，L1
          RET
```

因为 FAH=250，所以总时间 T 为：

$$T=4+(250\times4+4)\times250 +4=251008\mu s$$

若想加长延时时间，可以增加循环次数；若想缩短延时时间，可以减少循环次数。

练习题

一、选择题

1. 寻址方式就是（　　　）的方式。
   - A．查找指令操作码
   - B．查找指令
   - C．查找指令操作数
   - D．查找指令操作码和操作数

2. MCS-51 单片机的数据指针（DPTR）是一个 16 位的专用地址指针寄存器，主要用于（　　　）。
   - A．存放指令
   - B．存放 16 位地址，作间址寄存器使用
   - C．存放下一条指令地址
   - D．存放上一条指令地址

3. MCS-51 的立即寻址方式中，立即数前面（　　　）。
   - A．应加前缀"/:"号
   - B．不加前缀号
   - C．应加前缀"@"号
   - D．应加前缀"#"号

4. MCS-51 寻址方式中，操作数 Ri 加前缀"@"号的寻址方式是（　　　）。
   - A．寄存器间接寻址
   - B．寄存器寻址
   - C．基址加变址寻址
   - D．立即寻址

5. 下列完成 MCS-51 单片机内部数据传送的指令是（　　　）。

A. MOVX A，@DPTR   B. MOVC A，@A+PC

C. MOVX A，@R0   D. MOV direct，direct

6. MCS-51 的源操作数为立即寻址的指令中，立即数就是（　　）。

  A. 放在寄存器 R0 中的内容   B. 放在程序中的常数

  C. 放在 A 中的内容   D. 放在 B 中的内容

7. 单片机中 PUSH 和 POP 指令常用于（　　）。

  A. 保护断点   B. 保护现场

  C. 保护现场，恢复现场   D. 保护断点，恢复断点

8. MCS-51 寻址方式中，直接寻址的寻址空间是（　　）。

  A. 工作寄存器 R0~R7   B. 专用寄存器 SFR

  C. 程序存储器 ROM   D. 数据存储器 256 字节范围

9. 主程序中调用子程序后返回主程序，堆栈指针 SP 的值（　　）。

  A. 不变   B. 加 2   C. 加 4   D. 减 2

10. 指令"MOV R0，20H"执行前(R0)=30H，(20H)=38H，执行后(R0)=（　　）。

  A. 20H   B. 30H   C. 50H   D. 38H

二、简答题

1. 什么是寻址方式？MCS-51 指令系统有哪些寻址方式？相应的寻址空间在何处？

2. 访问内部 RAM 单元可以采用哪些寻址方式？访问外部 RAM 单元可以采用哪些寻址方式？

3. 访问特殊功能寄存器（SFR）可以采用哪些寻址方式？

4. Rn 与 Ri 有什么区别？"@Ri"表示什么含义？

5. 30H、#30H 及#30 有什么区别？

6. MCS-51 指令系统有哪几种寻址方式？指出下列指令属于哪种寻址方式。

```
MOV    A，B
MOV    A，@R0
INC    A
SETB   PSW.3
PUSH   ACC
MOVX   @DPTR，A
DJNZ   R0，$
MOV    10H，C
```

7. 访问外部数据存储器和程序存储器可以用哪些指令来实现？举例说明。

8. SJMP 指令和 AJMP 指令都是两字节转移指令，它们有什么区别？各自的转移范围是多少？能否用 AJMP 指令代替程序中的所有 SJMP 指令？为什么？

9. 加法和减法指令影响哪些标志位？是怎么影响的？

10. 简述 MCS-51 汇编语言的指令格式。

11. 汇编语言伪指令有什么作用？

12. 汇编程序设计有哪几个步骤？各步骤的任务是什么？

三、编程题

1．将内部 RAM 30H～50H 单元内容送到外部 1000H～1020H。

2．在内部 RAM 的 30H 开始的一组无符号数，数据长度为 20H，编写一段程序找出其中最大数存入 51H 中。

3．在外部 RAM 的 30H～50H 有一组有符号数，编写一段程序找出其中正数、负数和 0 的个数分别存入内部 30H、31H、32H 中。

4．编写程序：查找在内部 RAM 的 30H～50H 单元中是否有"0AAH"这一数据。若有，则将标志 F0 置为"1"；若未找到，则将标志 F0 置为"0"。

5．编写无符号双字节加法程序，设两个双字节分别存在 R1R2 和 R3R4 中（高位在前），以及保存在 R1R2R3 中。

6．编一程序将片内 40H～46H 单元内容的高 4 位清零，保持低 4 位不变。

7．读取外部 RAM 7FFFFH 单元数据存入内部 RAM 30H，并转移到处理程序 ABC；如果读入数据大于 FAH，程序转移至 ERR 程序。

8．将片内 40H 单元的一位十六进制数转换成 3 位 ASCⅡ码，并保存到 41H、42H、43H（高位在 41H）中。

第4章　MCS-51 单片机的 C 语言编程

　　C 语言是一种通用的程序设计语言，其代码率高，数据类型及运算符丰富，位操作能力强，适用于各种应用程序设计。Keil C51 语言（简称 C51）是在 C 语言的基础上针对 51 单片机的硬件特点进行的扩展、移植，目前该语言已经成为公认的高效、简洁而又贴近 51 单片机硬件的实用高级编程语言。与汇编语言相比，C51 在功能、结构以及可读性、可移植性、可维护性上都有非常明显的优势。本章简单介绍 C51 语言的有关基础知识，C51 的程序设计将在以后的章节中介绍。

4.1　C51 的数据类型

　　表 4-1 中列出了 Keil μVision4 C51 编译器所支持的数据类型。在标准 C 语言中，基本的数据类型为 char、int、short、long、float 和 double，而在 C51 编译器中 int 和 short 相同，float 和 double 相同，这里就不单独列出说明了。

表 4-1　KELL CX51 的数据类型

数据类型	长　　度	值　　域
bit	1 位	0，1
unsigned char	1 字节	0～255
signed char	1 字节	−128～127
unsigned int	2 字节	0～65535
signed int	2 字节	−32768～32767
unsigned long	4 字节	0～4294967295
signed long	4 字节	−2147483648～2147483647
float	4 字节	±1.176E−38～3.40E+38（6 位数字）
double	8 字节	±1.176E−38～3.40E+38（10 位数字）
一般指针	3 字节	存储空间 0～65535
sfr	1 字节	0～255
sfr16	2 字节	0～65535
sbit	1 位	0，1 可位寻址的特殊功能寄存器的某位的绝对地址

1．char 字符类型

　　char 类型的长度是一个字节，通常用于定义处理字符数据的变量或常量，分无符号字符类型 unsigned char 和有符号字符类型 signed char，默认值为 signed char 类型。

- unsigned char 类型用字节中的所有位来表示数值，可以表达的数值范围是 0～255。
- signed char 类型用字节中最高位字节表示数据的符号，0 表示正数，1 表示负数，负数用补码表示，所能表示的数值范围是-128～+127。

unsigned char 常用于处理 ASCII 字符，以及用于处理小于或等于 255 的整型数。在 MCS-51 单片机程序中，unsigned char 是最常用的数据类型。

2．int 整型

int 整型长度为两个字节，用于存放一个双字节数据，分有符号整型数 signed int 和无符号整型数 unsigned int，默认值为 signed int 类型。

- signed int 表示的数值范围是-32768～+32767，字节中最高位表示数据的符号，0 表示正数，1 表示负数。
- unsigned int 表示的数值范围是 0～65535。

3．long 长整型

long 长整型长度为 4 个字节，用于存放一个 4 字节数据，分有符号长整型 signed long 和无符号长整型 unsigned long，默认值为 signed long 类型。

- signed long 表示的数值范围是-2147483648～+2147483647，字节中最高位表示数据的符号，0 表示正数，1 表示负数。
- unsigned long 表示的数值范围是 0～4294967295。

4．float 浮点型

float 浮点型在十进制中具有 7 位有效数字，是符合 IEEE-754 标准的单精度浮点型数据，占用 4 个字节。

5．*指针型

指针型本身就是一个变量，在这个变量中存放指向另一个数据的地址。这个指针变量要占据一定的内存单元，对不同的处理器长度也不尽相同，在 C51 中，它的长度一般为 1～3 个字节。

6．bit 位标量

bit 位标量是 C51 编译器的一种扩充数据类型，利用它可定义一个位标量，但不能定义位指针，也不能定义位数组。它的值是一个二进制位，不是 0 就是 1，类似一些高级语言中 Boolean 类型中的 true 和 false。

7．sfr 特殊功能寄存器

sfr 也是一种扩充数据类型，占用一个内存单元，值域为 0～255。利用它可以访问 MCS-51 单片机内部的所有特殊功能寄存器。如用 sfr P1=0x90 来定义地址 90H 存储单元为 P1 端口在片内的寄存器，在后面的语句中，本书通常用 P1=255（对 P1 端口的所有引脚置高电平）之类的语句来操作特殊功能寄存器。

8．sfr16 16 位特殊功能寄存器

sfr16 占用两个内存单元，值域为 0～65535。sfr16 和 sfr 一样用于操作特殊功能寄存器，所不同的是它用于操作占两个字节的寄存器，如定时器 T0 和 T1。

9．sbit 可寻址位

sbit 同样是 C51 中的一种扩充数据类型，利用它可以访问芯片内部特殊功能寄存器中的可寻址位。如先前所定义的：

```
sfr P1=0x90;
```

因 P1 端口的寄存器是可位寻址的，故可以定义：

    sbit P1_1=P1 ＾1； //P1_1 为 P1 中的 P1.1 引脚

同样可以用 P1.1 的地址去写，如：

    sbit P1_1=0x91；

这样在以后的程序语句中就可以用 P1_1 来对 P1.1 引脚进行读写操作了。通常这些可以直接使用系统提供的预处理文件，里面已定义好各特殊功能寄存器的简单名字，直接引用可以省去一点时间，当然也可以自己写定义文件，用便于记忆的名称。

4.2 常量与变量

C 语言中的数值有常量和变量之分。

1. 常量

在程序运行的过程中，常量是指其值不能改变的量，它可以有不同的数据类型。变量的定义能使用所有 C51 编译器支持的数据类型，而常量的数据类型只有整型、浮点型、字符型、字符串和位标量。常量可用在不必改变值的场合，如固定的数据表、字库等。常量的定义方式有几种，下面来加以说明。

    #define FALSE 0x00；//用预定义语句可以定义常量
    #define TRUE 0x01；//这里定义 False 为 0，True 为 1

在程序中用到 False 编译时自动以 0 替换，用到 True 编译时自动以 1 替换。

    unsigned int code a=100；//这一句用 code 把 a 定义在程序存储器中并赋值
    const unsigned int a=100；//这一句用 const 关键字把 a 定义在 RAM 中并赋值

上面介绍了定义常量的 3 种方法：宏定义、用 code 关键字定义以及用 const 关键字定义。通过宏定义的常量并不占用单片机的任何存储空间，而只是告诉编译器在编译时把标识符替换一下，这在资源受限的单片机程序中显得非常有用。用 code 关键字定义的常量放在单片机的程序存储器中；用 const 关键字定义的常量放在单片机的 RAM 中，要占用单片机的变量存储空间。单片机的程序存储器空间毕竟要比 RAM 大得多（MCS-51 单片机只有 128 字节的 RAM 空间，扩展型 MCS-51 单片机只有 256 字节的 RAM 空间），所以当要定义比较大的常量数组时，用 code 关键字定义常量要比用 const 关键字定义更合理一些。

2. 变量

在程序运行的过程中，变量是指其值可以改变的量。每个变量都要有一个变量名，在内存中占据一定的存储单元（地址），并在该内存单元中存放该变量的值。

要在程序中使用变量必须先用标识符作为变量名，并指出所用的数据类型和存储模式，这样编译系统才能为变量分配相应的存储空间。定义一个变量的格式如下：

    [存储种类] 数据类型 [存储器类型] 变量名表

在定义格式中除了数据类型和变量名表是必要的，其他都是可选项。

存储种类有 4 种：自动（auto）、外部（extern）、静态（static）和寄存器（register），默认类型为自动（auto）。

例如，#define uchar unsigned char　　　　　//定义符号常量 uchar
　　　uchar data al；　　　　//字符变量 al 定位在 MCS-51 的片内数据存储区中
　　　bit bdata flag；　　　　//变量 flag 定位在 MCS-51 的片内数据存储区中的可位寻地区
　　　float idata x，y；　　　　//浮点变量 x，y 定位在 MCS-51 的片内数据存储区并只能通过间接寻址来访问
　　　uchar xdata s[]={3，4，7，2，12，8}；　//是无符号字符数组 s 定位在片外 RAM
　　　uchar code table[10]={0x3f，0x06，0x5b，0x4f，0x66，
　　　0x6d，0x7d，0x07，0x7f，0x6f}；
　　　//无符号字符数组 table 定位在程序存储器

当没有指定存储类型时，由编译系统的存储模式将其存于默认存储空间。当编译系统的存储模式为小模式（small）时，默认存储类型为 data，当编译系统的存储模式为其他模式时，默认存储类型为 xdata。C51 编译器的存储模式一般为小模式。

4.3　C51 数据的存储类型与 MCS-51 单片机存储器结构

在讨论 Keil C51 的数据类型时，必须同时提及它的存储类型及其与 MCS-51 单片机存储结构的关系，因为 Keil C51 是面向 MCS-51 系列单片机及其硬件控制系统的开发工具，它定义的任何数据类型必须以一定的存储类型的方式定位在 MCS-51 单片机的某一存储区中，否则便没有任何意义。

MCS-51 系列单片机在物理上有 4 个存储空间：片内程序存储器空间、片外程序存储器空间、片内数据存储器空间和片外数据存储器空间。

其中，片内数据存储器空间分为 4 个区域：4 组通用工作寄存器、可位寻址区、堆栈区和用户数据区。对于 MCS-51 系列单片机来说，这 4 个区域都处于低 128 字节的 RAM 区内。对于扩展型 MCS-51 单片机，用户数据区还包括高 128 字节的 RAM 区域，但该区域只能用寄存器间接寻址方式进行访问，以与对 SFR 的直接访问相区别。

C51 在定义变量和常量时，需说明它们的存储类型，将它们定位在不同的存储区中。

C51 对单片机的不同存储区域定义了不同的存储类型，它们的关系见表 4-2。

表 4-2　存储类型与对应的存储区域

存储类型	对应的存储区域
data	直接寻址片内 RAM（128 字节）访问速度快
bdata	可位寻址的片内 RAM（16 字节），允许位与字节混合访问
idata	间接寻址片内 RAM，可访问全部片内 RAM（256 字节）
pdata	分页寻址片外 RAM（256 字节），由 MOVX　@Ri　访问
xdata	片外 RAM（64KB 字节），由 MOVX　@DPTR　访问
code	程序存储区（64KB 字节），由 MOVC　@DPTR　访问

如果省略存储器类型，系统则会按编译模式 SMALL、COMPACT 或 LARGE 所规定的默认存储器类型去指定变量的存储区域。无论什么存储模式都能声明变量在任何的 MCS-51 存储区范围，然而，把最常用的命令（如循环计数器和队列索引）放在内部数据区能显著提

高系统性能。还有要指出的是，变量的存储种类与存储器类型是完全无关的。

存储模式：存储模式决定了变量的默认存储类型、参数传递区和无明确存储类型的变量。

在固定的存储器地址上进行变量的传递，是 C51 的标准特征之一。在 SMALL 模式下，参数传递是在片内数据存储区中完成的。LARGE 和 COMPACT 模式允许参数在外部存储器中传递。C51 同时也支持混合模式，例如，在 LARGE 模式下，生成的程序可将一些函数放入 SMALL 模式中，从而加快执行速度。关于存储模式的详细说明见表 4-3。

表 4-3 存储模式及其说明

存储模式	说 明
SMALL	参数及局部变量放入可直接寻址的片内存储器（最大 128 字节，默认存储类型是 DATA），因此访问十分方便。另外，所有对象（包括栈），都必须嵌入片内 RAM。栈长很关键，因为实际栈长依赖于不同函数的嵌套层数
COMPACT	参数及局部变量放入分页片外存储区（最大 128 字节，默认存储类型是 PDATA），通过寄存器 R0 和 R1（@R0、@R1）间接寻址，栈空间位于 MCS-51 系统内部数据存储区中
LARGE	参数及局部变量直接放入片外数据存储区（最大 64KB 字节，默认存储类型是 XDATA），使用数据指针 DPTR 来进行寻址。用此数据指针进行访问效率较低，尤其是对两个或多个字节的变量，这种数据类型的访问机制直接影响代码的长度。另一不方便之处在于这种数据指针不能对位操作

提示：存储模式在单片机 Keil C51 语言编译器选项中选择。

4.4 MCS-51 单片机特殊功能寄存器及其 C51 定义

MCS-51 单片机片内有 21 个特殊功能寄存器，它们分布在片内 RAM 的高 128 字节中。只能用直接寻址方式访问 SFR。SFR 中还有 11 个寄存器具有位寻址的能力。这些寄存器的字节地址都能被 8 整除，即字节地址是以 8 和 0 为尾数的。

在 C51 中，特殊功能寄存器及其可位寻址的位是通过关键字 sfr 和 sbit 来定义的，这种定义方法与标准 C 不兼容，只适用于 C51。

例如，sfr SCON=0X98;   //串行口控制寄存器地址 98H

　　　　sfr TMOD=0X89;   //定时器/计数器方式控制寄存器 TMOD 地址为 89H

　　　　sfr P1=0X90;   //定义 I/O 口 P1 地址为 90H

注意：sfr 后面必须跟一个特殊寄存器名，"="后面的地址必须是常数，不允许带有运算符的表达式，这个常数值的范围必须在特殊寄存器的地址范围内，位于 0X80 和 0XFF 之间。

与 sfr 定义一样，用关键字"sbit"定义某些特殊位，并接受任何符号名，"="号后将绝对地址赋给变量名。这里有以下 3 种地址分配方法。

1）已定义的特殊功能寄存器是可位寻址的。

　　　　sfr PSW=0XD0;   //定义程序状态字寄存器 PSW 地址为 D0H

　　　　sbit RS0=PSW^3;   //定义位 RS0(其位地址为 D3H)为 PSW 的第 3 位

PSW 是可位寻址的 SFR，其中的各位可用"sbit"定义。

2）对于可位寻址的特殊功能寄存器，可以用字节地址作为基地址。

```
sbit   AC=0xD7^6;        //定义位 AC 为字节地址 D7H 的第 6 位
sbit   CY=0xD7^7;        //定义位 CY 为字节地址 D7H 的第 7 位
```

3）对于可寻址的位，将位的绝对地址赋给变量。

```
sbit   AC=0xD6;          //定义位 AC 的地址为 D6H
sbit   CY=0xD7;          //定义位 CY 的地址为 D7H
```

注意：sfr 和 sbit 只能在函数外使用，一般放在程序的开头。实际上大部分特殊功能寄存器及其可位寻址的位的定义在 reg51.h、reg52.h 等相应的头文件中已给出，使用时只需在源文件中包含相应的头文件，即可使用 sfr 及其可寻址的位；而对于未定义的位，使用之前必须先定义。

4.5　MCS-51 单片机并行接口及其 C51 定义

MCS-51 单片机有 4 个 8 位并行 I/O 接口 P0、P1、P2 和 P3，除此之外 MCS-51 单片机还可以在片外扩展 I/O 口和其他功能接口芯片，它们与外部数据存储器是统一编址的，即 MCS-51 单片机把它们当作外部数据存储器的一个单元。

P0、P1、P2 和 P3 口的定义在头文件 reg51.h 和 reg52.h 中。对于扩展的外部 RAM 单元、外部硬件 I/O 口和功能接口芯片，则根据其硬件译码地址，使用#define 语句由用户自定义。

例如，#include <absacc.h>
　　　#define   PA   XBYTE [0XFFEC]

以上程序中的编译预处理命令#define 将 PA 定义为外部 I/O 口，地址为 0XFFEC。其中 XBYTE 是一个指针，指向外部数据存储器的零地址单元，它是在头文件 absacc.h 中定义的，详见后面关于 C51 的指针类型部分。

4.6　位变量及其 C51 定义

MCS-51 单片机有布尔处理器，具有位运算能力，C51 相应地设置了 bit 数据类型，用于位处理。

1．位变量的定义
位变量用关键字"bit"来定义，其值是一个二进制位。
例如，bit   lock _pt;   //将 lock_pt 定义为位变量
　　　 bit   direction_bit;   //将 direction_bit 定义为位变量

2．函数可以有 bit 类型的参数，也可以有 bit 类型的返回值

　　bit   func (bit b0，bit b1)

49

```
        {
                    bit，a；
                    …
        return a；
        }
```

使用禁止中断宏命令#progma disnable 或指定明确的寄存器切换（using n）的函数不能返回位值。

3．对位变量定义的限制

不能定义位变量指针，例如，bit*bit_point。

不能定义位数组，例如，bit bit_array [5]。

位变量说明中可以指定存储类型，位变量的存储类型只能是 bdata。

在程序设计时，对于可位寻址对象，既可以字节寻址又可以位寻址的变量，则其存储类型只能是 bdata。

使用时，先说明字节变量的数据类型和存储类型：

```
    int    bdata    a；        //整型变量 a 定位在片内数据存储区中的可位寻址区
    char    bdata b[4]；        //字符数组 b 定位在片内数据存储区中的可位寻址区
```

然后，使用 sbit 关键字定义其中可独立寻址访问的位变量：

```
    sbit    a0=a^0；        //定义 a0 为 a 的第 0 位
    sbit    a12=a^12；        //定义 a12 为 a 的第 12 位
    sbit    b03=b[0]^3；        //定义 b03 为 b[0]的第 3 位
    sbit    b36=b[3]^6；        //定义 b36 为 b[3]的第 6 位
```

sbit 定义要求基址对象的存储类型为 bdata。

使用 sbit 类型位变量时，基址变量和其对应位变量的说明必须在函数外部进行。

4.7 C51 的运算符、表达式及其规则

C51 的运算符主要有算术运算符、关系运算符、逻辑运算符、位运算符、赋值及复合赋值运算符等。

1．算术运算符和算术表达式

（1）基本的算术运算符

+（加法运算符）

—（减法运算符）

*（乘法运算符）

/（除法运算符）

%（模运算符或取余运算符）

这 5 个运算符都是双目运算符，即运算需两个操作数。

对于除法运算符，若两个整数相除，结果为整数（即取整）。

对于取余运算符，要求%两侧的操作数均为整型数据，所得结果的符号与左侧操作数的

符号相同。

例如，8/6=1，6/8=0，-73%24=-1，-73%-24=-1，73%-24= 1

（2）自增、自减运算符

++为自增运算符；--为自减运算符。它们都是单目运算符。

例如，++j、j++；--i、i--

说明：

1）++和--运算符只能用于变量，不能用于常量和表达式。

2）++j 和--i 称为前缀形式，执行过程是"先增（减）值后应用"；j++和 i--称为后缀形式，执行过程是"先应用后增（减）值"。

例如，若变量 a=2，则分别执行 b=++a 与 b=a++后变量 b 的值是不同的。前者 b=3，后者 b=2（a 的值都等于 2）。

（3）算术表达式和运算符的优先级与结合性

1）**算术表达式**：用算术运算符和括号将操作数〔常量、变量、函数等〕连接起来的式子。例如，a*b/c-1.5+'d'

2）**优先级**：指当运算对象两侧都有运算符时，执行运算的先后次序。按运算符优先级别的高低顺序执行运算。

3）**结合性**：指当一个运算对象两侧运算符的优先级别相同时的运算顺序。

算术运算符的优先级规定为：先乘除模，后加减，括号最优先。

例如，a-b*c 等价于 a-（b*c）

例如，a*b/c 等价于（a*b）/c

（4）强制类型转换运算符

强制类型转换运算符用于强行将一个表达式转换成所需类型。

其一般形式为：（类型名）（表达式）

例如，(double)a　　　　//将 a 强制转换成 double 类型

　　　(int)(x+y)　　　　//将 x+y 强制转换成 int 类型

　　　(int)a%(int)b　　//将 a 与 b 强制转换成 int 类型后，做取余运算

说明：表达式必须用括号括起。

例如，（double）x+y=（double）（x）+y ≠（double）（x+y）

2．关系运算符和关系表达式

（1）关系运算符及其优先级

关系运算即比较运算，就是将两个数值进行比较。关系运算符都是双目运算符。C51 提供了以下 6 种关系运算。

< （小于）

<= （小于等于）

> （大于）

>= （大于等于）

== （等于）

!= （不等于）

优先级：

1）前4个运算符的优先级相同，后两个运算符的优先级相同。

2）关系运算符的优先级低于算术运算符的优先级，高于赋值运算符的优先级。

（2）关系表达式

用关系运算符将两个表达式连接起来的表达式称为关系表达式。

例如，a>b，a+b>=c+d，(a=3)<(b=2)

关系表达式的值为逻辑值：假和真。C51中用"0"表示假，用"1"表示真。

例如，有关系表达式a>=b，若a的值是4，b的值是3，则给定的关系满足，故关系表达式的值为1，即逻辑真；若a的值是2，b的值是3，则给定的关系不满足，故关系不等式的值为0，即逻辑假。

3．逻辑运算符和逻辑表达式

（1）逻辑运算符及其优先级

逻辑运算是对逻辑量进行的运算。C51提供以下3种逻辑运算符。

&& （逻辑与）

|| （逻辑或）

! （逻辑非）

"&&"和"||"是双目运算符，"!"是单目运算符。

逻辑非的优先级高于逻辑与，逻辑与的优先级又高于逻辑或。逻辑运算符与其他运算符的优先级为：逻辑非运算符>算术运算符>关系运算符>逻辑与和逻辑或>赋值运算符。

（2）逻辑表达式

用逻辑运算符将两个表达式或逻辑量连接起来构成的表达式即为逻辑表达式。表达式可以是算术表达式、关系表达式或逻辑表达式。逻辑表达式的值也是逻辑量（真或假）。

对于算术表达式，若其值为0，则认为是逻辑假；若其值不为0，即非0，则认为是逻辑真。

例如，有逻辑表达式a&&b，若a的值是5，b的值是0，因为a的值不为0，所以为真；又因为b的值为0，所以为假，真和假做逻辑与运算，结果为假，即该逻辑表达式的值为0。

逻辑表达式的执行规则：逻辑表达式是不完全执行的，即一个逻辑表达式中的所有运算符并不都被执行，只有当一定要执行下一个逻辑运算符才能确定表达式的值时，才执行该运算符。

例如，a&&b&&c：

若a的值为0，则不需判断b和c的值就可确定该表达式的值为0。

例如，a || b || c

若a的值是0，则还需判断b的值，若b的值为1，则不需判断c的值就可确定该表达式的值为1。

4．位运算符及其表达式

C语言提供以下6种位运算符。

& （按位与）

| （按位或）

^　（按位异或）

～（按位取反）

<<（位左移）

>>（位右移）

注意：位运算的操作对象是整型和字符型数据，不能是实型数据。

（1）按位与运算符（&）

参加运算的两个量，如果两个相应的位都为 1，则该位的结果值为 1；否则，为 0。

即 1&0=0；　0&1=0；　0&0=0；　1&1=1。

例如，char a =54H=0101 0100B，b=3BH=0011 1011B；

则结果为：c=a&b=10H=0001 0000B。

按位与的作用：

1）清零——让要清零的数与 0 按位与即可。

2）保留一个数的某些位，而将其余的位清零。

例如，int a 如只想要保留 a 的低字节，高字节清零，则只要将 a 与 0x00FF 按位与即可。

（2）按位或运算符（|）

参加运算的两个量，两个相应的位中只要有一个为 1，则该位的结果值为 1；否则，为 0。

即 0 | 0=0；　0 | 1=1；　1 | 1=1。

例如，a=30H=0011 0000B，b=0FH=0000 1111B；

则结果为：c=a | b=3FH=0011 1111B

按位与的作用是将不需要的位清零，按位或的作用是将指定的位置 1。

（3）异或运算符（^）

异或运算又称为 XOR 运算，它的运算规则是：参加运算的两个量的相应位若相同，则该位的结果值为 0；否则，为 1。

即 0^0 =0；　1^1=0；　0^1=1；　1^0=1。

例如，a=33H=0011 0011B，b=0FH=0000 1111B；

则结果为：c=a^b=3CH=0011 1100B

异或运算的性质如下：

1）与 1 异或，使特定位翻转——任何数与 1 异或都会变成相反数，利用这一点，就可以把一个量的指定位翻转而不影响其他位的值。

2）与 0 异或，使指定位保留原值——任何数与 0 异或将都保持不变，利用这一点，就可以使一个量的指定位保留原值。

（4）逐位取反运算符（～）

逐位取反运算符是单目运算符。它的运算规则是：将操作数的各位分别翻转为相反值。

即 ～1=0；　～0=1。

例如，a=F0H=1111 0000B；

则结果为：b=～a=0FH=0000 1111B

（5）位左移运算符（<<）和位右移运算符（>>）

将一个数的各位顺序左移或右移若干位,移出的位舍弃不用,空白位补 0。

例如,int a=15(0000 1111B);

则结果:b=a<<1=30(0001 1110B)

即将变量 a 的各位左移 1 位,相当于乘 2 运算。

例如,int a =18(0001 0010B);

则结果为:b=a>>1=9(0000 1001B);

即将变量 a 的各位右移 1 位,相当于除 2 运算。

注意:右移运算中,低位移出舍弃不用,对无符号数,高位补 0;对有符号数,高位补符号位(即保持原数的符号不变)。

5. 赋值运算符和赋值表达式

(1)赋值运算符

赋值运算符就是赋值符号"=",赋值运算符的优先级较低,结合性是右结合性。

(2)赋值表达式

将一个变量与表达式用赋值号连接起来就构成了赋值表达式。

1)一般形式:变量名=表达式。

赋值表达式中的表达式包括变量、数学表达式、关系表达式、逻辑表达式等,甚至可以是另一个赋值表达式。

2)求解过程:将"="右侧表达式的值赋给"="左侧的一个变量,赋值表达式的值就是被赋值变量的值。

例如,a=b=5 等价于 a=(b=5),该表达式的值为 5。

例如,a=(b=4)+(c=6),该表达式的值为 10。

(3)赋值的类型转换规则

在赋值运算中,当"="两侧的类型不一致时,系统自动将右侧表达式的值转换成左侧变量的类型,再赋给该变量。转换的规则如下:

1)将实型数据赋给整型变量时,舍弃实数的小数部分。

2)将整型数据赋给实型变量时,数值不变,但以浮点数形式存储在变量中。

3)将长字节整型数据赋给短字节整型变量时,实行截断处理。如将 long 型数据赋给 int 型变量,则将 long 型数据的低两字节数据赋给 int 型变量,将 long 型数据的高两字节的数据丢弃。

4)将短字节整型数据赋给长字节整型变量时,进行符号扩展。如将 int 型数据赋给 long 型变量,则将 int 型数据赋给 long 型变量的低两字节,将 long 型变量的高两字节的每一位都设为 int 型数据的符号值。

6. 复合赋值运算符

赋值号前加上其他运算符即可构成复合赋值运算符。

C51 提供了以下 10 个复合赋值运算符。

+=, -=, *=, /=, %=, &=, |=, ^=, <<=, >>=。

例如,a+=b　　等价于 a=(a+b)

x*=a+b　　　　等价于 x=(x*(a+b))

a&=b　　　　　　等价于 a=(a&b)

a<<=4　　　　　　等价于 a=(a<<4)

练习题

一、选择题

1. 已知 a=5，b=++a，则 a 和 b 的值是（　　　）。

　　A．5，5　　　　　　　B．5，6　　　　　　C．6，5　　　　　D．6，6

2. 已知 a=5，b=a++，则 a 和 b 的值是（　　　）。

　　A．5，5　　　　　　　B．5，6　　　　　　C．6，5　　　　　D．6，6

3. 下列数据类型中，（　　　）属于 C51 扩展的数据类型。

　　A．float　　　　　　　B．void　　　　　　C．sfr16　　　　　D．long

4. 位变量的存储类型只能是（　　　）。

　　A．data　　　　　　　B．bdata　　　　　　C．idata　　　　　D．pdata

5. sfr 定义变量时，"="号右边的地址是有限制的，（　　　）。

　　A．必须是有符号数　　　　　　　　　　B．必须是整数

　　C．必须是 0x80 和 0xff 之间的数　　　　D．必须是位变量

二、简答题

1. C51 的 data、bdata 和 idata 有什么区别？

2. 用关键字 shit 定义某些特殊可寻址位，可以有哪几种方法？

3. 哪些数据类型是 MCS-51 单片机直接支持的？

4. 如何定义内部 RAM 的可位寻址区的字符变量？

5. C51 语言的优点是什么？C51 程序的主要结构特点是什么？

6. C51 语言的变量定义包含哪些关键因素？理由是什么？

7. C51 定义变量的一般格式是什么？变量的 4 种属性是什么？特别要注意存储区属性。

8. C51 的数据存储区域类型有哪些？各种存储区域类型是哪种存储空间？存储范围是什么？如何将变量定义存储到确定的位置？

第5章 单片机开发软件及开发工具

要进行单片机的开发，首先需掌握两个工具软件编程软件 Keil 和下载软件 STC-ISP。熟练掌握这两个软件是学好单片机的关键。用户要在 Keil 平台上编写程序，并通过 Keil 软件把编写完的程序编译成单片机可执行的.hex 文件，再利用下载软件 STC-ISP 把.hex 文件下载到单片机程序存储器中，这样才能使单片机运行所编写的程序。

5.1 C51 程序结构

C51 程序结构与一般的 C 语言没有什么差别。一个 C51 程序大体上是一个函数定义的集合，在这个集合中仅有一个名为 main 的函数（主函数）。主函数是程序的入口，其中的所有语句执行完毕，则程序执行结束。

C51 函数定义的一般格式如下：

```
类型  函数名（参数表）
参数说明；
{
    数据说明部分；
    执行语句部分；
}
```

一个函数在程序中可以 3 种形态出现：函数定义、函数调用和函数说明。函数定义和函数调用不分先后，但若调用在定义之前，则在调用前必须先进行函数说明。函数说明是一个没有函数体的函数定义，函数调用则要求有函数名和实参数表。

C51 中函数分为两大类：一类是库函数；另一类是用户定义函数。库函数是 C51 在库文件中已定义的函数，其函数说明在相关的头文件中。对于这类函数，用户在编程时只要用include 预处理指令将头文件包含在用户文件中，直接调用即可。用户函数是用户自己定义、自己调用的一类函数。从某种意义上来看，C 编程实际上是对一系列用户函数的定义。

C51 程序的编程要点如下：

1）C 语言是由函数构成的。一个 C 源程序至少包含一个 main 函数，也可以包含一个main 函数和若干其他函数。因此，函数是 C 程序的基本单位。被调用的函数既可以是编译器提供的库函数，也可以是用户根据需要自己编制设计的函数。

2）一个函数由两部分组成。函数说明部分包括函数名、函数类型、函数属性、函数参数（形参）名和形式参数类型。一个函数名后面必须跟一对括号，函数参数可以没有，如main()；函数体即大括号{}内的部分。如果一个函数内有多个大括号，则最外层的一对{}为函数体的范围。函数体一般包括变量定义、执行语句等。

3）一个 C 程序总是从 main 函数开始执行的，而不论 main 函数在整个程序中的位置如何。

4）C 程序书写格式自由，一行内可以写几个语句，一个语句可以分写在多行上，C 程序无行号。

5）每个语句和数据定义的最后必须有一个分号。分号是 C 语句的必要组成部分，分号不可少，即使是程序中最后一个语句，也应包含分号。

6）可以用"/* */"或"//"对 C 程序中的任何部分作注释。二者的区别在于前者是多行注释，后者是单行注释。一个结构清晰的、有使用价值的源程序都应当加上必要的注释，以增加程序的可读性。

5.2　Keil C51 应用

Keil C51 是美国 Keil Software 公司出品的 51 系列兼容单片机软件开发系统。Keil 提供了包括 C 编译器、宏汇编、链接器、库管理和一个功能强大的仿真调试器等在内的完整开发方案，通过一个集成开发环境（μVision）将这些部分组合在一起。运行 Keil 软件需要 Windows 98、Windows NT、Windows 2000、Windows XP、Windows 7、Windows 8、Windows 等操作系统，并支持 32 位和 64 位处理器的计算机。Keil 软件是众多单片机应用开发的优秀软件之一，集编辑、编译、仿真于一体，支持汇编、PLM 语言和 C 语言的程序设计，界面友好，易学易用。即使不使用 C 语言而仅用汇编语言编程，其方便易用的集成环境、强大的软件仿真调试工具也会令用户事半功倍。

1．Keil 软件的安装

Keil C51 Version 9.51a，即 2013 年发布的版本μVision 4。其安装过程如下：

1）双击软件安装包，进入如图 5-1 所示的 Welcome to Keil μVision 界面。

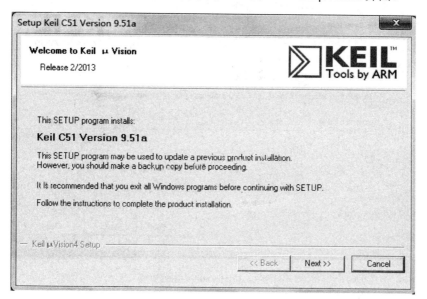

图 5-1　Welcome to Keil μVision 界面

软件安装界面上显示了软件发布日期和软件的版本号，其中的"Release 2/2013"表示该版本是于 2013 年 2 月发布的，"Keil C51 Version 9.51a" 表示软件的版本号。

2）单击 Next 按钮，进入下一界面，如图 5-2 所示。

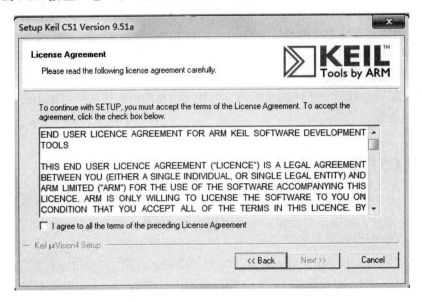

图 5-2　License Agreement 界面

此时的 Next 按钮呈灰色，不允许单击。勾选 I agree to all the terms of the preceding License Agreement 复选框，此时的 Next 按钮变成了黑色，为可单击状态。

3）单击 Next 按钮，进入安装过程的 Folder Selection 界面，如图 5-3 所示。

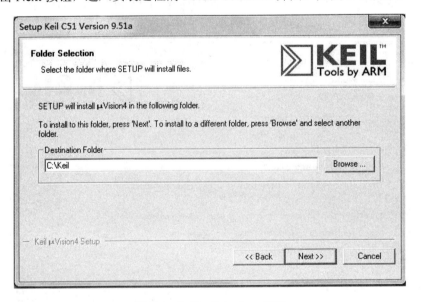

图 5-3　Folder Selection 界面

在这个界面中，单击 Browse 按钮即可设置安装路径。选择安装路径后单击 Next 按钮，软件进入 Customer Information 界面，如图 5-4 所示。

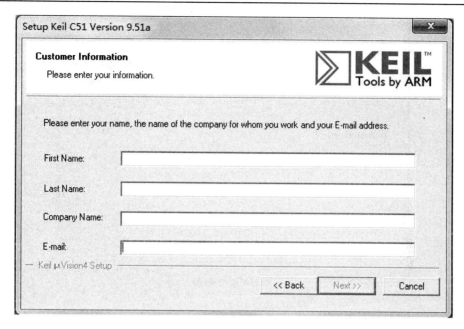

图 5 4 Customer Information 界面

4）此时的 Next 按钮呈灰色，不允许单击。待用户填写姓名、公司名称及邮箱后，Next 按钮变成了黑色，为可单击状态，如图 5-5 所示。

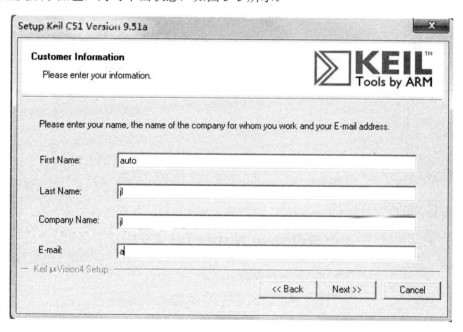

图 5-5 填写信息后的 Customer Information 界面

5）填写完毕后，单击 Next 按钮开始安装，界面如图 5-6 所示。

软件界面显示安装进度，安装完成后进入 Keil μVision4 Setup Completed 界面，如图 5-7 所示。

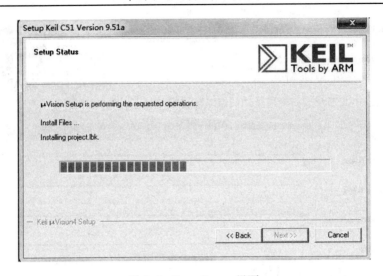

图 5-6 Setup Status 界面

图 5-7 Keil μVersion4 Setup completed 界面

6）安装完成后，单击 Finish 按钮，将会显示版本信息，如图 5-8 所示。

Release Notes for C51
8051 Development Tool Kits

This file contains release notes and last minute changes.

Information in this file, the accompany manuals, and software is
Copyright © 2013 ARM Ltd and ARM Germany GmbH.
All rights reserved.

图 5-8 Keil μVersion4 版本信息

至此，软件已安装完毕，可以使用了，但若没有注册，则在使用过程中会有代码容量限制。此时计算机桌面上会多出一个 Keil μVision4 图标，双击该图标，会出现如图 5-9 所示的软件界面。

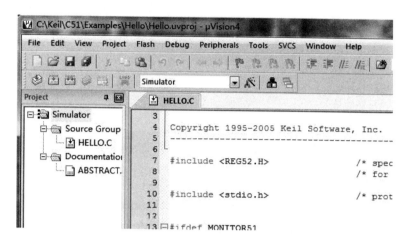

图 5-9　Keil μVersion4 启动界面

7）查看 Keil μVision4 软件注册信息。

初次打开 Keil μVision4 软件，会出现一个默认的工程（Project）文件及一个名称"HELLO C"文件。如何建立新的 Project 会在以后介绍，接下来了解如何查看 Keil μVision4 软件的注册信息。具体过程如下：

1）单击 Keil μVision4 软件的 File 菜单，在弹出的下拉菜单中选择 License Management 命令，如图 5-10 所示。

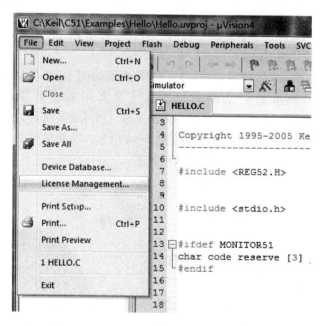

图 5-10　Keil μVersion4 注册信息查询选项

2）然后 Keil μVision4 软件弹出 License Management 对话框，如图 5-11 所示。

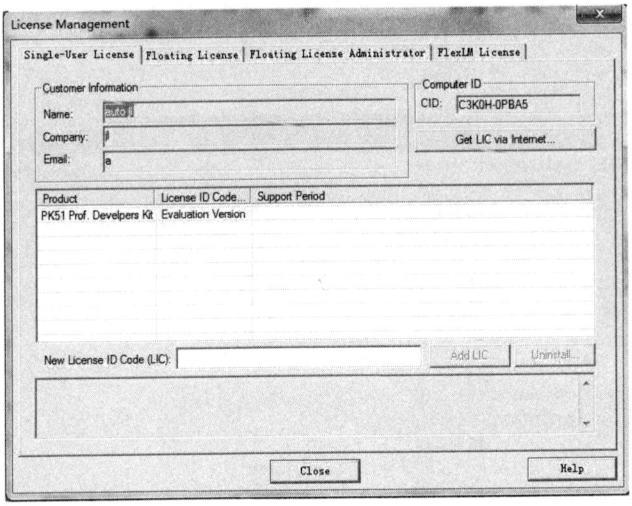

图 5-11　License Management 对话框

在 License Management 对话框的 Single-User License 选项卡中显示的是注册信息，其中包括安装时填写的姓名、公司名称及邮箱，还有软件的 CID 码。若在 License ID Code 处显示的信息为 "Evaluation Version"，则表示该软件没有注册，有代码容量限制。只有注册之后才可以取消代码容量限制。在 New License ID Code 文本框中填写正确的注册码后就可以取消代码容量限制了。对于初学者，若编写的程序容量不大，不注册也可以，不影响正常使用。

2．Keil 软件基本操作流程

本部分通过一个简单的 C51 程序，演示 Keil μVision4 软件编程的基础操作步骤及设置，只介绍基本的操作流程，等到熟练掌握后再进一步开发 Keil μVision4 软件的功能。

（1）建立新的项目（Project）

双击进入 Keil μVision4 软件桌面图标后，启动界面如图 5-12 所示。几秒钟后出现 Keil μVision4 编辑界面。如果是初次使用，那么还是显示前面所说的 "HELLO" 工程（Project），如图 5-13 所示。如果有上次未关闭的工程（Project）文件，则会直接显示，可以选择 Project 菜单中的 Close Project 命令，如图 5-14 所示，关闭软件中打开的工程，使 Keil μVision4 软件恢复成如图 5-15 所示的空白编辑界面。

图 5-12　Keil 软件启动界面

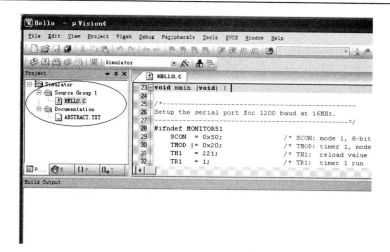

图 5-13　软件中未关闭的工程（Project）

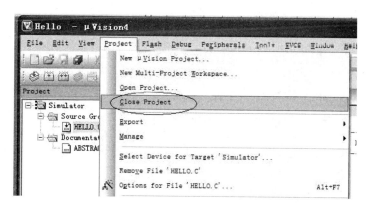

图 5-14　关闭软件中打开的工程（Project）

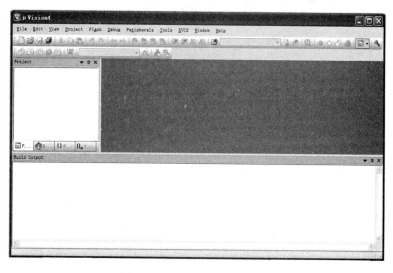

图 5-15　进入空白的编辑界面

接下来要分成几步完成工程（Project），有些步骤的顺序可以按个人习惯有所不同，但初学者应先熟练掌握步骤，然后再根据自己的喜好，调整步骤顺序。

第一步：建立文件夹。 在计算机的某个盘符下建立一个文件夹，这个文件夹的位置要用来保存所创建的工程（Project）文件，依个人习惯而定，这里以 D 盘下的"first"文件夹为例。以后步骤中创建的文件要保存到这个文件夹中，并且还要有一些生成的文件也会保存在此处。

第二步：新建工程。 回到 Keil μVision4 软件界面，选择 Project 菜单下的 New μVision Project 命令，如图 5-16 所示。

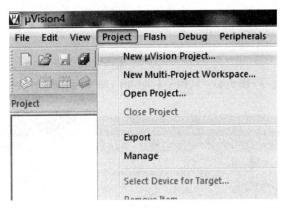

图 5-16　新建工程（Project）

此时系统弹出 Create New Project 对话框，通过路径选择，找到刚才在 D 盘中新建的"first"文件夹，如图 5-17 所示。（第一步所做的事情，也可以在该窗口的"新建文件夹"选项中完成，请读者自行操作，这里不再赘述）

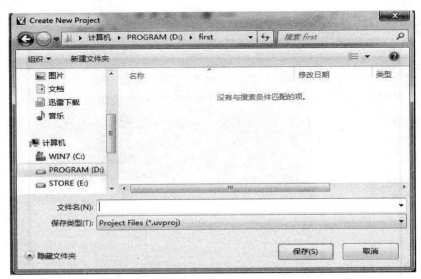

图 5-17　新建工程（Project）的保存路径

然后在"文件名"中填写工程（Project）的名称，这里输入的是"led"，如图 5-18 所示。注意：这里可以只填写名称不用加扩展名。

图 5-18　新建工程（Project）的保存名称

单击"保存"按钮后，系统弹出 Select Device for 'Target 1'对话框，如图 5-19 所示。这是让用户选择单片机型号的过程。

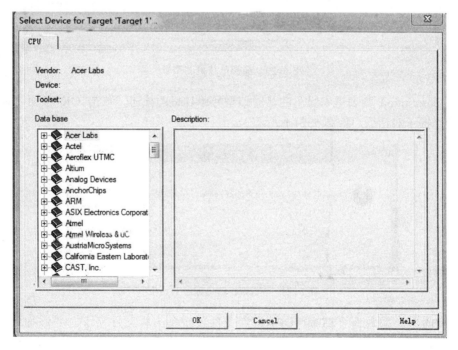

图 5-19　选择单片机型号

该对话框中只有 CPU 一个选项卡，Data base 列表框中列出的是各个单片机的品牌，单击其中一个单片机品牌前面的"+"，该品牌的单片机型号就会展现出来。这里以 Ateml 品牌的 AT89C51 型号为例。先单击 Ateml 前面的"+"，此时 Data base 列表框中将列出 Ateml 品牌下的单片机型号。

　　注意：*本书所采用的 STC 单片机在这里是找不到的，而是用了一款增强型 51 单片机。*这里选择 AT89C51 这一型号，如图 5-20 所示。

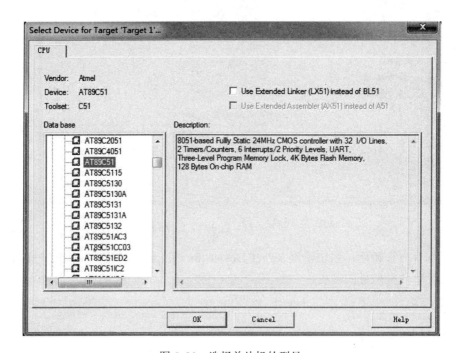

图 5-20　选择单片机的型号

　　此时 Description 列表框中显示的是对该型号单片机的描述。单击 OK 按钮，系统弹出 μVision 信息提示对话框，如图 5-21 所示。

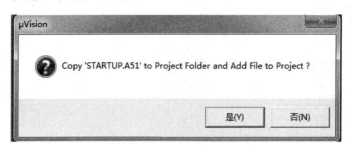

图 5-21　μVision 信息提示对话框

　　这是询问用户是否将"STARTUP.A51"文件备份到工程文件夹下，并添加到工程中。"STARTUP.A51"文件是一个启动文件，在目标系统复位后立即被执行，主要的作用是：清理 RAM、设置堆栈等，即执行完该文件后跳转到.c 文件的 main 函数。最后单击"是"按钮，一个空的工程（Project）就创建好了，如图 5-22 所示。

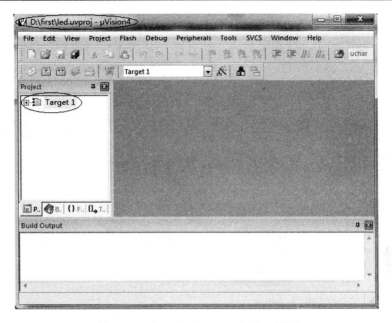

图 5-22 空的工程（Project）建完界面

图 5-22 的标题栏中显示了当前工程的保存路径。Project 处显示的是"Target 1"文件夹，单击前面的"+"，将显示该文件夹下所包含的"Source Group 1"，如图 5-23 所示。单击"Source Group 1"文件夹前面的"+"，此时在"Source Group 1"文件夹下出现了"STARTUP.A51"文件，该文件就是前面询问信息提示框中单击"是"按钮的结果。如果前面单击"否"按钮，则"Source Group 1"文件夹下不会出现"STARTUP.A51"文件。

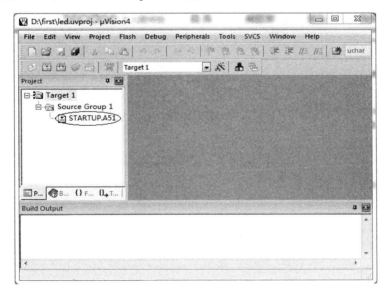

图 5-23 展开"Source Group 1"文件夹

至此，一个空的工程（Project）就创建好了。接下来要向工程（Project）中添加用户的编程文件并对工程（Project）进行设置。

第三步：向工程中添加"C 文件"并编译。

下面开始创建新文件。这里可采用两种方法，其结果是一样的：其一，直接采用快捷方式，单击图 5-24 所示的 New 按钮；其二，选择 File 菜单下的 New 命令，如图 5-25 所示。

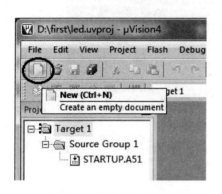

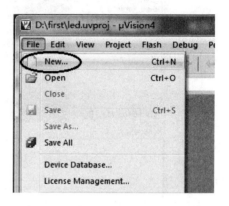

图 5-24　单击 New 按钮　　　　　　　　图 5-25　选择 File 菜单下的 New 命令

系统界面中将出现"Text1"文件（注意：该文件只是文本文件），如图 5-26 所示。

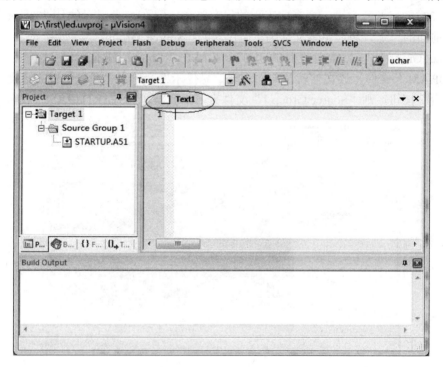

图 5-26　新建的"Text1"文件

这里建议用户立即将其保存为自己想要的文件类型，对于文本文件是可以直接编写程序的，但对于相应文件类型的关键字是不提示的，只当作文本处理。如果把这个文件保存为"C 文件"，那么对于编写过程中的 C 语言关键字会有提示，但文本格式下是没有提示的。接下来立即将"Text1"文件保存为"C 文件"，单击工具栏中的 Save 按钮，如图 5-27 所示；

或者选择 File 菜单下的 Save 命令，如图 5-28 所示。

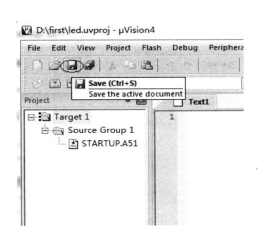

图 5-27　单击工具栏中的 Save 按钮

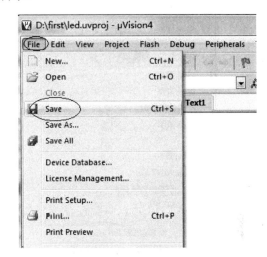

图 5-28　选择 File 菜单下的 Save 命令

此时系统将弹出 Save As 对话框，如图 5-29 所示。首先注意默认的保存路径是前面所创建空的"led"工程（Project）的保存路径。该文件夹只包含两个文件：一个是"led"工程（Project）文件，另一个是"STARTUP.A51"启动文件。

图 5-29　Save As 对话框

这里要注意在"文件名"处输入文件名称，一定要加上文件扩展名，如果是 C 文件，则要加".c"；如果是汇编语言文件，则要加".asm"。这里以"C 文件"为例，在"文件名"处输入"led_pro.c"，如图 5-30 所示，最后单击"保存"按钮。

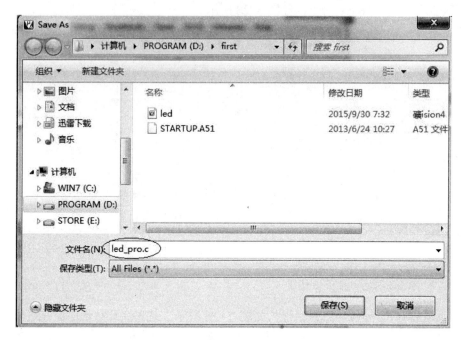

图 5-30 保存文件

关闭 Save As 对话框，回到 Keil μVision4 软件的编程界面，此时的"Text1"变成了"led_pro.c"，如图 5-31 所示。

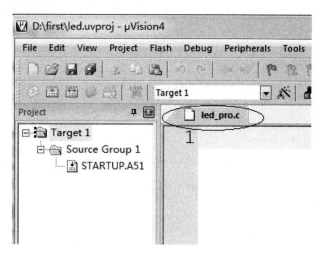

图 5-31 已保存的".c"文件

在编写程序之前先说明一下，"led_pro.c"文件虽然保存到了"led"工程（Project）文件夹中，但是"led_pro.c"文件与"led"工程（Project）还没有建立联系。接下来要把"led_pro.c"文件加入"led"工程（Project）中去。在 Keil μVision4 软件的 Project 窗口中，右击"Source Group 1"文件夹，从弹出的快捷菜单中选择 Add Files to Group 'Source Group 1'命令，如图 5-32 所示。

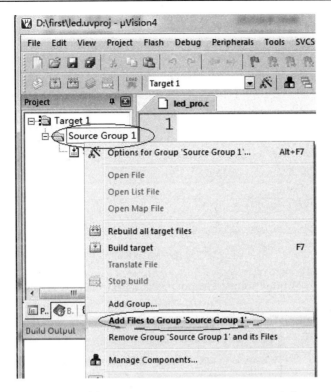

图 5-32　选择 Add Files to Group 'Source Group 1'命令

在选择 Add Files to Group 'Source Group 1'命令后，系统弹出 Add Files to Group 'Source Group 1'对话框，如图 5-33 所示。因为图 5-33 中默认的"文件类型"是"C Source file(*.c)"，所以只显出默认工程（Project）路径下的"C 文件"。

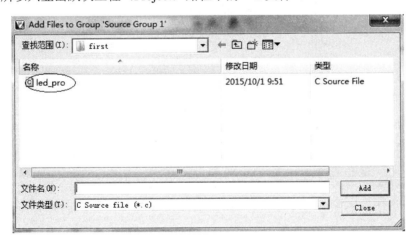

图 5-33　"Add Files to Group 'Source Group 1'"对话窗口

单击"led_pro.c"文件，其文件会自动出现在"文件名"处，如图 5-34 所示，然后依次单击 Add 按钮和 Close 按钮。另外的一种操作是直接双击"led_pro.c"文件，然后直接单击 Close 按钮。

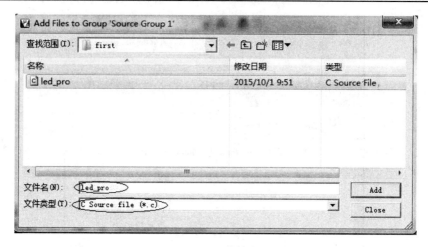

图 5-34　选择"led_pro.c"文件

关闭 Add Files to Group 'Source Group 1'对话框后，系统中的 Project 导航栏如图 5-35 所示。

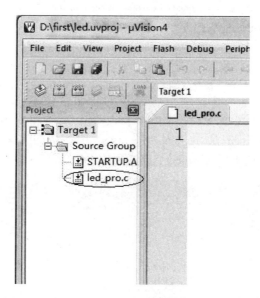

图 5-35　加载"led_pro.c"文件后的 Project 导航栏

注意：Project 导航栏下的"Source Group 1"文件夹里又多了一个"led_pro.c"文件，即 "led_pro.c"文件已经添加到工程（Project），至此，第三步结束，接下来开始编写用户程序。

第四步：编写用户程序。

在编写用户程序之前，先看实验电路原理图，如图 5-36 所示。接下来要编写的程序是让 P1 口连接的八个 LED 全部点亮，延时一段时间再全部熄灭，延时一段时间再全部点亮，如此循环。对照电路图，我们知道 P1 口输出低电平 LED 点亮，P1 口输出高电平 LED 熄灭，这里只需要给 P1 口赋值 0x00，延时一段时间再赋值 0xFF，延时一段时间再赋值

0x00，如此循环即可。

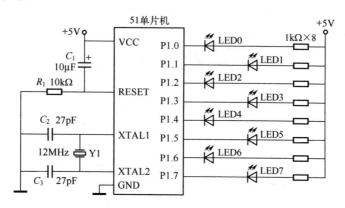

图 5-36　实验电路原理图

在"led_pro.c"文件中输入以下程序：（"//"和后边的是程序注释，不用输入）

```
#include <reg51.h>            //包含头文件
#define uchar unsigned char   //定义 uchar
void Delay_Ms(uchar Ms);      //定义延时函数
void Delay_Ms(uchar Ms)       //延时函数
{
    uchar temp;
    uchar temp1;
    for( temp1=0 ; temp1<Ms ; temp1++ )
    {
        for( temp=0 ; temp<200 ; temp++ );
    }
}
main(void)
{
    while(1)//循环
    {
        P1=0x00;            //点亮 LED
        Delay_Ms(10);       //延时
        P1=0xff;            //熄灭 LED
        Delay_Ms(10);       //延时
    }
}
```

在输入程序的同时可以看到"for""void""while"等关键字与其他字母的颜色有所不同，这表示它们是关键字。如果在文本类型下，则是没有提示的，这也是新建文件后立即保存成"C 文件"的原因。这里只对程序进行简单标注，不解读程序。输入程序后，接下来要检查程序是否有语法错误和编译，可单击工具栏中的 Rebuild 按钮，如图 5-37 所示；或选择 Project 菜单下的 Rebuild all target files 命令，如图 5-38 中所示。

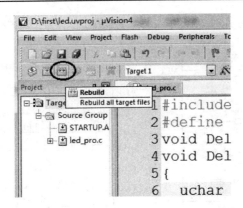

图 5-37　Rebuild 按钮

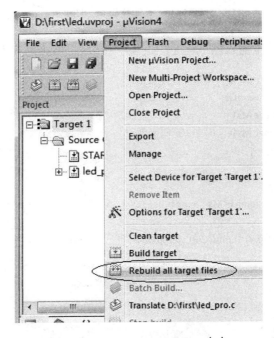

图 5-38　Rebuild all target files 命令

　　然后注意界面下方 Build Output 窗口的提示，如图 5-39 所示。如果输入正确，此时会提示 0 个错误和 0 个警告。注意：这里只是检查语法错误，没有语法错误并不代表程序就能准确实现编程者的意图，还要看编程者自身的编程水平。

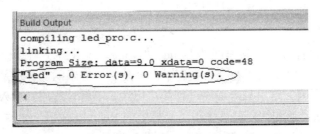

图 5-39　Build Output 窗口的提示

如果出现错误，则需要查找错误。下面介绍 Keil μVision4 软件一种查找错误的功能。这里将程序第 17 行的"P1=0x00;"中的大写"P"改成小写，然后再进行一次 Rebuild 编译，结果出现 Build Output 窗口的提示，如图 5-40 所示。如果双击这个提示，在"led_pro.c"文件窗口会提示错误所在的行——在第 17 行前面多出一个提示标志，见图 5-40。

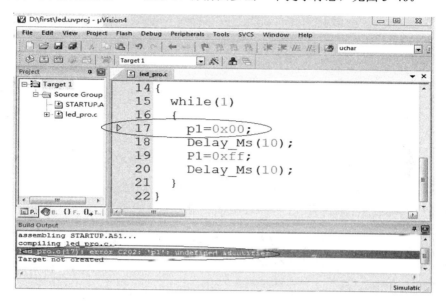

图 5-40　Rebuild 错误提示

将程序改回去即可，但别忘记每改动一次程序要重新进行一次 Rebuild 编译，否则编译结果是上一次"Rebuild"编译的结果。

第五步：生成十六进制的".hex"文件。

若程序没有语法错误，则接下来要生成单片机可以执行的代码——这种代码通常是二进制的".bin"文件和十六进制的".hex"文件。Keil μVision4 软件可以生成十六进制的".hex"文件，为了生成这种可执行代码，需要对软件进行设置。可以通过单击工具栏中的 Target Options 按钮进行设置，如图 5-41 所示；或者通过选择 Project 菜单下的 Options for Target 'Target 1'命令进行设置，如图 5-42 所示。

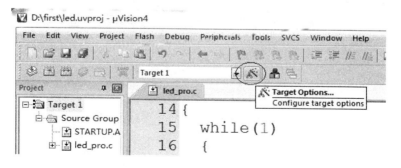

图 5-41　Target Options 按钮

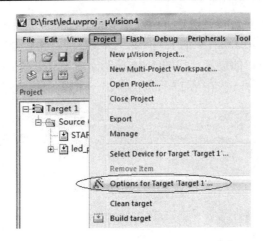

图 5-42　Options for Target 'Target 1'命令

　　此时系统将弹出 Options for Target 'Target 1'对话框，切换至 Output 选项卡，然后勾选 Create HEX File 复选框，然后单击 OK 按钮关闭该对话框，如图 5-43 所示。

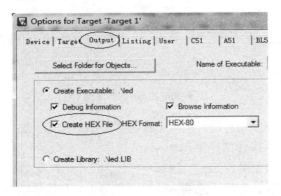

图 5-43　Output 选项卡

　　然后重新进行一次 Rebuild 编译，如图 5-44 所示。编译完成后注意 Build Output 窗口的提示，如图 5-45 所示，其中的"Creating hex file from 'led'"表明生成了十六进制的".hex"文件，而文件存储路径就在"led"工程（Project）文件夹内。

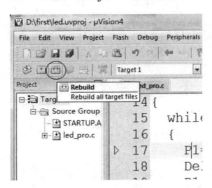

图 5-44　重新进行一次 Rebuild 编译

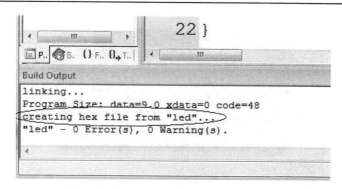

图 5-45 编译后生成的十六进制 ".hex" 文件

至此，Keil μVision4 软件的操作结束，所编写的程序已编译成 ".hex" 文件。请记住 ".hex" 文件存放的位置。经过 Keil μVision4 软件编译后生成的十六进制 ".hex" 文件，实质上就是单片机可执行的机器代码，必须将其下载到单片机的程序存储器中，才能执行。

5.3 下载前的准备

可以使用专用编程器或下载工具把 ".hex" 文件下载到单片机中。STC 系列单片机内部固化有 ISP 系统引导固件，配合 PC 端的控制程序即可将用户的程序代码通过串行口下载到单片机中。现在的 PC 很少带有 RS232 接口，大多使用的是 USB 口，因此需要用到 USB 转 RS232 的转接线。这种 USB 转 RS232 的数据线种类很多，如 CH340 数据线，如图 5-46 所示，当然也可以用其他方法。经 CH340 变换后得到的是 RS232 电平，也不能直接送单片机的串行口，还需要用 MAX202 芯片把 RS232 电平转换程 TTL 电平，再接到单片机的串行口才可以。此外，还需要一个 5V 直流电源，输出电流最好在 1000mA 左右，如图 5-47 所示。

图 5-46 CH340 数据线

图 5-47 5V 直流电源

用 STC 12C5A60S2 单片机制作的带有下载功能的最小系统板如图 5-48 所示，其中包括电源插座、电源开关、复位按钮、下载用 RS232 接口、下载开关等。使用时，请把下载开关拨到 ON 的位置。其功能图如图 5-49 所示。

图 5-48　STC12C5A60S2 带有下载功能的最小系统板

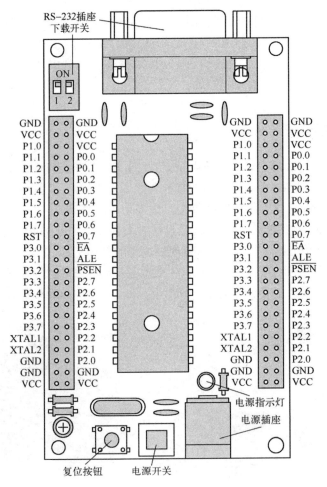

图 5-49　STC12C5A60S2 带有下载功能的最小系统板功能图

5.4　使用 STC-ISP 下载软件

　　STC 系列单片机内部固化有 ISP 系统引导固件，配合 PC 端的控制程序即可将用户的程序代码下载至单片机内部，故无需编程器（速度比通用编程器快，几秒一片）。STC 提供的 ISP 下载工具（STC-ISP.exe 软件）可以从 http://www.stcmcu.com/（宏晶科技的官方网址）获得。

可从互联网上下载 CH340 数据线的驱动程序，安装后即可使用。安装完 CH340 数据线驱动后，将 CH340 数据线的 USB 端插至计算机的 USB 接口（数据线的另外一端什么设备也不连接），找到 STC-ISP.exe 软件，如图 5-50 所示。运行 STC-ISP.exe 软件，其界面如图 5-51 所示。

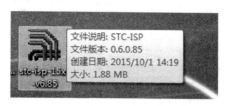

图 5-50　STC-ISP.exe 软件标志

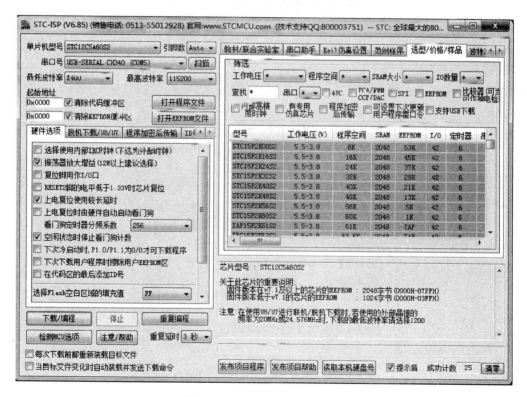

图 5-51　STC-ISP.exe 软件界面

这里只介绍位于界面左侧设置单片机编程功能的选项。

1) 单片机型号的设置："单片机型号"下拉列表框中含有多种 STC 单片机系列，可供用户选择。这里实验板上采用的是 STC12C5A60S2 系列单片机，型号为"STC12C5A60S2"，故选择"STC12C5A60S2 系列"，如图 5-52 所示，单击其前面的"+"后，会显示该系列单片机的所有型号，选择其中的"STC12C5A60S2 型号"，如图 5-53 所示。注意：要单击系列再选型号。如果有其他单片机型号，可以根据具体的型号进行选择。

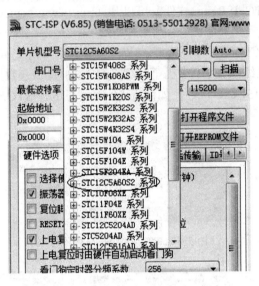

图 5-52　选择"STC12C5A60S2 系列"

图 5-53　选择 STC12C5A60S2 型号

2）串口号的设置：从"串口号"下拉列表框中选择"USB-SERIAL CH340 （COMx）"，如图 5-54 所示，完成设置，如图 5-55 所示。这里强调一下，由于计算机的不同以及数据线所连接 USB 口的不同，"USB-SERIAL CH340 （COMx）"会被计算机虚拟成不同的COM 口。

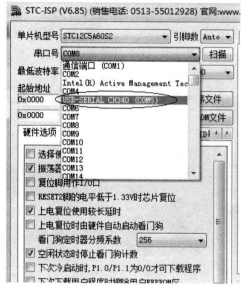

图 5-54　选择串口号

图 5-55　选择串口号完成

3）"最低波特率"和"最高波特率"：此处不用设置，保持默认值即可。

4）"打开程序文件"设置：这一设置的目的是找到 Keil μVision4 软件生成十六进制的
".hex"文件。单击"打开程序文件"按钮，按照预先做好的"led"工程（Project）路径找到
" hex"文件，如图 5-56 所示。由于文件类型中限定只显示".bin"和".hex"文件，因此选
项是唯一的，通过单击文件使"文件名"处的名称与".hex"文件名保持一致，再单击"打
开"按钮即可；通过直接双击".hex"文件，同样可以完成设置。

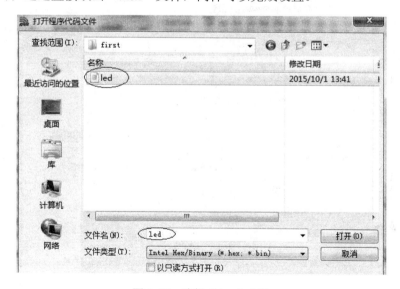

图 5-56　选择".hex"文件

5）如果程序没有对 EEPROM 进行操作，则不用对"打开 EEPROM 文件"进行设置。

6）"硬件选项"选项卡中的设置项采用默认值即可。

至此，对 STC-ISP.exe 软件的设置已经完成。在下载程序之前要把 CH340 数据线的 9 针串口与单片机下载板上的 RS232 口相连接，把单片机下载板的电源连接好，因为下载完程序后还要查看单片机的运行效果，所以把带 LED 灯的实验板也接到最小系统板上，如图 5-57 所示。下载前的准备工作就完成了。

图 5-57 连接下载线、电源和实验板的单片机系统

"下载/编程"按钮的位置如图 5-58 所示。单击该按钮，其右侧会显示"正在检测目标单片机"的提示信息，此时按最小系统板的电源开关，使电源开关弹起，使最小系统板失电；再按下最小系统板的电源开关，使最小系统板得电。完成重复上电过程后，STC-ISP 软件界面右侧下部的窗口会显示对 STC 单片机编程的进程，等待几秒后，界面中会显示"操作成功"的提示信息，如图 5-59 所示。

图 5-58 "下载/编程"按钮的位置

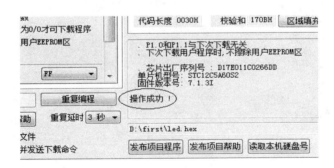

图 5-59 对 STC 单片机编程操作成功

为保证程序运行的可靠性，按一次单片机最小系统板上的复位键（Reset），则单片机重新开始执行程序，正确的结果就是 8 个 LED 发光二极管全亮一段时间，再全灭一段时间，

如此循环。如果观察到的现象与此描述不符，请检查程序和操作步骤。

下面介绍 STC-ISP 软件界面左侧下部的两个选项的功能，如图 5-60 所示。如果勾选"每次下载前都重新装载目标文件"复选框，则每次单击"下载/编程"按钮进行编程时，STC-ISP 软件会重新去程序文件的存储路径下读取".hex"文件；如果勾选"当目标文件变化时自动装载并发送下载命令"复选框，则每次对程序文件进行 Rebuild 编译时，STC-ISP 软件会自动启动"下载/编程"操作。对于这两个选项，用户可以根据自己的使用习惯和方式进行设置。

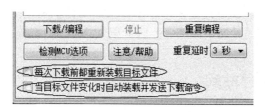

图 5-60　STC-ISP.exe 软件的附加功能

以上只是基本的操作过程，Keil μVision4 软件和 STC-ISP 软件还有其他功能，此处不再赘述，希望读者在学习单片机的过程中能不断掌握其应用方法。

练习题

1．描述建立 MCS-51 单片机工程文件的过程。

2．如何设置才能把 C51 程序编译成目标代码".hex 文件"。

3．描述使用 STC-ISP 软件下载目标程序的步骤。

4．在使用 STC-ISP 软件下载目标程序时，为什么要给目标单片机重新送电呢？

第6章 MCS-51 单片机 I/O 口的应用

具有丰富的 I/O 口资源是单片机的重要特色，学习单片机首先就要从控制 I/O 口学起，本章从流水灯控制入手，由简单到复杂，逐步移入数码显示和键盘控制问题。数码显示和键盘控制是单片机应用系统的重要组成部分，因此要认真领会，熟练掌握。

6.1 任务 1 流水灯控制

任务描述：在 P1 口外接 8 个 LED，流水灯电路图如图 6-1 所示。编写控制程序，使这 8 个 LED 按表 6-1 所示的规律变化，变化的间隔时间大约 0.5s。

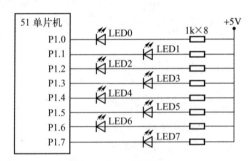

图 6-1 流水灯电路图

表 6-1 LED 变化规律

状 态	P1.7	P1.6	P1.5	P1.4	P1.3	P1.2	P1.1	P1.0	说 明
1	○	○	○	○	○	○	○	○	保持 0.5s
2	●	○	○	○	○	○	○	●	保持 0.5s
3	●	●	○	○	○	○	●	●	保持 0.5s
4	●	●	●	○	○	●	●	●	保持 0.5s
5	●	●	●	●	●	●	●	●	保持 0.5s
6	○	○	○	○	○	○	○	○	保持 0.5s
7	○	○	○	●	●	○	○	○	保持 0.5s
8	○	○	●	●	●	●	○	○	保持 0.5s
9	○	●	●	●	●	●	●	○	保持 0.5s
10	●	●	●	●	●	●	●	●	保持 0.5s

注：●→亮 ○→灭

任务分析：单片机就是一块芯片，除内部包含一些功能模块外，单片机的所有功能都要通过芯片引脚来实现，而引脚的变化只有高电平和低电平两种。因此，需要弄清 CPU 是怎样控制引脚的，怎样编写引脚控制程序。

流水灯（广告灯）的变化方式有好多种，但是不管哪种变化，都是有规律的亮、灭控制，只要找到亮灭规律，制订相应的控制方法或控制算法，就能以不变应万变。

用软件实现延时，要理解单片机在运行时涉及的几个周期概念，理解了周期，就知道单片机在执行指令时是需要时间的，因为时间很短，所以只能用循环语句，而循环语句的关键在于条件判断。学好、用好循环语句为今后单片机的学习打下牢固的基础。

数组是单片机中非常重要的概念，以后经常会用到，因此读者一定要掌握数组的定义及使用方法。

函数是具有某种特定功能的程序模块，所谓模块化程序设计，就是把一个任务按功能分成若干模块，再由主程序来管理（调用）这些模块。掌握函数程序的编写很重要，还要理解函数的定义、调用、形参、实参和返回值等相关概念。编写一个带形参的延时函数，理解并掌握它，以备以后使用。

任务准备：图 6-2 为本次任务所用实验板，板的上端有 8 个 LED 灯，板的左侧有 48 引脚的 IDC 插座，和最小系统板 48 引脚的 IDC 插针相对应，最小系统板 IDC48 引脚的排列如图 5-52 所示，把下载开关拨到 ON 的位置。把实验板和最小系统板的 IDC 插座对接，8 个 LED 就接到了单片机的 P1 口上，连接完成的实验系统如图 6-3 所示。

图 6-2　带 8 个 LED 的实验板

图 6-3 任务 2 的实验硬件图

6.1.1 发光二极管

发光二极管（Light Emitting Diode，LED），是半导体二极管的一种，可以把电能转化成光能。发光二极管与普通二极管一样是由一个 PN 结组成，也具有单向导电性。当给发光二极管加上正向电压后，从 P 区注入 N 区的空穴和由 N 区注入 P 区的电子，在 PN 结附近数微米内分别与 N 区的电子和 P 区的空穴复合，产生自发辐射的荧光。不同的半导体材料中电子和空穴所处的能量状态不同。当电子和空穴复合时，释放出的能量多少不同，释放出的能量越多，则发出的光的波长越短。

常用的发光二极管有红光、绿光、黄光、蓝光和白光等。发光二极管可分为普通单色发光二极管、高亮度发光二极管、超高亮度发光二极管、变色发光二极管、闪烁发光二极管、电压控制型发光二极管、红外发光二极管和负阻发光二极管等。发光二极管广泛应用在信号灯、显示屏、照明光源、灯饰等各领域。

发光二极管的极性识别：发光二极管的两根引线中较长的一根为正极，应接电源正极。有些发光二极管的两根引线一样长，但管壳上有一凸起的小舌，靠近小舌的引线是正极。

发光二极管的使用：发光二极管具有和普通二极管相同的伏安特性，发光二极管的反向击穿电压大于 5V。它的正向伏安特性曲线很陡，使用时必须串联限流电阻以控制通过二极管的电流。限流电阻 R 可用式（6-1）计算

$$R=(V_{CC}-U_f)/I_f \qquad (6-1)$$

式（6-1）中，V_{CC} 为电源电压，U_f 为 LED 的正向压降，U_f 为 1.4~3V 的值，I_f 为发光二极管的正常工作电流，普通单色发光二极管的 I_f=10~20mA，高亮度发光二极管的 I_f=1~10mA。

如 V_{CC}=5V，则代入式（6-1）可得：R=200~360Ω

6.1.2　单片机的 I/O 口

1．I/O 口怎么操作

51 单片机共有 4 个双向的 8 位并行 I/O 口，分别记为 P0、P1、P2 和 P3，端口的每一位均由输出锁存器、输出驱动器和输入缓冲器组成。51 单片机在特殊功能寄存器区为 P0～P3 口安排了固定地址，并用相同的名字命名，这样 CPU 对 I/O 口的操作就变成了对特殊功能寄存器的操作。I/O 口在 SFR 中的字节地址和位地址见表 6-2。

表 6-2　I/O 口在 SFR 中的字节地址和位地址

名　　称	特　　点	字节地址	位地址	备　　注
P0 口	双功能三态双向 I/O 口	80H	87H～80H	每位都可单独操作
P1 口	单功能准双向 I/O 口	90H	97H～90H	每位都可单独操作
P2 口	双功能准双向 I/O 口	A0H	A7H～A0H	每位都可单独操作
P3 口	双功能准双向 I/O 口	B0H	B7H～B0H	每位都可单独操作

I/O 口各位和数据位的对应关系见表 6-3，其中 x=0、1、2、3。

表 6-3　I/O 口各位与数据位的对应关系

数据位	D7	D6	D5	D4	D3	D2	D1	D0
Px 各位	Px.7	Px.6	Px.5	Px.4	Px.3	Px.2	Px.1	Px.0

CPU 对 I/O 口的操作，既可以用字节地址方式操作，也可以用位地址进行单独操作。

例如，要把 P1 口的 P1.0 位置 0（低电平），可用如下语句：

```
P1=0xFE;     //P0=1111 1110B，P0.0=0。
P0.0=0;      //直接使 P0.0=0。
```

2．I/O 口的驱动能力

与 P1、P2、P3 口相比，P0 口的驱动能力较大，每位可驱动 8 个 LSTTL 输入；P1、P2、P3 口每一位的驱动能力则只有 P0 口的一半。若 P0 口的某位为高电平，则可提供大约 3mA 的拉电流；若 P0 口的某位为低电平（0.45V），则可提供 15mA 左右的灌电流，如低电平允许提高，灌电流可相应加大。所以，任何一个口要想获得较大的驱动能力，只能用低电平输出。51 单片机各型号的驱动能力差别较大，用户使用时可参考其产品手册。P0、P1、P2 及 P3 口用于 I/O 口且作为输出口使用时，均有线与功能。

6.1.3　单片机如何实现延时

MCS-51 单片机的最小系统包括时钟电路，单片机的内部电路正是在时钟信号的控制下，严格地按时序进行工作。单片机执行的指令也是在时序电路的控制下一步一步进行的，人们通常以时序图的形式来表明相关信号的波形及出现的先后次序，各种时序均与时钟周期有关。一般的单片机应用系统都是采用内部时钟方式，通过单片机引脚 XTAL1、XTAL2 跨接石英晶体和微调电容，构成一个稳定的自激振荡器来获得时钟信号。

1．时钟周期

时钟周期是单片机时钟控制信号的基本时间单位。若外接石英晶体的振荡频率为 f_{osc}，则时钟周期 $T_{osc}=1/f_{osc}$，如 $f_{osc}=6MHz$，$T_{osc}=166.7ns$。

2．机器周期

CPU 完成一个基本操作所需要的时间称为机器周期。单片机中常把执行一条指令的过程分为几个机器周期。每个机器周期完成一个基本操作，如取指令、读或写数据等。51 单片机每 12 个时钟周期为一个机器周期，即机器周期=12/f_{osc}，若 f_{osc}=6MHz，则一个机器周期为 2μs；若 f_{osc}=12MHz，一个机器周期为 1μs。

一个机器周期中的 12 个时钟周期又可分为 6 个状态：S1～S6。每个状态又分为两拍：P1 和 P2，因此，一个机器周期中的 12 个时钟周期分别表示为 S1P1，S1P2，S2P1，S2P2，…，S6P2，如图 6-4 所示。

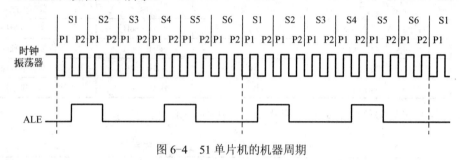

图 6-4　51 单片机的机器周期

3．指令周期

指令周期是执行一条指令所需的时间。51 单片机中指令按字节来分，可分为单字节、双字节及三字节指令，因此执行一条指令的时间也不同。对于简单的单字节指令，取出指令立即执行，只需一个机器周期的时间。而有些复杂的指令，如转移、乘、除指令，则需两个或多个机器周期，最长需用 4 个机器周期。

以机器周期作为最小计算单位，单片机的延时方式有以下两种：

（1）软件延时

单片机每执行一条指令都是需要时间的，虽然时间很短（只有几微秒），但只要反复执行一条或几条指令的次数足够多，就可达到延时的目的。

（2）硬件延时

利用单片机内部的定时器进行延时，其时间基准也是机器周期。后续章节中会涉及这些内容。

6.1.4　C51 语言程序的基本结构及其流程图

C51 语言是一种结构化的程序设计语言，这种结构化语言有一套不允许交叉程序流程存在的严格结构。结构化语言的基本元素是模块，它是程序的一部分，只有一个出口和一个入口，不允许有偶然的中途插入或以模块的其他路径退出。

结构化程序由若干模块组成，每个模块包含若干基本结构，而每个基本结构中可以有若干条语句。归纳起来，任何程序都可用 3 种基本结构（即顺序结构、选择结构和循环结构）来表示。

1．顺序结构

顺序结构是一种最简单的编程结构，这种结构的程序流程是按语句的顺序依次执行的。如图 6-5 所示，程序先执行 A 操作，然后执行 B 操作，两者是顺序执行的关系。

2．选择结构

选择结构是根据给定的条件进行判断，由判断的结果决定执行两支或多支程序段中的一支。如图 6-6 所示，根据给定的条件 P 选择执行 A 或 B。若 P 为真，则执行 A 操作；若 P 为假，则执行 B 操作，这是具有两个分支的选择结构。

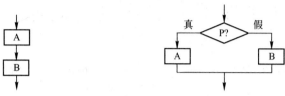

图 6-5　顺序结构示意图　　　　　图 6-6　选择结构示意图

由选择结构可以派生出另一种基本结构——多分支结构。多分支结构中又分为串行多分支结构和并行多分支结构。

（1）串行多分支结构及其流程图

如图 6-7 所示，在串行多分支结构中，以单选择结构中的某一分支方向作为串行多分支方向（例如以条件为真作为串行方向）继续进行选择结构的操作；若条件为假，则执行另外的操作。最终程序在若干种选择之中选出一种操作来执行，并从一个共用的出口退出。

这种串行多分支结构由若干条 if…else if 语句嵌套构成。

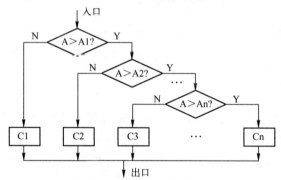

图 6-7　串行多分支结构流程图

（2）并行多分支结构及其流程图

如图 6-8 所示，在并行多分支结构中，根据 K 值的不同，选择 C1，C2，…，Cn 等不同操作中的一种来执行。

常见的用于构成并行多分支结构的语句为 switch…case 语句。

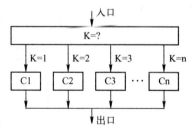

图 6-8　并行多分支结构流程图

3．循环结构

循环结构一般是在给定的条件为真时，反复执行某个程序段。循环结构有"当型"和"直到型"两类循环结构。

（1）当型循环结构

如图 6-9 所示，若给定的条件 P 为真，则重复执行操作 A；若条件为假，则退出循环。

（2）直到型循环结构

如图 6-10 所示，先执行 A 操作，再判断给定的条件 P，若 P 为真，重复执行操作 A，直到条件为假时，退出循环。

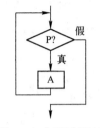 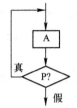

图 6-9　当型循环结构　　　　图 6-10　直到型循环结构

6.1.5　循环语句

C 语句中有以下 3 种循环实现方法：

1）用 while 语句。

2）用 do…while 语句。

3）用 for 语句。

循环的种类：当型循环和直到型循环。

1．while 语句

while 语句用来实现当型循环。其一般格式为

　　　while(表达式)语句

表达式可以是任何表达式，语句可以是复合语句。

while 语句的执行过程：

1）计算表达式的值。

2）若表达式值为非 0，则执行内嵌语句，转至第 1 步；若表达式的值为 0，则退出 while 循环，执行下面的语句。

就 while(1)而言，因为其表达式的值永远非零，所以 while(1)是个无限循环，以后总会用到它。

【例 6-1】　电路如图 6-11 所示，用 while()语句编写延时程序，使接在 P2.4 上的发光二极管闪烁。

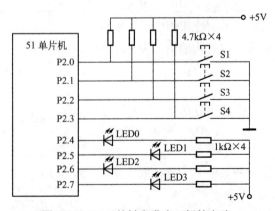

图 6-11　P2 口按键和发光二极管电路

程序如下：

```
#include<reg51.h>
sbit P24=P2^4;
void main()
{
    unsigned int i;
    unsigned int j;
    P24=0;
    while(1)
    {
        i=1;
        while(i<=500)                //循环 500 个 1000 次，大约 1s
        {
            j=1;
            while(j<=1000)           //循环 1000 次
            {
                j++;
            }
            i++;
        }
        P24=!P24;                    //P2.4 取反
    }
}
```

图 6-12 是实现图 6-11 功能的实物图，图 6-13 是实验板的元器件布置图，按图中所示，用短路帽把 KA3 的两排插针短接，就把 4 个 LED 接到了 P2 口上。

图 6-12　实验板实物图

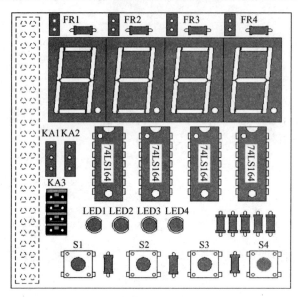

图 6-13　实验板的元器件布置图

【例 6-2】　在图 6-12 中，如果接在 P2.0 上的按键闭合，则接在 P2.4 上的灯亮，这种判断也可使用 while()语句。

程序如下：

```
#include<reg51.h>
sbit P20=P2^0;
sbit P24=P2^4;
void main()
{
    P20=1;
    while(1)
    {
        while(P20==0)          //读按键，按键闭合时执行循环体
        {
            P24=0;            //灯亮
        }
        P24=1;                //否则，按键断开时灯灭
    }
}
```

while（P20==0）这个语句的作用是等待来自用户或外部硬件的某些信号的变化，可以用于等待型条件测试。

2．do…while 语句

do…while 语句可实现直到型循环结构，其一般形式为

do 语句 while(表达式)；

其特点是：先执行语句，后判断表达式。

do…while 语句的执行过程如下：

1）执行内嵌的语句。

2）计算表达式，当表达式的值为非 0（真）时，转至第 1 步；当表达式的值为 0（假）时，结束循环，执行 do…while 语句下面的语句。

【例 6-3】　将例 6-2 用 do…while 语句改写。

```
#include<reg51.h>
sbit P20=P2^0;
sbit P24=P2^4;
void main()
{
    P20=1;
    do
    {
        while(P20==0)              //P20=0，按键合，执行循环体
        {
            P24=0;                 //灯亮
        }
        P24=1;                     //P20=1，不执行循环体，灯灭
    }
    while(1);
}
```

3．for 语句

for 语句的一般形式为

　　for(表达式 1；表达式 2；表达式 3)
　　{语句}

for 语句的执行过程如下：

1）求解表达式 1。

2）求解表达式 2，若其值非 0（真），则执行内嵌语句，转至第 3 步；若其值为 0（假），转至第 4 步。

3）求解表达式 3，转至第 2 步。

4）结束循环，执行 for 语句下面的语句。

for 语句最简单的应用形式为

　　for(循环变量赋初值；循环条件；循环变量改变)语句

例如，for（i=0；i<=100；i++）sum+=i；

其等价形式为

```
i=1;
while(i<=100)
{
    sum+=i;
    i++;
}
```

循环变量是决定循环条件的变量。

用 while 语句表示 for 语句的一般形式为

```
    表达式 1；
    while(表达式 2)
    {
        语句
        表达式 3；
    }
```

for 语句中，可以没有表达式 1、表达式 2 或表达式 3。若 3 个表达式都没有，则相当于一个无限循环——while(1)语句。

【例 6-4】 将例 6-1 的延时程序用 for 语句改写。

```
#include<reg51.h>
sbit P24=P2^4；
void main()
{
    unsigned int i；
    unsigned int j；
    P24=0；
    while(1)
    {
        for(i=1；i<500；i++)
        {
            for(j=1；j<1000；j++)；
        }
        P24=!P24；                //P24 取反
    }
}
```

4．循环的嵌套

一个循环体内又包含另一个循环结构，这被称为"循环的嵌套"。内嵌的循环中还可以嵌套循环，形成多层循环嵌套。

while 循环、do…while 循环及 for 循环可以互相嵌套。在例 6-3 和例 6-4 中都用到了循环嵌套。

【例 6-5】 电路如图 6-14 所示，在 P1 口连接 8 个 LED 发光二极管，试编写程序，以控制这 8 个 LED 灯，使其按表 6-4 所示的方式循环工作。

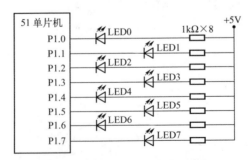

图 6-14 P1 口控制 8 个 LED 电路

表 6-4　LED 变化规律表

状　态	P1.7	P1.6	P1.5	P1.4	P1.3	P1.2	P1.1	P1.0	说　明
1	○	○	○	○	○	○	○	○	保持 0.5s
2	●	○	○	○	○	○	○	○	保持 0.5s
3	●	●	○	○	○	○	○	○	保持 0.5s
4	●	●	●	○	○	○	○	○	保持 0.5s
5	●	●	●	●	○	○	○	○	保持 0.5s
6	●	●	●	●	●	○	○	○	保持 0.5s
7	●	●	●	●	●	●	○	○	保持 0.5s
8	●	●	●	●	●	●	●	○	保持 0.5s
9	●	●	●	●	●	●	●	●	保持 0.5s

注：●→亮　　○→灭

程序如下：

```
#include<reg51.h>                     //包含单片机寄存器的头文件
void main(void)                       //主函数
{
    unsigned int j;
    unsigned char i,n;
    while(1)
    {
        P1=0xff;                      //LED 全灭
        for(i=1；i<500；i++)           //全灭延时
        {
            for(j=1；j<1000；j++);
        }
        for(n=0；n<8；n++)             //设置循环次数为 8
        {
            P1=P1>>1;                 //每次循环 P1 的各二进位右移 1 位，高位补 0
            for(i=1；i<500；i++)       //延时
            {
                for(j=1；j<1000；j++);
            }
        }
    }
}
```

上述程序用到了右移运算。可以试着用左移运算点亮接在 P1 口的 8 位 LED，并查看效果。

例 6-5 中的 while(1)循环（外层循环）是无限循环，使程序始终在循环执行。

而延时循环的循环体是一空语句，并不进行其他操作，当执行延时循环时，只是让 CPU 等待了一段时间，起延时的作用，这就是所谓的"软件延时"。

【例 6-6】　改变例 6-5 对 8 个 LED 的控制方式，使 8 个 LED 轮流点亮，每次只能有 1

盏 LED 亮。其变化规律见表 6-5。

表 6-5　LED 变化规律表

状　态	P1.7	P1.6	P1.5	P1.4	P1.3	P1.2	P1.1	P1.0	说　　明
1	●	○	○	○	○	○	○	○	保持 0.5s
2	○	●	○	○	○	○	○	○	保持 0.5s
3	○	○	●	○	○	○	○	○	保持 0.5s
4	○	○	○	●	○	○	○	○	保持 0.5s
5	○	○	○	○	●	○	○	○	保持 0.5s
6	○	○	○	○	○	●	○	○	保持 0.5s
7	○	○	○	○	○	○	●	○	保持 0.5s
8	○	○	○	○	○	○	○	●	保持 0.5s

注：●→亮　○→灭

程序如下：

```
#include<reg51.h>                    //包含单片机寄存器的头文件
#define uint unsigned int
#define uchar unsigned char
void main(void)                      //主函数
{
    uint j;
    uchar i，a，b，n;
    while(1)
    {
        a=0x7f;
        for(n=0；n<8；n++)            //设置循环次数为8
        {
            P1=a;
            b=a>>1；
            a=b|0x80;
            for(i=1；i<500；i++)      //延时
            {
                for(j=1；j<1000；j++);
            }
        }
    }
}
```

可以试着用左移运算依次点亮接在 P1 口的 8 位 LED，每次只亮 1 盏。

上文讨论了 3 种循环结构，它们都以某个表达式的结果值作为循环条件，当此表达式的值为假时，就结束循环流程。除了这种正规结束循环的方式之外，还可以从循环中途退出而结束循环，实现该功能的语句是 break 语句和 continue 语句。

（1）break 语句

break 语句称为中断语句，只能用于 switch 语句和循环语句。在 switch 语句中，break 语句终止 switch 语句的执行，转去执行其下面的语句。在循环语句中，break 语句可以中断本层的循环，转去执行该循环语句下面的语句。

例如， for(r=1；r<=8；r++)

```
{
    area=3.1416*r*r；
    if(area>120)break；
    printf("area=%f"，area)；
}
```

该例是计算 r=1 到 r=8 时的圆面积 area，直到 area 大于 120 为止。从上面的 for 循环可以看到，当 area>120 时，就执行 break 语句，提前结束循环，即不再执行其余的几次循环。

（2）continue 语句

continue 语句称为接续语句，其功能是结束本次循环，即跳过本次循环尚未执行的语句，把程序流程转移到当前循环语句的下一个循环周期，并接着进行下一次是否继续循环的判断。

【例 6-7】 输出 100~200 的能被 3 整除的整数。

程序如下：

```
main()
{
    int a；
    for(n=100；n<=200；n++)
    {
        if(n%3!=0)continue；
        printf("n=%f"，n)；
    }
}
```

本例中，当 n 不能被 3 整除时，就执行 continue 语句，结束本次循环（即跳过 printf 语句）。只有当 n 能被 3 整除时，才执行 printf 语句。

continue 语句与 break 语句的区别：continue 只结束本次循环，break 则结束整个循环。

注意： break 语句只结束本层循环，而不影响外层循环；break、continue 语句只能用于循环语句中。

知识补充：

#define 宏定义

格式：#define 新名称 原内容

其中的"#"表示这是一条预处理命令，凡是以"#"开头的均为预处理命令。"define"为宏定义命令，注意后面没有分号。#define 命令用其后面的第一字母组合代替该字母组合后面的所有内容，这相当于给"原内容"重新起一个比较简单的"新名称"，方便以后在程序中直接写简短的新名称，而不必每次都写烦琐的原内容。

在例 6-6 中，使用宏定义的目的就是用 uint 代替 unsigned int，用 uchar 代替 unsigned char。这样，当需要定义 unsigned int 型变量时，就不用写"unsigned int i，j"，取而代之的是"uint i，j"。在一个程序代码中，只要宏定义过一次，那么在整个程序中都可以直接使用它的"新名称"。值得注意的是，对同一个内容，宏定义只能定义一次，若定义两次，将会出现重复定义的错误提示。又如，#define M（a+b），其作用是指定标识符 M 来代替表达式（a+b）。在编写源程序时，所有（a+b）都可由 M 代替，而对源程序进行编译时，将先由预处理程序进行宏代换，即用（a+b）表达式去置换所有宏名 M，然后再进行编译。

6.1.6 一维数组

一维数组是 C51 构造数据类型之一。数组是一组具有固定数目和相同类型成分分量的有序集合，数组中的每一个元素都是同一类型的数据。数据集合用一个名字来标识，称为数组名，构成数组的成分分量称为数组元素。数组中元素的顺序用下标表示，下标表示该元素在数组中的位置。数组的下标放在方括号内，下标为 *n* 的元素可以表示为：数组名[*n*]。改变[ ]中的下标就可以访问数组中的所有元素。一个数组元素等同于一个变量，因此又可以说数组是一组相同数据类型的相关变量的有序集合。一维数组是由具有一个下标的数组元素组成的数组。

1．一维数组的定义

一维数组定义的一般形式为

类型说明符　数组名[元素个数]；

其中，数组名是一个标识符，元素个数是一常量表达式，不能是含有变量的表达式。

例如，"char ch[10];"定义了一个字符型一维数组，该数组包含 10 个元素，每个元素由不同的下标表示，分别为 ch[0]，ch[1]，ch[2]，…，ch[9]。注意：数组第 1 个元素的下标为 0 而不是 1，即数组的第 1 个元素是 ch[0]而不是 ch[1]，而数组的第 10 个元素是 ch[9]。

例如，"int a[50];"定义了一个数组名为 a 的数组，该数组包括 50 个整型的元素，数组的第 1 个元素是 a[0]，数组的第 50 个元素是 a[49]。

2．一维数组的使用

1）与变量一样，数量也要先定义后使用。

2）数组不能整体使用，只能逐个使用数组元素。

数组元素的表示形式为

数组名[下标]

其中，下标可以是整常量或整型表达式，其值从 0～（元素个数-1）。在上面的试例中，数组 a 的元素是 a[0]，a[1]，…，a[49]，而 a[50]是不能使用的。

3）一维数组的赋值。

● 在定义数组时，可以对数组的全部元素赋予初值。

例如，int a[5]={1, 2, 3, 4, 5};

在上面进行的定义和初始化中，将数组全部元素的初值依次放在大括号内，这样在初始化后，a[0]=1，a[1]=2，a[2]=3，a[3]=4，a[4]=5。

● 只对数组的部分元素初始化。

例如，int b[6]={1, 2, 6};

上面定义的数组有 6 个元素，但在大括号内只有 3 个初值，这表示该数组的前 3 个元素被赋值，后面元素的值为 0。结果：b[0]=1，b[1]=2，b[2]=6，b[3]=0，5[4]=0，b[5]=0。

● 在定义数组时，若不对数组的全部元素赋初值，则数组的全部元素被默认地赋值为 0。

例如，若有 "int a[10]；"，则 a[0]～a[9]全部被赋初值 0。

● 在定义数组后，若要对数组赋值，则只能对每个数组元素分别赋值。

例如，对于 "int d[10]；d[0]=4；d[1]=-6；"，若将其写成 "int d[10]；d[10]={4，-6}；"，则结果是错误的。

【**例 6-8**】　对于例 6-6，可以用数组的方法进行控制——8 个 LED 轮流点亮，每次只能有 1 盏 LED 亮，其控制字位分别为 0x7f、0xbf、0xdf、0xef、0xf7、0xfb、0xfd 及 0xfe。

```
#include<reg51.h>                       //包含单片机寄存器的头文件
void main(void)                         //主函数
{
    unsigned int j;
    unsigned char led[8]={ 0x7f, 0xbf, 0xdf, 0xef, 0xf7, 0xfb, 0xfd, 0xfe };
    unsigned char i,n;
    while(1)
    {
        for(n=0; n<8; n++)              //设置循环次数为 8
        {
            P1=led[n];
            for(i=1; i<500; i++)        //延时
            {
                for(j=1; j<1000; j++);
            }
        }
    }
}
```

6.1.7　函数

1．概述

一个 C 程序的所有功能都可放在一个主函数中实现，但是当程序较大时，它的阅读、调试和修改都比较困难。因此有必要将一个较大的程序按功能分成若干小程序模块，在 C 语言中，可以将这些小程序模块定义成函数，也可以将自己所写的各功能函数做成一个专门的函数库，由不同的程序甚至可以出不同的用户调用，就像 C 提供的系统函数一样。这种模块化的程序设计方法可以大大提高编程效率。

C 程序的主函数是一个特殊的函数，每个程序必须有且只能有一个主函数，但可以有若干其他函数。这些函数的关系是：主函数可以调用普通函数，普通函数之间也可以互相调用，但普通函数不能调用主函数。

一个 C 程序的执行总是从 main()函数开始的，调用其他函数完毕后回到主函数，在主函数中结束整个程序的运行。

从用户使用的角度划分，函数有两种：一种是标准库函数；另一种是用户自定义函数。

（1）标准库函数

标准库函数是由 C 编译系统的函数库提供的。C 语言系统一般都具有功能强大、资源丰富的标准函数库。用户在进行程序设计时，应该充分利用这些标准库函数资源，以提高效率、节省时间。

（2）用户自定义函数

用户自定义函数即用户根据自己的需要编写的函数，从函数定义的形式上划分为无参函数和有参函数。

1）无参函数：在调用此种函数时，既无参数输入，也无结果返回。它是为完成某种操作或功能而编写的。

2）有参函数：在调用此种函数时，必须提供实际的输入参数，并可返回结果，供调用者使用。

2．函数的定义

函数定义的一般形式为

```
返回值类型    函数名(形式参数列表)
{
    函数体语句
}
```

1）返回值类型。
- 可以是基本数据类型（int、char、float、double 等）及指针类型。
- 当函数没有返回值时，用标识符 void 说明该函数没有返回值。
- 若没有指定返回值类型，默认返回值为整型类型。
- 一个函数只能有一个返回值，该返回值是通过函数中的 return 语句获得的。

2）函数名必须是一个合法标识符。

3）形参参数列表包括了函数所需全部参数的定义。此时函数的参数称为形式参数，简称形参。形参可以是基本数据类型的数据、指针类型数据、数组等。在没有调用函数时，函数的形参和函数内部的变量未被分配内存单元，即它们是不存在的。

4）函数体由两部分组成。函数内部变量定义和函数体其他语句。

5）函数的独立性。所有函数在定义时都是相互独立的，一个函数中不能再定义其他函数，即函数不能嵌套定义。

3．函数的调用

函数调用的一般形式为

```
函数名(实际参数列表);
```

若在一个函数中需要用到某个函数的功能，就调用该函数。调用者称为主调函数，被调用者称为被调函数。例如，在 a 函数中调用 b 函数，则 a 函数为主调函数，b 函数为被调函数。若被调函数是有参函数，则主调函数必须把被调函数所需的参数传递给被调函数。传递给被调函数的数据称为实际参数，简称实参。若被调函数是无参函数，则调用该函数时，可以没有实参列表，但括号不能省略，被调函数执行完后再返回主调函数继续执行剩余程序。

注意：
- 实参与形参在数量、类型和顺序上都要一致。
- 实参可以是常量、变量或表达式。

- 实参对形参的数据传递是单向的值传递，即只能实参→形参，而不能形参→实参。函数的参数可以是多种类型，如基本数据类型、指针类型、数组等都能作函数的参数。
- 函数的返回值是通过函数中的 return 语句实现的。一个函数可以包含多个 return 语句，但多于一个的 return 语句必须在选择结构（if 或 do/case）中使用，因为被调用函数一次只能返回一个变量值。

函数的返回值类型一般在定义函数时，用返回类型标识符来指定。

下面通过例题来说明函数的应用。

【例 6-9】　如图 6-14 所示，编写程序使 8 个 LED 先按 LED0→LED7 单个轮流点亮，再按 LED1、LED2→LED2、LED3→…→LED5、LED6→LED6、LED7 两个灯轮流点亮，轮流点亮间隔时间 1s。

前面例子中的延时都是分别编写的，这次编写一个延时函数，这个函数延时 xms。

程序如下：

```
#include<reg51.h>
#define uint unsigned int
#define uchar unsigned char
void delay_ms(uint x)                    //定义 x_ms 延时函数，x 就是形式参数
{
    uint i;
    uchar j;
    for(i=x; i > 0; i--)
    for(j=1100; j > 0; j--);
}
void main()
{
    uchar a, b, i;
    while(1)
    {
        a=0xfe;                          //初值是：1111 1110
        for(i=0; i < 8; i++)             //循环 8 次
        {
            P1=a;
            b=a<<1;
            a=b|0x01;
            delay_ms(1000);              //延时 1000ms
        }
        a=0xfc;                          //初值是 1111 1100
        for(i=0; i < 4; i++)             //循环 4 次
        {
            P1=a;
            b=a<<1;
            a=b|0x01;
            delay_ms(1000);              //延时 1000ms
        }
```

```
        }
    }
```

例 6-9 中函数 delay_ms(uint x)只有一个形参 x。在调用函数时，用实参 1000 代替形参 x，变成 delay_ms(1000)。

6.1.8 局部变量和全局变量

如果变量是在函数内部定义的，且各个函数内部的变量可以同名而互不影响，则将这些变量称为内部变量，又称局部变量。函数的形式参数也属于局部变量。

在 C 程序中，允许在函数外部定义变量，这种变量称为外部变量，又称全局变量。

全局变量与局部变量的区别在于它们的作用域：每个函数都能使用全局变量，而局部变量只能被定义它的函数使用，不能被其他函数使用。也就是说，全局变量对所有函数都是可见的，局部变量只对定义它的函数才是可见的。全局变量和局部变量的另一个区别在于：全局变量被定义时若没有初始化，则其值为 0；局部变量被定义时若没有初始化，则其值是不确定的。在一个函数内部，当一个局部变量与一个全局变量同名时，全局变量不起作用，只有局部变量起作用。

若一个函数要使用一个全局变量，而这个变量是在该函数的后面定义的，则应在函数中对该变量做如下声明，以向编译程序说明该变量是一个已被定义的外部变量。

extern 类型说明符 变量名；

若一个文件中的函数要使用另一个文件中定义的全局变量，也必须用 extern 作外部变量声明。当然，这两个文件都是同一个程序的模块。

例如，

```
        int max(int a，int b)
        {
            int c；
            c=a>b? a:b；
            return c；
        }
        main()
        {
            extern int a，b；              //全局变量 a，b 的声明
            P1=max(a，b)；
        }
        int a=0x13，b=0x05；              //全局变量 a，b 的定义
```

全局变量提供了函数之间数据交换的途径。但是，由于各函数都能修改全局变量的值，就会产生隐患，因此使用全局变量时要格外小心。

6.2 任务 2 LED 数码管显示电路

任务描述：电路如图 6-15 所示，由 4 个 74LS164 控制 4 位数码管（属于静态显示控制方式）。试编写程序，使这 4 个数码管显示 1，2，3，4。

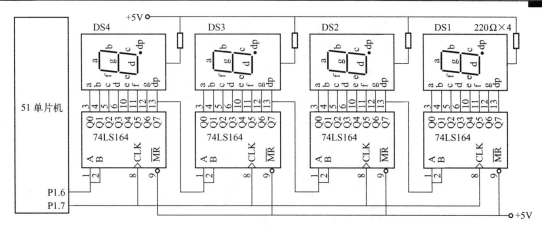

图 6-15　74LS164 驱动 LED 接口电路

任务分析： 在单片机应用系统中，显示是非常重要的人机交互接口。LED 数码管显示器和 LCD 液晶显示器是单片机应用最多的显示方式。LED 数码管显示器由发光二极管构成，其原理易于理解，显示数码和显示段码的对应关系以及在程序设计上如何处理是掌握 LED 数码显示的关键，例如显示数码 "9"，把 "9" 输出给数码管显示的不是 "9"，要把显示 "9" 的段码输出给数码管才行，那么，"9" 和显示 "9" 的段码如何对应？

要知道对于一个固有电路来说，段码是唯一的；但对于不同的电路来说，段码是变化的，因此要根据硬件电路来确定段码。

74LS164 用在数字电路中称为移位寄存器，用在数据处理上则称为串行输入并行输出，用 "串入并出" 方式扩展并行接口在单片机系统中应用较多，这里关键要掌握如何用软件驱动移位寄存器进行工作。

先有静态显示，后有动态显示，必须掌握了静态显示，才能掌握动态显示。

任务准备： 按照原理，图 6-16 是实现本次任务的实物图，实验板的元器件布置图如图 6-17 所示，图中用短路帽把 KA1 的上端 2 个插针短接，就把 P1.6 接到 LS164 的 A、B 引脚（数据输入 DAT），用短路帽把 KA2 的上端 2 个插针短接，就把 P1.7 接到 LS164 的 CLK 引脚（时钟输入）。

图 6-16　任务二的实物图

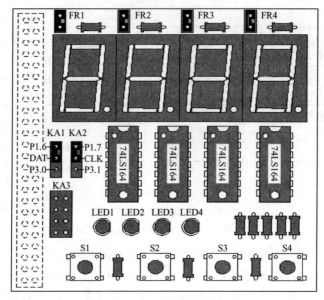

图 6-17　实验板的元器件布置图

6.2.1　LED 数码管显示电路

1. LED 数码管显示原理

LED 数码管是由发光二极管构成的。常用的 LED 数码管呈"8"字形，共计 8 段，每一个段对应一个发光二极管（以下简称字段）。这种数码管显示器又有共阳极和共阴极两种：共阳极数码管是把 8 个发光二极管的阳极（二极管正端）连接在一起作为公共端。一般公共端接高电平（一般接电源），当某个发光二极管的阴极为低电平时，该发光二极管点亮，相对应的段被显示。同样，共阴极数码管是指 8 个发光二极管的阴极（二极管负端）连接在一起作为公共端。一般公共端接低电平（一般接地），当某个发光二极管的阳极为高电平时，该发光二极管点亮，相对应的段被显示。

数码管的外型结构如图 6-18c 所示，共阴极和共阳极的内部结构分别如图 6-18a 和图 6-18b 所示。

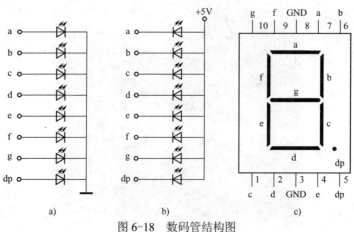

图 6-18　数码管结构图

a) 共阴极　b) 共阳极　c) 外型结构

　　LED 数码管的外形尺寸有多种，使用较多的是 1.27cm 和 2.03cm；LED 数码管颜色也有多种，主要有红色和绿色；LED 数码管按亮度强弱可分为超亮、高亮和普亮。发光二极管的正向压降一般为 1.5～2V，额定电流为 10mA 左右，最大电流 40mA。

　　为了使 LED 数码管显示不同的数字和符号，要把相应的发光段点亮，这就要为 LED 数码管提供一个数字代码。因为是用这个数字代码使 LED 数码管的某些段点亮，进而显示相应的数字符号，所以该数字代码也叫段码（或称字型码）。

　　将 LED 数码的 a、b、c、d、e、f、g、dp 段对应的与数据线 D0、D1、D2、D3、D4、D5、D6、D7 相接，如使用共阳极数码管，数据为 0 表示对应字段亮，数据为 1 表示对应字段暗；如使用共阴极数码管，数据为 0 表示对应字段暗，数据为 1 表示对应字段亮。如要显示 "0"，共阳极数码管的字型码应为：11000000B（即 C0H）；共阴极数码管的字型码应为：00111111B（即 3FH）。以此类推可求得数码管字形编码，见表 6-6。

表 6-6　8 段 LED 的段码表

显示字符	共阳极段码	共阴极段码	显示字符	共阳极段码	共阴极段码
0	C0H	3FH	C	C6H	39H
1	F9H	06H	d	A1H	5EH
2	A4H	5BH	E	86H	79H
3	B0H	4FH	F	8EH	71H
4	99H	66H	P	8CH	73H
5	92H	6DH	U	C1H	3EH
6	82H	7DH	T	CEH	31H
7	F8H	07H	y	91H	6EH
8	80H	7FH	H	89H	76H
9	90H	6FH	L	C7H	38H
A	88H	77H	–	BFH	40H
b	83H	7CH	熄灭	FFH	00H

　　数码管和数据线的连接方式不同，所得到的段码也有所不同。因此，段码不是唯一的，只有确定了硬件连接后，才能确定段码。

　　除了 "8" 字型的 LED 数码管外，市面上还有 "±1" 型、"米" 字型和 "点阵" 型 LED 显示器，如图 6-19 所示。同时生产厂家也可按照用户的需要制作特殊字型的数码管。本章后面介绍的 LED 显示器均以 "8" 字型的 LED 数码管为例。

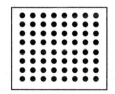

图 6-19　其他各种字型的 LED 显示器

2．LED 数码管工作原理

图 6-20 所示为 4 位 LED 数码管的构成原理图。N 个 LED 数码管有 N 条位选线和 8N 条

段码线。段码线控制显示字符的字型，而位选线为各个 LED 数码管中各段的公共端，它控制着该显示位 LED 数码管的亮或暗。

LED 数码管有静态显示和动态显示两种显示方式。

（1）静态显示方式

所谓静态显示就是指无论多少位 LED 数码管，均同时处于显示状态。

LED 数码管工作于静态显示方式时，各位的共阴极（或共阳极）连接在一起并接地（或接+5V）；每位的段码线（a～dp）分别与一个 8 位的 I/O 口锁存器输出相连。如果送往各个 LED 数码管所显示字符的段码已经确定，则相应 I/O 口锁存器锁存的段码输出将维持不变，直到送入另一个字符的段码为止，正因如此，采用静态显示方式的 LED 数码管无闪烁，亮度都较高，软件控制比较容易。

图 6-21 所示为 4 位 LED 数码管静态显示器电路，由于各位分别由一个 8 位的数字输出端口控制段码线，故在同一时间里，每一位显示的字符可以各不相同。静态显示方式接口编程容易，但是占用 I/O 口线较多。对于图 6-21 所示电路，若用 I/O 口线接，要占用 4 个 8 位 I/O 口。如果显示器的数目增多，则需要增加 I/O 口的数目。而且，在显示位数较多的情况下，所需的电流比较大，对电源的要求也就随之增高，这时一般都采用动态显示方式。

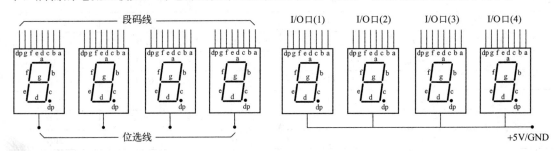

图 6-20　4 位 LED 数码管的构成原理图　　　　图 6-21　4 位 LED 数码管静态显示电路

（2）动态显示方式

所谓动态显示，是指无论在任何时刻，只有一个 LED 数码管处于显示状态，即单片机采用"扫描"方式控制各个数码管轮流显示。

在多位 LED 数码管显示时，为简化硬件电路，通常将所有 LED 数码管的段码线的相应段并联在一起，由一个 8 位 I/O 口控制，而各位 LED 的共阳极或共阴极分别由相应的 I/O 线控制，形成各位的分时选通。图 6-22 所示为一个 8 位 LED 动态显示电路，其中段码线占用一个 8 位 I/O 口，而位选线占用一个 8 位 I/O 口。由于各个数码管的段码线并联，在同一时刻，8 个数码管将显示相同的字符，因此，若要每个数码管能够显示所要求的显示字符，就必须控制位选线，采用动态的"扫描"显示方式。

显示方法是：在某一时刻，只让某一位的位选线处于选通状态，而其他各位的位选线处于关闭状态，同时，段码线上输出该位要有显示的字符的段码。这样，在同一时刻，8 位 LED 中只有被选通的那一位显示出字符，而其他 7 位则是熄灭的。同样，在下一时刻，只让其下一位的位选线处于选通状态，而其他各位的位选线处于关闭状态，在段码线上输出将要显示字符的段码，此时，只有在选通位显示出相应的字符，其他各位则是熄灭的。如此循环下去，就可以使各位显示出将要显示的字符。

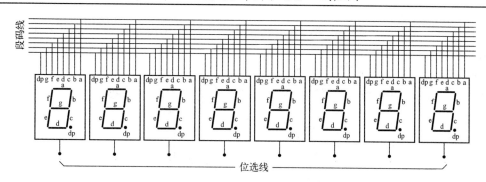

图 6-22　8 位 8 段 LED 动态显示电路

　　虽然这些字符是在不同时刻出现的，而在同一时刻，只有一盏显示，其他各盏熄灭，但由于 LED 数码管的余辉和人眼的"视觉暂留"作用，只要每盏显示间隔足够短，则可以造成"多盏同时亮"的假象，达到同时显示的效果。

　　LED 不同位显示的时间间隔（扫描间隔）应根据实际情况而定。发光二极管从导通到发光有一定的延时，时间太短，发光太弱，人眼无法看清；时间太长，要受限于临界闪烁频率，而且此时间越长，占用单片机的时间也越多。一般扫描周期不要超过 12ms，每个数码管点亮时间为 1～5ms。另外，显示盏数增多，也将占用大量的单片机时间，因此动态显示的实质是以牺牲单片机的时间来换取 I/O 端口的减少。

　　表 6-7 所示为 8 位 LED 共阴极动态显示 2013.01.28 的过程，某一时刻，只有 1 盏 LED 被选通显示，其余盏则是熄灭的，因此人眼看到的是 8 位稳定的同时显示的字符。

表 6-7　8 位 LED 共阴极动态显示过程

显示字符	段码	位控码	显示器显示状态（微观）	位选通时序
8	7FH	FEH	⎕⎕⎕⎕⎕⎕⎕8	T1
2	5BH	FDH	⎕⎕⎕⎕⎕⎕2⎕	T2
1.	86H	FBH	⎕⎕⎕⎕⎕1.⎕⎕	T3
0	3FH	F7H	⎕⎕⎕⎕0⎕⎕⎕	T4
3.	CFH	EFH	⎕⎕⎕3.⎕⎕⎕⎕	T5
1	06H	DFH	⎕⎕1⎕⎕⎕⎕⎕	T6
0	3FH	BFH	⎕0⎕⎕⎕⎕⎕⎕	T7
2	5BH	7FH	2⎕⎕⎕⎕⎕⎕⎕	T8

　　动态显示的优点是硬件电路简单，显示器越多，优势越明显；其缺点是显示亮度不如静态显示的亮度高。如果"扫描"速率较低，会出现闪烁现象。

6.2.2　LED 显示器接口实例

1．静态显示器接口

　　从 LED 显示器的显示原理可知，为了显示数码，必须把数码转换成和数码相对应的段码，这种转换可以通过硬件译码器或软件译码来实现。

　　应该指出，在单片机应用系统中，由于单片机本身有较强的逻辑控制能力，采用软件译码并不复杂。若采用软件译码，其译码逻辑可随意编程设定，不受硬件译码逻辑限制，而且采用软件译码还能简化硬件电路结构。因此，在单片机应用系统中，使用得最广的还是软件译码的显示器接口。

【例6-10】 1位静态显示器电路如图6-23所示，用P0口接数码管的段码，数码管的公共极接V_{CC}。编写程序，使数码管循环显示0～9这10个数字，间隔时间1s。

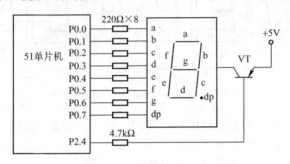

图6-23　1位静态显示电路

程序如下：

```
#include<reg51.h>
unsigned char code dtab[10]={0xc0，0xf9，0xa4，0xb0，0x99，0x92，0x82，0xf8，0x80，0x90}；
                                //共阳极接法的数字0～9段码表
sbit P24=P2^4；                 //定义位选
void delay_ms(unsigned int x)   //定义x_ms延时函数，x就是形式参数
{
    unsigned int i；
    unsigned char j；
    for(i=x；i>0；i--)
    for(j=1100；j>0；j--)；
}
void main()
{
    unsigned char i；
    P24=0；                     //使晶体管VT导通
    while(1)
    {
     for(i=0；i<10；i++)
       {
         P0=dtab[i]；            //输出和i对应的段码
         delay_ms(1000)；        //延时1s
       }
    }
}
```

说明："unsigned char code dtab[10]"是在片内程序存储区定义含有10个元素的数组。段码表是不变的常数，可以放在程序存储区。

通过此例，读者应能理解数码和对应段码的关系了。

原理图 6-23 是 4 盏动态显示电路中的 1 盏，4 盏动态显示电路的实验板如图 6-24 所示。图 6-25 是实验板的元件布置图，只把 FR1 用短路帽连接，就实现了图 6-23 所示的一盏静态显示电路。

图 6-24　具有 4 盏动态显示的实验板

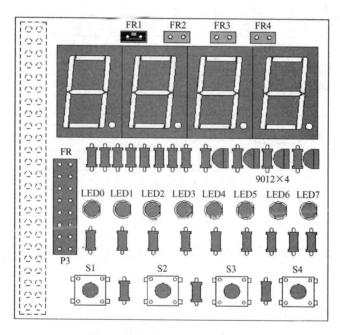

图 6-25　实验板的元器件布置图

由于静态显示使用 I/O 口线多，因此常采用"串入并出"移位寄存器驱动静态显示的方式。常用的"串入并出"移位寄存器有 74LS164、74LS595 等。

74LS164 引脚图如图 6-26 所示，它是 8 位"串入并出"移位寄存器，串行输入数据，然后并行输出。各引脚功能如下。

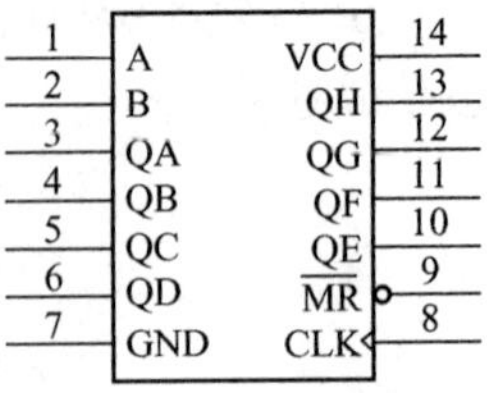

图 6-26　74LS164 引脚图

1）A、B（引脚 1、2）：数据输入端，数据通过这两个输入端之一串行输入；任一输入端可以用作高电平使能端，控制另一输入端的数据输入。若其中任意一个为低电平，则禁止新数据输入；若其中有一个为高电平，则另一个就允许输入数据。因此两个输入端或者连接在一起，或者把不用的输入端接高电平，一定不要悬空。

2）QA～QH（引脚 3～6、10～13）：数据输出端。

3）CLK（引脚 8）：时钟输入端。CLK 每次由低变高时（上升沿），输入的新数据就输出到 QA 端，QA 端数据右移一位到 QB、QB→QC、QC→QD、…，以此类推。

4）$\overline{MR}$（引脚 9）：复位清除端，当 MR 为低电平时，其他所有输入端都无效，同时所有输出端均为低电平。

5）GND：（引脚 7）：接地端。

6）VCC：（引脚 14）：电源端，接+5V 电源。

表 6-8 是 74LS164 的真值表。图 6-27 是 74LS164 移入数据所得的时序图。

表 6-8　74LS164 的真值表

输入管脚				输出管脚			
MR	CLK	A	B	QA	QB	…	QH
L	X	X	X	L	L	…	L
H	L	X	X	QA0	QB0	…	QH0
H	↑	H	H	H	Qan	…	QGn
H	↑	L	X	L	Qan	…	QGn
H	↑	X	L	L	Qan	…	QGn

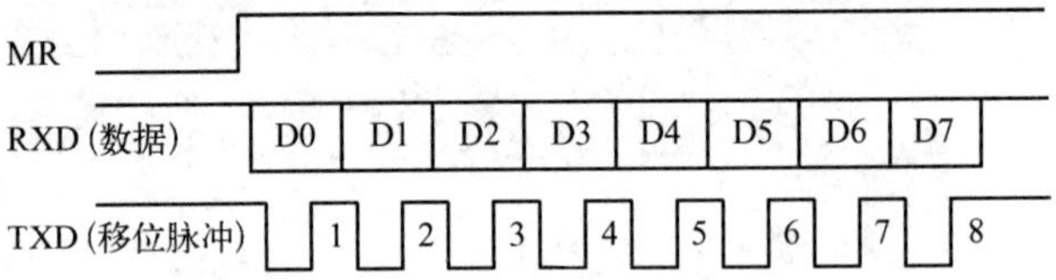

图 6-27　74LS164 移入数据所得的时序图

通过图 6-27 的时序说明数据移位到 74LS164 输出引脚的过程为：先移出 D0，最后移出 D7。

第 1 个脉冲上升沿：D0→QA。

第 2 个脉冲上升沿：D1→QA，D0→QB。

第 3 个脉冲上升沿：D2→QA，D1→QB，D0→QC。

第 4 个脉冲上升沿：D3→QA，D2→QB，D1→QC，D0→QD。

第 5 个脉冲上升沿：D4→QA，D3→QB，D2→QC，D1→QD，D0→QE。

第 6 个脉冲上升沿：D5→QA，D4→QB，D3→QC，D2→QD，D1→QE，D0→QF。

第 7 个脉冲上升沿：D6→QA，D5→QB，D4→QC，D3→QD，D2→QE，D1→QF，D0→QG。

第 8 个脉冲上升沿：D7→QA，D6→QB，D5→QC，D4→QD，D3→QE，D2→QF，D1→QG，D0→QH。

8 个脉冲结束后，最先移出的 D0 位移到了 QH 引脚上，最后移出的 D7 位移到了 QA 引脚上。考虑一下，如果再出现一个脉冲（第 9 个脉冲），移出情况会怎样？

【例 6-11】 用 P1.6 接 74LS164 的数据输入端 A、B，P1.7 接 74LS164 的数据移位控制端 CLK，用 74LS164 驱动 4 盏 LED 数码管的电路如图 6-28 所示。编写程序使 4 个 LED 显示 5、6、7、8。

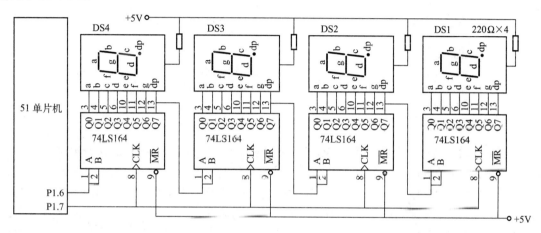

图 6-28　74LS164 驱动 LED 接口电路

根据真值表，74LS164 的工作过程可归纳如下：

初始化时使 CLK=0，数据从 A、B 端按位输入（注意：低位在前），每输入一位数据，串行输入时钟 CLK 变高，产生上升沿，把数据位移入寄存器，然后再变回低电平，直到 8 位数据（1 字节）输入完毕。此时，输入的数据就被送到了移位寄存器输出端，直到 4 字节数据全部输出完成。按低位在前的输入原则，经 8 次移位后，数据的最低位移到 Q7 端，而数据的最高位却在 Q0 端，根据电路图的连接方式，可得 5、6、7、8 的段码为：49H、41H、1FH、01H。

驱动程序如下：

```
#include<reg51.h>
sbit DAT=P1^6;
sbit CLK=P1^7;
void disp_164(unsigned char x)          //一位显示 164 移位输出函数
{
    unsigned char x，i，
    for(i=0；i<8；i++)                   //移 8 位
    {
        if(x&0x01)DAT=1；               //先移出低位
        else DAT=0；
        CLK=1；                         //产生上升沿
```

```
                x>>=1;
                CLK=0;
            }
        }
        void main()
        {
            unsigned char a;
            CLK=0;
            a=0x7F;              //先送 8 的段码
            disp_164(a);         //调 164 输出函数
            a=0x07;              //送 7 的段码
            disp_164(a);         //调 164 输出函数
            a=0x7D;              //送 6 的段码
            disp_164(a);         //调 164 输出函数
            a=0x6D;              //最后送 5 的段码
            disp_164(a);         //调 164 输出函数
            while(1);
        }
```

【例 6-12】 编写一个针对图 6-30 的显示函数。例 6-10 程序中的 disp_164 函数，是控制 1 位 74LS164 的程序，在调用该函数时，段码是传递参数，在使用中带来许多不便。新的显示函数要设立 4 个显示单元，该显示函数的功能就是把这 4 个显示单元的内容显示一遍，这 4 个显示单元中要显示的是数，不是显示段码，为此还要建立一个数表，显示函数要通过查表的方式，把显示的数和数的段码联系起来。在 C51 中显示单元和段码表都可以通过数组的方式实现，当然也可用指针的方式。

程序如下：

```
        #include<reg51.h>
        sbit DAT=P1^6;
        sbit CLK=P1^7;
        unsigned char disp[4];                    //定义 4 个显示缓冲单元
        unsigned char code dtab[10]={ 0x03, 0x9f, 0x25, 0x0d, 0x99, 0x49, 0x41, 0x1f, 0x01,
        0x09 };
                                                  //共阳极接法的数字 0~9 段码表
        void disp_164()                           //显示函数
        {
            unsigned char x, i, j;
            for(i=0; i<4; i++)                    //循环 4 次(4 个数码管)
            {
                x= dtab[disp[i]];                 //查表取段码
                for(j=0; j<8; j++)                //移 8 位
                {
                    if(x&0x01)DAT=1;              //先移出低位
                    else DAT=0;
                    CLK=1;                        //产生上升沿
                    x>>=1;
```

```
            CLK=0;
        }
    }
}
void main()
{
    disp[0]=8；disp[1]=7；disp[2]=6；disp[3]=5；
    disp_164();                          //调 164 输出函数
    while(1);
}
```

值得注意的是，此函数与硬件接法有关，在调用该函数时，要先定义引脚。同时要注意显示单元与显示数码管的位置对应关系，明确左右次序。

【例 6-13】　以图 6-30 作为显示函数的应用示例，请编写程序，完成如下功能：先从左至右轮流显示 a 段（每次只能一位亮，其余 3 位灭）；显示一遍后，再从左至右轮流显示 g 段；一遍之后，再从左至右轮流显示 d 段；一遍之后，再从左至右让 a、g、d 同时亮轮流显示一遍，之后重复。轮流点亮的时间间隔为 1s。

问题分析：重新设计一个段码表，把 a 段亮、g 段亮、d 段亮，a、g、d 段同时亮，还有灭码的显示段码写入段码表，并牢记在段码表中的位置。

dtab[5]={ 0x7f, 0xfd, 0xef, 0x6d, 0xff };

dtab[0]→a 段亮；dtab[1]→g 段亮；dtab[2]→d 段亮；dtab[3]→a、g、d 段同时亮；dtab[4]→灭码。

程序如下：

```
#include<reg51.h>
sbit DAT=P1^6;
sbit CLK=P1^7;
unsigned char disp[4];                      //定义 4 个显示缓冲单元
unsigned char code dtab[5]={ 0x7f, 0xfd, 0xef, 0x6d, 0xff };
                                            //新定义的段码表
void delay_ms(unsigned int x)               //定义 x_ms 延时函数，x 就是形式参数
{
    unsigned int i;
    unsigned char j;
    for(i=x；i > 0；i--)
    for(j=1100；j > 0；j--);
}
void disp_164()                             //显示函数
{
    unsigned char x，i，j;
    for(i=0；i<4；i++)                        //循环 4 次(4 个数码管)
    {
        x= dtab[disp[i]];                   //查表取段码
        for(j=0；j<8；j++)                    //移 8 位
```

```
        {
            if(x&0x01)DAT=1;                      //先移出低位
            else DAT=0;
            CLK=1;                                //产生上升沿
            x>>=1;
            CLK=0;
        }
    }
}
void main()
{
    unsigned char b;
    while(1)
    {
        for(b=0; b<4;b++)                         //4 种显示状态
        {
            disp[0]=4;                            //灭码
            disp[1]=4;
            disp[2]=4;
            disp[3]=b;                            //亮码
            disp_164();
            delay_ms(5000);
            disp[0]=4;                            //灭码
            disp[1]=4;
            disp[2]=b;                            //亮码
            disp[3]=4;
            disp_164();
            delay_ms(5000);
            disp[0]=4;                            //灭码
            disp[1]=b;                            //亮码
            disp[2]=4;
            disp[3]=4;
            disp_164();
            delay_ms(5000);
            disp[0]=b;                            //亮码
            disp[1]=4;
            disp[2]=4;
            disp[3]=4;                            //灭码
            disp_164();
            delay_ms(500);
        }
    }
}
```

运行该程序，显示是从左向右进行。

主函数也可以这样写：

```
void main()
{
    uchar a，b，c；
    while(1)
    {
        for(b=0；b<4，b++)                    //4 种显示状态
        {
            for(a=0；a<4；a++)                //每种状态显示一遍
            {
                for(c=0；c<4；c++)            //4 个 LED 赋值
                {
                    disp[c]=4;                //灭码
                }
                disp[3-a]=b;                  //只有一个是亮码
                disp_164();
                delay_ms(500);
            }
        }
    }
}
```

请自己分析程序的执行过程。

如果条件改成"显示从右向左进行"，应如何修改程序？

2．动态显示接口

动态显示接口电路如图 6-31 所示，用 P0 口控制段选，接数码管的 8 个段，用 P2 口的高 4 位控制接数码管的位选，分别通过电阻接到控制位选的 4 个晶体管 9012 的基极上，采用共阳极数码管，数码管的公共端接晶体管 9012 的集电极，晶体管 9012 的发射极接+V_{CC}，这样只要晶体管 9012 导通，数码管的公共端就接到+V_{CC}。

【例 6-14】 编写程序，用图 6-29 所示电路显示"1 2 3 4"。

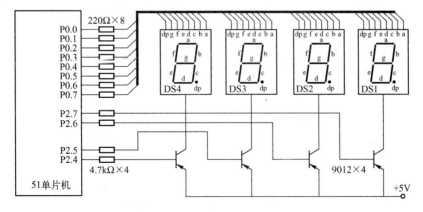

图 6-29　动态显示接口电路

动态显示驱动程序如下：

```c
#include<reg51.h>
unsigned char disp[4];                                      //定义 4 个显示缓冲单元
unsigned char code selec[4]=[0xef，0xdf，0xbf，0x7f];      //动态显示位选码表
unsigned char code dtab[10]={0xc0, 0xf9, 0xa4, 0xb0, 0x99, 0x92, 0x82, 0xf8, 0x80, 0x90};
                                                            //共阳极接法的数字 0～9 段码表
void delay_ms(unsigned int x)                               //定义 x_ms 延时函数，x 就是形式参数
{
    unsigned int i;
    unsigned char j;
    for(i=x；i > 0；i--)
    for(j=110；j > 0；j--);
}
void dt_disply()                                            //动态显示函数
{
    unsigned char x，i，j;
    for(i=0；i<4；i++)                                       //循环 4 次
    {
        P2=0xff;                                            //4 位全灭
        P0= dtab[disp[i]];                                  //查表取段码，送 P0 口
        P2=selec[i];                                        //送位选码
        delay_ms(3);                                        //延时 3ms
    }
}
void main()
{
    disp[0]=1;
    disp[1]=2;
    disp[2]=3;
    disp[3]=4;
    while(1)
    {
        dt_disply();
    }
}
```

用这样的动态显示的特点是：每隔一定的时间就要调用一次显示函数，否则就不能正常显示，而且调用动态显示函数要耽误 12ms 时间，所以用起来很不方便，以后会使用定时器管理的动态显示。

图 6-30 是原理图 6-29 实验板的元器件布置图，在图中把 FR1、FR2、FR3、FR4 分别用短路帽连接。

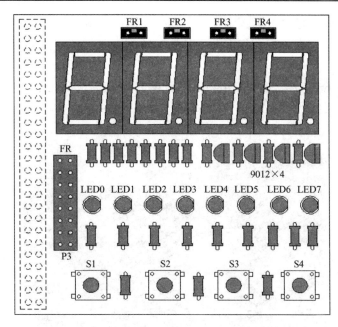

图 6-30　4 位动态显示元器件布置图

6.3　任务 3　键盘电路

任务描述：硬件接口电路如图 6-31 所示，在 P0 口外接一个共阳极 LED 数码管，在 P2 口外接 4 个按键开关（分别为 S1、S2、S3、S4），并对这 4 个按键进行编号，即 S1 为 1、S2 为 2、S3 为 3、S4 为 4，编写程序，使单片机复位后显示 "8"，当某按键按下后 LED 显示该按键的编号，直到下一个按键按下。

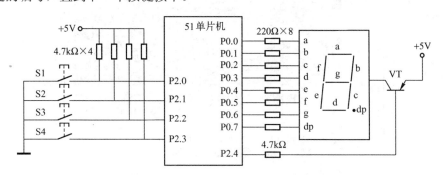

图 6-31　任务 3 的电路图

任务分析：键盘是人机交互接口的另一种重要设备，是向单片机输入命令和数据的主要手段，不用按键的单片机应用系统几乎是很少的。单片机所用的按键，实际上就是一个开关元件，也就是说键盘是一组规则排列的开关。

那么，按键如何与单片机连接呢？单片机又是怎样通过程序识别按键呢？

要识别按键，离不开选择语句，即要掌握选择语句的使用方法。if 语句和 if…else 语句在使用上是有区别的，要注意分辨。

switch…case 语句在处理并行多分支结构时特别有效。要注意并行分支的特点和使用技巧。

任务准备：图 6-32 是本任务的实物图。图 6-33 是实验板的元器件布置图，只要把 FR1 用短路帽连接，就可实现图 6-31 的功能。

图 6-32　任务三的实物图

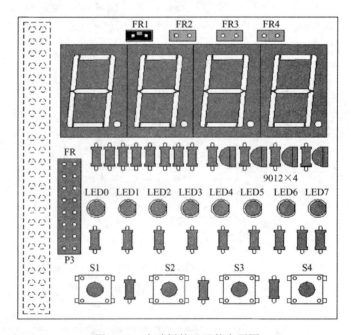

图 6-33　实验板的元器件布置图

6.3.1　键盘接口原理

单片机应用系统中经常使用简单的键盘向单片机输入数据和命令，是人与单片机对话的主要手段。在单片机系统中，常见的键盘有触摸式键盘、薄膜键盘和按键式键盘，最常用的是按键式键盘。

键盘中的一个按键实质上就是一个开关，其主要功能是把机械上的通断转换成电气上的逻辑关系，也就是说，通过按键的断开与闭合，把变化的电平状态反映到与按键相接的 I/O 口线上，以供 CPU 识别。

机械式按键在按下或释放时，由于机械弹性作用的影响，通常伴随有一定时间的触点机械抖动，然后其触点才稳定下来。其抖动过程如图 6-34 所示，抖动时间的长短与开关的机械特性有关，一般为 5~10ms。稳定的闭合时间由按键动作确定，一般为十分之几秒到几秒。

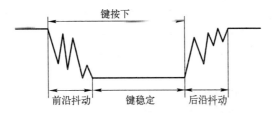

图 6-34　按键闭合与断开时的电压抖动

为确保按键识别的正确，需进行去抖动处理，去抖动有硬件和软件两种方法。硬件去抖动方法就是在键盘中附加去抖动电路，从根本上消除抖动产生的可能性，如图 6-35 所示。软件方法是用软件延时米消除按键抖动，其基本思想是：在检测到有键按下时，执行一段延时 10~20ms 的子程序，以躲过抖动期，再确定按键的状态。

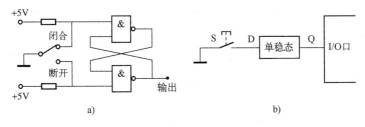

图 6-35　硬件去抖动电路

a) R-S 触发器　b) 单稳态电路

一个完善的键盘控制程序应具备以下功能：

1）检测是否有键按下，并采取硬件或软件措施，消除键盘按键机械触点抖动的影响。

2）确认哪一个键被按下，并求出相应的键值，而且有可靠的逻辑处理办法。每次只处理一个按键，其间处理任何按键的操作对系统不产生影响，且无论一次按键时间有多长，系统仅执行一次按键功能程序。

3）根据键值，找到对应键值的处理程序入口，以满足按键功能要求。

6.3.2　键盘的工作原理

键盘可分为两类：非编码键盘和编码键盘。

非编码键盘是利用按键直接与单片机相连接而成，这种键盘通常使用在按键数量较少的场合。使用这种键盘，系统功能通常比较简单，需要处理的任务较少，但是可以降低成本、简化电路设计。按键的信息通过软件来获取。

常见的非编码键盘有两种：独立式键盘和矩阵式键盘。

1. 独立式按键

独立式按键是直接用 I/O 口线构成的单个按键电路，其特点是每个按键单独占用一根 I/O 口线，每个按键的工作不会影响其他 I/O 口线的状态。独立式按键的典型应用如图 6-36 所示。

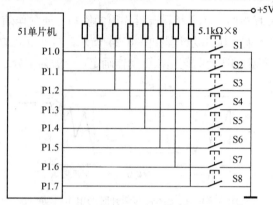

图 6-36　独立式按键电路

独立式按键电路配置灵活，软件结构简单，但每个按键必须占用一根 I/O 口线，在按键数量较多时，I/O 口线浪费较大。故在按键数量不多时，常采用这种按键电路。

独立式按键电路中的上拉电阻保证按键释放时，输入检测线上有稳定的高电平，当某一按键按下时，对应的检测线就变成了低电平，与其他按键相连的检测线则仍为高电平，只需读入 I/O 输入线的状态，判别哪一条 I/O 输入线为低电平，就很容易识别出哪个键被按下。

2. 矩阵式键盘

矩阵式键盘也称行列式键盘，用于按键数目较多的场合。它由行线和列线组成，一组为行线，另一组为列线，按键位于行、列的交叉点上。如图 6-37 所示，一个 4×4 的行、列结构可以构成一组 16 个按键的键盘。很明显，在按键数目较多的场合，矩阵式键盘与独立式键盘相比，可节省较多的 I/O 口线。

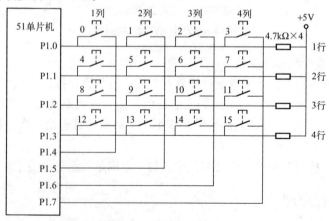

图 6-37　矩阵式键盘接口

键盘矩阵中无按键按下时，行线处于高电平状态；当有按键按下时，行线电平状态将由与此行线相连的列线的电平决定。如果列线的电平为低，则行线电平为低；如果列线的电平为高，则行线的电平也为高，这一点是识别矩阵式键盘按键是否按下的关键所在。由于矩阵式键盘中行、列线为多键共用，各按键均影响该键所在行和列的电平，因此各按键彼此将相互发生影响，所以必须将行、列线信号配合，才能确定闭合键的位置。下面以图 6-26 所示的键 3 被按下为例，说明扫描法识别此键的过程。

（1）扫描法

识别键盘有无键被按下，可分两步进行：

第一步：识别键盘有无键按下。先把所有列线均置为低电平，然后检查各行线电平是否都为高电平，如果不全为高电平，说明有键按下；否则，说明无键被按下。例如，当键 3 被按下时，第 1 行线电平为低电平，但还不能确定是键 3 被按下，因为如果同一行的键 2、1 或 0 之一被按下，行线也为低电平，所以只能得出第 1 行有键被按下的结论。

第二步：识别出哪个按键被按下。采用扫描法，在某一时刻只让 1 条列线处于低电平，其余所有列线处于高电平。当第 1 列为低电平，其余各列为高电平时，因为是键 3 被按下，所以第 1 行的行线仍处于高电平状态；而当第 2 列为低电平，其余各列为高电平时，同样也会发现第 1 行的行线仍处于高电平状态；直到计第 4 列为低电平，其余各列为高电平时，此时第 1 行的行线电平变为低电平，据此，可判断第 1 行第 4 列交叉点处的按键（即键 3）被按下。

综上所述，扫描法的思想是，先把某一列置为低电平，其余各列置为高电平，检查各行线电平的变化，如果某行线电平为低电平，则可确定此行此列交义点处的按键被按下。

（2）线反转法

扫描法要逐列扫描查询，当被按下的键处于最后一列时，则要经过多次扫描才能最后获得此按键所处的行列值。线反转法则很简练，只需经过两步便能获得此按键所在的行列值，下面以图 6-37 的矩阵式键盘为例，介绍线反转法的具体操作步骤。注意图 6-37 和图 6-38 这两个矩阵键盘的区别。

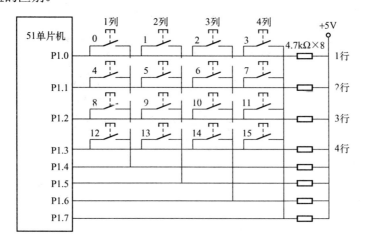

图 6-38　采用线反转法的矩阵式键盘

把行线编程为输入线，列线编程为输出线，并使输出线输出为全低电平，则行线中电平由高变低的所在行为按键所在行。再把行线编程为输出线，列线编程为输入线，并使输出线输出为全低电平，则列线中电平由高变低所在列为按键所在列。结合上述两步的结果，可确定按键所在的行和列，从而识别出所按的键。

假设键 3 被按下，识别步骤如下：

第一步，P1.0～P1.3 输出全为 0，然后，读入 P1.4～P1.7 线的状态，结果 P1.7=0，而 P1.4～P1.6 均为 1，因此，第 1 行出现电平的变化，说明第 1 行有键按下。

第二步，让 P1.4～P1.7 输出全为 0，然后，读入 P1.0～P1.3 位，结果 P1.0=0，而 P1.1～P1.3 均为 1，因此第 4 列出现电平的变化，说明第 4 列有键按下。

综合上述分析，即第 1 行、第 4 列按键被按下，此按键即为键 3。因此，线反转法非常简单适用，但在实际编程中不要忘记还要进行按键去抖动处理。

6.3.3 键盘的工作方式

单片机应用系统中，单片机在忙于其他各项工作任务时，如何兼顾键盘的输入，这取决于键盘的扫描方式。键盘的扫描方式选取的原则是：既要保证及时响应按键操作，又不要过多占用单片机的工作时间。通常，键盘的扫描方式有 3 种，即编程扫描、定时扫描和中断扫描。

1．编程扫描

编程扫描（也称查询方式）是利用单片机空闲时间，调用键盘扫描子程序，反复扫描键盘，来响应键盘的输入请求。采用这种扫描方式，如果单片机查询的频率过高，虽能及时响应键盘的输入，但也会影响其他任务的进行；如果查询的频率过低，有可能出现键盘输入漏判现象。所以要根据单片机系统的繁忙程度和键盘的操作频率，来调整键盘扫描的频率。

2．定时扫描

单片机对键盘的扫描也可采用定时扫描方式，即每隔一定时间对键盘扫描一次。在这种方式中，通常利用单片机内定时器产生的定时中断，进入中断子程序来对键盘进行扫描，在有键按下时识别出该键，并执行相应键的处理程序。由于每次按键的时间一般不会小于100ms，因此为了不漏判有效的按键，定时中断的周期一般应小于 100ms。

3．中断扫描

为进一步提高单片机扫描键盘的工作效率，可采用中断扫描方式，如图 6-39 所示。图中的键盘只有在键盘有按键按下时，74LS30 输出才为高电平，经过 74LS04 反相后向单片机的中断请求输入 $\overline{INT0}$ 发出中断请求信号，单片机响应中断，执行键盘扫描程序中断服务子程序，识别出按下的按键，并跳向该按键的处理程序。如果无键按下，单片机将不响应键盘。此种方式的优点是，只有按键按下时，才进行处理，所以其实时性强，工作效率高。

非编码矩阵式键盘的程序设计可归纳如下：

1）选一种扫描方式，判别有无键按下。

2）如有，延时去抖后，再判别有无键按下。

3）用键盘扫描法或反转法取得闭合键的行、列值。

4）用计算法或查表法得到键值。

5）执行与按键相对应的程序。

6）判断闭合键是否释放，如没释放，则继续等待。

图 6-39　采用中断扫描方式的键盘

6.3.4　选择语句

键盘编程离不开选择语句，选择语句即条件判断控制语句，它先判断给定的条件是否满足，然后根据判断的结果决定执行给出的若干种操作之一。C51 中的选择语句有 if 语句、switch…case 语句等。

电路如图 6-40 所示，P2 口的 P2.0、P2.1、P2.2、P2.3 接 4 个按键，命名为 S1、S2、S3、S4。P2.4、P2.5、P2.6、P2.7 接 4 个发光二极管 LED，命名 LED0、LED1、LED2、LED3。用按键状态控制 LED 的发光状态。其实验板的元器件布置图如图 6-13 所示。

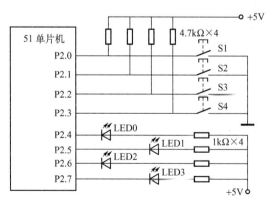

图 6-40　P2 口按键和发光二极管电路

1．选择语句 if

C51 语言的一个基本判定语句（条件选择语句）是 if 语句。

其基本结构为

```
if(表达式)
{语句};
```

其中"表达式"可以是符合 C 语法规则的任一表达式，如算术表达式、关系表达式、逻辑表达式等。在这种结构中，如果括号中的表达式成立（为真），则程序执行大括号中的语句；否则，程序将跳过大括号中的语句部分，执行下面其他语句。

C51 提供了 3 种类型的 if 语句。

（1）I 型 if 语句

```
if(表达式){语句}
```

例如，只要有键按下，4 个 LED 全亮。

```
if((p2&0x0F)!=0x0F)        //只要有键按下
{p2=0x0F；}                //4 个发光二极管全亮
```

（2）II 型 if 语句

```
if(表达式){语句 1；}
else{语句 2；}
```

例如，只要有键按下，LED0、LED1 亮；否则 LED2、LED3 亮。

```
if((p2&0x0F)!=0x0F)        //只要有键按下
{p2=0xCF；}                //发光二极管 LED0、LED1 亮
else
{p2=0x3F；}                //发光二极管 LED2、LED3 亮
```

（3）III 型 if 语句

```
if(表达式 1){语句 1；}
else if(表达式 2){语句 2；}
else if(表达式 3){语句 3；}
…
else if(表达式 m){语句 m；}
else {语句 n；}
```

【**例 6-15**】 利用 III 型 if 语句编写程序，当 S1 按下时，LED0 亮；当 S2 按下时，LED1 亮；当 S3 按下时，LED2 亮；当 S4 按下时，LED3 亮；无键按下时，全灭。

程序如下：

```
#include<reg51.h>
sbit   P20=P2^0;
sbit   P21=P2^1;
sbit   P22=P2^2;
sbit   P23=P2^3;
void main()
{
    P2=0xff;
```

```
    while(1)                         //无限循环
      {
        if(P20==0)                   //读取 P20
        {P2=0xEF；}
        else if(P21==0)              //读取 P21
        {P2=0xDF；}
        else if(P22==0)              //读取 P22
        {P2=0xBF；}
        else if(P23==0)              //读取 P23
        {P2=0x7F；}
        else{P1=0xFF；}              //无键按下
      }
  }
```

上例中的程序也可以用位操作的指令来写。

```
    #include<reg51.h>
    void main()
    {
        P2=0xff;
        while(1)                     //无限循环
        {
          if((P2&0x0F)==0x0E)        //读取 P20
          {P2=0xEF；}
          else if((P2&0x0F)==0x0D)   //读取 P21
          {P2=0xDF；}
          else if((P2&0x0F)==0x0B)   //读取 P22
          {P2=0xBF；}
          else if((P2&0x0F)==0x07)   //读取 P23
          {P2=0x7F；}
          else{P2=0xFF；}
        }
    }
```

if 语句的嵌套：

if 语句中又含有一个或多个 if 语句，这种情况称为 if 语句的嵌套。
其基本形式为

```
    if(…)
    {
        if(…){语句 1；}
        else{语句 2；}
    }
        else
    {
        if(…){语句 3；}
        else{语句 4；}
    }
```

注意：else 语句总是与它上方最近的一个 if 语句相对应，所以在程序中要注意 if 和 else 的数目一一对应，不能出错。

2．条件运算符

条件运算符实际上是经常用到一种简单的 if 语句，即

```
if(表达式)max=a;
else max=b;
```

其特点是：语句 1 和语句 2 都是赋值语句，且都是给同一个变量赋值。此时，可以用条件运算符来处理

```
max=(表达式)? a:b;
```

条件运算符（?:）是唯一的一个三目运算符，即需要 3 个操作数。

用条件运算符可以构成条件表达式，其一般形式为

```
(表达式 1)?表达式 2:表达式 3;
```

其执行过程为：先计算表达式 1 的值，若非 0，就计算表达式 2 的值并将其作为条件表达式的值；否则，就计算表达式 3 的值并将其作为条件表达式的值。

例如， max=a>b?a:b;
　　　　　max=a>b?a:c>d?c:d;

第一条语句：如果 a>b 为真，则 max=a；否则 max=b。

第二条语句：如果 a>b 为真，则 max=a；否则，如果 c>d 为真，则 max=c，否则 max=d。

3．switch…case 语句

C51 提供了一个 switch 语句，可用于直接处理并行多分支选择问题。

其一般形式为

```
switch(表达式)
{
    case 常量表达式 1: {语句 1; }break;
    case 常量表达式 2: {语句 2; }break;
    …
    case 常量表达式 n: {语句 n; }break;
    default: {语句 n+1; }
}
```

说明：

1）switch 括号中的表达式可以是任意类型的。

2）常量表达式的类型要与 switch 括号中表达式的类型相同。

3）各常量表达式的值必须互不相同。

4）各个 case 的出现次序可以任意。

5）语句的执行过程：先计算 switch 括号中表达式的值，当它与某个常量表达式的值相

等时，就执行此 case 后面的语句，然后执行 break 语句，退出 switch 程序，继续执行后面的语句；若表达式的值不与任何常量表达式的值相等，就执行 default 后面的语句，然后退出 switch 程序，继续执行后面的程序。

6）若没有 break 语句，则当与表达式相等的常量表达式后面的语句执行之后，会继续执行后面 case 中的语句，以及 default 后的语句。

7）这里的 break 语句是中断语句，用于中断 switch 语句的执行。

【例 6-16】　将例 6-13 用 switch 语句改写。

程序如下：

```
#include<reg51.h>
void main()
{
    char a;
    a=P2；
    a=a&0x0F；                          //保留低 4 位
    switch(a)
    {
        case 0x0E：P2=0xEF；break；       //S1 合 LED0 亮
        case 0x0D：P2=0xDF；break；       //S2 合 LED1 亮
        case 0x0B：P2=0XBF；break；       //S3 合 LED2 亮
        case 0x07：P2=0x7F；break；       //S4 合 LED3 亮
        default：break；
    }
}
```

4．if 语句和 goto 语句

goto 语句是无条件转向语句，其一般形式为

　　　goto　语句标号；

语句标号是一个标识符。C 程序中的任何一个语句都可以有一个语句标号，其一般形式为

　　　语句标号：语句

goto 语句的执行：无条件地转到语句标号后面的语句处执行。

用 goto 语句可以与 if 语句一起构成循环结构。

（1）构成当型循环

```
loop：if(表达式)
    {
        语句
        goto loop；
    }
```

（2）构成直到型循环

```
loop：{语句
    if(表达式)goto loop；
```

```
}
```

【例 6-17】 如图 6-11 所示，按键 S1 按下时，发光二极管 LED0 亮；S1 断开时，发光二极管 LED0 灭。

```
#include<reg51.h>
sbit P20=P2^0;
sbit P24=P2^4;
void main()
{
    loop：P20=1；
    if(P20=0)P24=0；
    else P24=1；
    goto loop；
}
```

假如不用 goto 语句再运行程序，会看到什么现象？说明什么问题？

6.3.5 键盘/显示器接口实例

【例 6-18】 键盘/显示器接口电路如图 6-41 所示，显示用 4 片串入并出接口芯片 74HC164 控制 4 个共阳极数码管。用 P1.6 接 74LS164 的数据输入，P1.7 接 74LS164 的数据时钟输入。4×4 键盘中 P3.0～P3.3 是列输出，P3.4～P3.7 是行输入。按图示接法对按键编出 0～F 号。

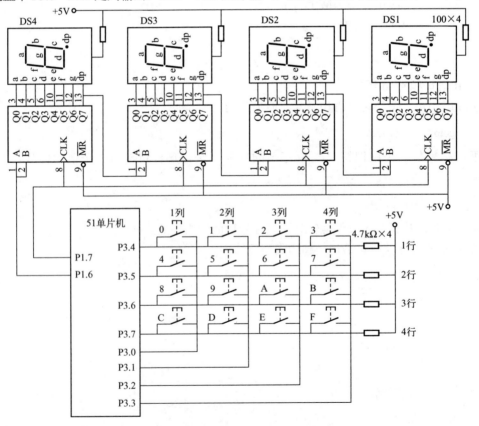

图 6-41 键盘/显示器接口电路

编写程序，用数码管显示按下的键号，对应关系为：DS1 显示 3、7、B、F 号键；DS2 显示 2、6、A、E 号键；DS3 显示 1、5、9、D 号键；DS4 显示 0、4、8、C 号键。

矩阵键盘电路板如图 6-42 所示，静态显示电路板的元器件配置图如图 6-43 所示。图 6-44 是键盘板、静态显示板和最小系统板连接后的实物图。

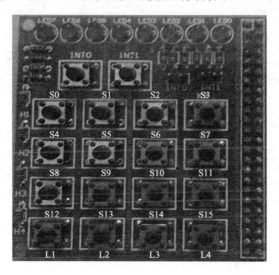

图 6-42　矩阵键盘电路板

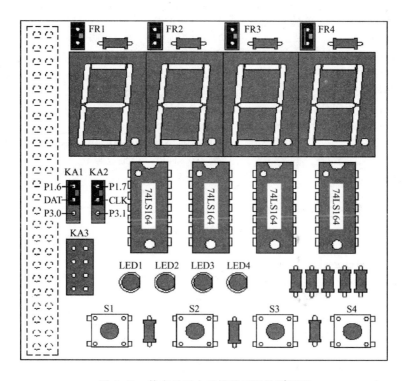

图 6-43　静态显示电路板的元器件配置图

图 6-44　键盘板、静态显示板和最小系统板连接后的实物图

程序如下：

```
#include<reg51.h>              //包含 MCS-51 单片机寄存器定义的头文件
sbit CLK=P1^7;
sbit DAT=P1^6;
sbit P30=P3^0;                 //将 P30 位定义为 P3.0 引脚
sbit P31=P3^1;                 //将 P31 位定义为 P3.1 引脚
sbit P32=P3^2;                 //将 P32 位定义为 P3.2 引脚
sbit P33=P3^3;                 //将 P33 位定义为 P3.3 引脚
unsigned char disp[4];         //定义 4 个显示缓冲单元
unsigned char code dtab[ ]={0x03,0x9f,0x25,0x0d,0x99,0x49,0x41,0x1f,
                           0x01,0x09,0x11,0xc1,0x63,0x85,0x61,0x71,0xff};
                               //数字 0～F 和 "-" 的段码
unsigned char keyval;          //储存按键值变量
unsigned char listval;         //存储按键所在列变量
/*函数功能:数码管显示函数*/
void disp_164()                //显示函数
{
    unsigned char x,i,j;
    for(i=0;i<4;i++)           //循环 4 次(4 个数码管)
    {
        x= dtab[disp[i]];      //查表取段码
        for(j=0;j<8;j++)       //移 8 位
        {
            if(x&0x01)DAT=1;   //先移出低位
            else DAT=0;
            CLK=1;             //产生上升沿
```

```
                x>>=1;
                CLK=0;
            }
        }
    }
}
/*函数功能:软件延时子程序,延时 x ms*/
void delay_ms(unsigned int x)
{
unsigned int i;
unsigned char j;
for(i=x;i>0;i--)
for(j=110;j>0;j--);
}
/*函数功能:进行键盘扫描,判断键位*/
void key_scan(void)
{
    P3=0x0f;                         //所有列线置为低电平 0,所有行线置为高电平 1
    if((P3&0x0f)!=0x0f)              //行线中有一位为低电平 0,说明有键按下
    delay_ms(20);                    //延时一段时间、软件消抖
    if((P3&0x0f)!=0x0f)              //确实有键按下
    {
        P3=0xef;                     //第一列置为低电平 0(P3.0 输出低电平 0)
        if(P30==0)                   //如果检测到接 P3.0 引脚的行线为低电平 0
        {keyval=3;                   //可判断是 3 号键被按下
        listval=1;}                  //按键在第一列

        if(P31==0)                   //如果检测到接 P3.1 引脚的行线为低电平 0
        {keyval=7;}                  //可判断是 7 号键被按下
        listval=1;

        if(P32==0)                   //如果检测到接 P3.2 引脚的行线为低电平 0
        {keyval=11;                  //可判断是 b 号键被按下
        listval=1;}

        if(P33==0)                   //如果检测到接 P3.3 引脚的行线为低电平 0
        {keyval=15;                  //可判断是 f 号键被按下
        listval=1;}

        P3=0xdf;                     //第二列置为低电平 0(P3.2 输出低电平 0)
        if(P30==0)                   //如果检测到接 P3.0 引脚的列线为低电平 0
        {keyval=2;                   //可判断是 2 号键被按下
        listval=2;}                  //按键在第 2 列

        if(P31==0)                   //如果检测到接 P3.1 引脚的列线为低电平 0
        {keyval=6;                   //可判断是 6 号键被按下
        listval=2;}
```

```
if(P32==0)              //如果检测到接 P3.2 引脚的列线为低电平 0
{keyval=10;             //可判断是 10 号键被按下
listval=2;}

if(P33==0)              //如果检测到接 P3.3 引脚的列线为低电平 0
{keyval=14;             //可判断是 e 号键被按下
listval=2;}

P3=0xbf;                //第三列置为低电平 0(P3.2 输出低电平 0)
if(P30==0)              //如果检测到接 P3.0 引脚的行线为低电平 0
{keyval=1;              //可判断是 1 号键被按下
listval=3;}

if(P31==0)              //如果检测到接 P3.1 引脚的列线为低电平 0
{keyval=5;              //可判断是 5 号键被按下
listval=3;}

if(P32==0)              //如果检测到接 P3.2 引脚的列线为低电平 0
{keyval=9;              //可判断是 9 号键被按下
listval=3;}

if(P33==0)              //如果检测到接 P3.3 引脚的列线为低电平 0

{keyval=13;             //可判断是 d 号键被按下
listval=3;}

P3=0x7f;                //第四列置为低电平 0(P3.3 输出低电平 0)
if(P30==0)              //如果检测到接 P3.0 引脚的行线为低电平 0
{keyval=0;              //可判断是 0 号键被按下
listval=4;}

if(P31==0)              //如果检测到接 P3.1 引脚的行线为低电平 0
{keyval=4;              //可判断是 4 号键被按下
listval=4;}

if(P32==0)              //如果检测到接 P3.2 引脚的行线为低电平 0
{keyval=8;              //可判断是 8 号键被按下
listval=4;}

if(P33==0)              //如果检测到接 P3.3 引脚的行线为低电平 0
{keyval=12;             //可判断是 c 号键被按下
listval=4;}

P3=0x0f;                //等松键
while((P1&0x0f)!=0x0f); //等键松开
```

```
        }
    }
/*函数功能:主函数*/
void main(void)
{
        keyval=0x00;                //按键值初始化为 0
        listval=0x00;
        disp[0]=16;                 // DS1
        disp[1]=16;                 //DS2
        disp[2]=16;                 //DS3
        disp[3]=16;                 //DS4      //显示"----"
        disp_164();                 //调显示函数
        while(1)                    //无限循环
        {
            key_scan();
            delay_ms(100);
            switch(listval)
            {
                case(1):disp[0]=keyval;break;
                case(2):disp[1]=keyval;break;
                case(3):disp[2]=keyval;break;
                case(4):disp[3]=keyval;break;
                default;break;
            }
            disp_164();             //调用数码管显示函数
            delay_ms(100);
        }
    }
```

6.3.6　C51 的库函数

C51 编译器提供了丰富的库函数。使用库函数大大提高了编程的效率,用户可以根据需要随时调用。每个库函数都在相应的头文件中给出了函数的原型,使用时只需在源程序的开头用编译预处理命令#include 将相关的头文件包含进来即可。下面就一些常用的 C51 库函数分类进行介绍。

1. 字符函数库 CTYPE.H

这是一组关于字符处理的函数。其主要的函数原型和功能如下:

● extern bit isalpha（char）;

检查参数字符是否为英文字母,是则返回 1;否则返回 0。

● extern bit isalnum（char）;

检查参数字符是否为英文字母或数字字符,是则返回 1;否则返回 0。

● extern bit iscntrl（char）;

检查参数字符是否为控制字符,即 ASCII 值为 0x00~0x1f 或 0x7f 的字符,是则返回 1;否则返回 0。

● extern bit islower（char）；

检查参数字符是否为小写英文字母，是则返回 1；否则返回 0。

● extern bit isupper（char）；

检查参数字符是否为大写英文字母，是则返回 1；否则返回 0。

● extern bit isdigit（char）；

检查参数字符是否为数字字符，是则返回 1；否则返回 0。

● extern bit isxdigit（char）；

检查参数字符是否为十六进制数字字符，是则返回 1；否则返回 0。

● extern char toint（char）；

将 ASCII 字符的 0～9、a～f（大小写无关）转换为十六进制数字。

● extern char toupper（char）；

将小写字母转换成大写字母，如果字符不在 a 和 z 之间，则不予转换直接返回该字符。

● extern char tolower（char）；

将大写字母转换成小写字母，如果字符不在 A 和 Z 之间，则不予转换直接返回该字符。

2．标准函数库 STDLIB.H

● extern float atof（chars）；

将字符串 s 转换成浮点数值并返回它。参数字符串必须包含与浮点数规定相符的数。

● extern long atof（chars）；

将字符串 s 转换成长整型数值并返回它。参数字符串必须包含与长整型数规定相符的数。

● extern int atio（chars）；

将字符串 s 转换成整型数值并返回它。参数字符串必须包含与整型数规定相符的数。

● void *malloc（unsigned int size）；

返回一块大小为 size 个字节的连续内存空间的指针。如返回值为 NULL，则无足够的内存空间可用。

● void free（void p）；

释放由 malloc 函数分配的存储器空间。

● void init_mempool（void p，unsigned int size）；

清空由 malloc 函数分配的存储器空间。

3．数学函数库 MATH.H

● 一组数学函数。

extern int abs（int val）；

extern char abs（char val）；

extern float abs（float val）；

extern long abs（long val）；

计算并返回 val 的绝对值。这 4 个函数的区别在于参数和返回值的类型不同。

● extern float exp（float x）；

返回以 e 为底的 x 的幂，即 $\overline{T}$。

● extern float log（float x）；

extern float log10（float x）；

log 返回 x 的自然对数，即 lnx；log10 返回以 10 为底的 x 的对数，即 $\log_{10}$（x）。

● extern float sqrt（float x）；

返回 x 的正平方根，即 $\sqrt{x}$。

● extern float sin（float x）；

extern float cos（float x）；

extern float tan（float x）；

sin 返回值为 sin(x)；cos 返回值为 cos(x)；tan 返回值为 tan(x)。

● extern float pow（float x，float y）；

返回值为 x^y。

4．绝对地址访问头文件 ABSACC.H

● #define CBYTE（（unsigned char）0x50000L）

#define DBYTE（（unsigned char）0x40000L）

#define PBYTE（（unsigned char）0x30000L）

#define XBYTE（（unsigned char）0x20000L）

用来对 MCS-51 系列单片机的存储器空间进行绝对地址访问，以字节为单位寻址。

CBYTE 寻址 CODE 区；

DBYTE 寻址 DATA 区；

PBYTE 寻址 XDATA 的 00H~FFH 区域（用指令 MOVX @R0，A）；

XBYTE 寻址 XDATA 区（用指令 MOVX @DPTR，A）。

● #define CWORD（（unsigned int）0x50000L）

#define DWORD（（unsigned int）0x40000L）

#define PWORD（（unsigned int）0x30000L）

#define XWORD（（unsigned int）0x20000L）

与前面的宏定义相同，只是数据为双字节。

5．内部函数库 INTRINS.H

● unsigned char_crol_（unsigned char val，unsigned char n）；

unsigned int_irol_（unsigned int val，unsigned char n）；

unsigned long_lrol_（unsigned long val，unsigned char n）；

将变量 val 循环左移 n 位。

● unsigned char_cror_（unsigned char val，unsigned char n）；

unsigned int_iror_（unsigned int val，unsigned char n）；

unsigned long_lror_（unsigned long val，unsigned char n）；

将变量 val 循环右移 n 位。

● void_nop_（void）；

该函数产生一个 MCS-51 单片机的 NOP 指令，用于延时一个机器周期。

例如，P10=1；

```
    _nop_();                 //等待一个机器周期
    P10=1;
```

● bit _testbit_（bit x）;

测试给定的位参数 x 是否为 1，若为 1，返回 1，同时将该位复位为 0；否则返回 0。

6. 访问 SFR 和 SFR_bit 地址头文件 reg××.H

reg51.h、reg52.h 等文件中定义了 MCS-51 单片机中的 SFR 寄存器名和相关的位变量名。

练习题

一、选择题

1. MCS-51 单片机，一个机器周期包含（　　　）。

    A. 2 个状态周期　　　　　　　　　　　B. 4 个状态周期

    C. 8 个状态周期　　　　　　　　　　　C. 6 个状态周期

2. 当振荡脉冲频率为 12MHz 时，一个机器周期为（　　　）。

    A. 1μs　　　　　　B. 2μs　　　　　　C. 8μs　　　　　　D. 4μs

3. "当型循环"是（　　　）。

    A. 先执行语句，后判断条件　　　　　　B. 先判断条件，后执行语句

    C. 跳过判断条件，执行语句　　　　　　D. 跳过语句，执行判断条件

4. "直到型循环"是（　　　）。

    A. 先执行语句，后判断条件　　　　　　B. 先判断条件，后执行语句

    C. 跳过判断条件，执行语句　　　　　　D. 跳过语句，执行判断条件

5. while 语句实现（　　　）。

    A. 当型循环　　　B. 直到型循环　　　C. 顺序结构　　　D. 分支结构

6. do…while 语句实现（　　　）。

    A. 当型循环　　　B. 直到型循环　　　C. 顺序结构　　　D.分支结构

7. break 语句称为中断语句，其作用是（　　　）。

    A. 中断所有循环　　　　　　　　　　　B. 中断本层循环

    C. 中断所有程序的执行　　　　　　　　D. 中断返回

8. 一个函数可以有多个形参，因而一个函数（　　　）。

    A. 可以有多个返回值　　　　　　　　　B. 返回值个数与形参个数相同

    C. 只能有一个返回值　　　　　　　　　D. 返回值个数少于形参个数

9. 一个函数有形参，调用该函数时（　　　）.

    A. 实参个数要和形参个数相同　　　　　B. 实参个数和形参个数可以不同

    C. 实参个数大于形参个数　　　　　　　D. 实参个数要小于形参个数

10. 在 C 语言程序中，以下说法正确的是（　　　）。

    A. 函数的定义可以嵌套，但函数的调用不可以嵌套

    B. 函数的定义不可以嵌套，但函数的调用可以嵌套

    C. 函数的定义和函数的调用都不可以嵌套

    D. 函数的定义和函数的调用都可以嵌套

11. 单片机 C51 中用关键字（　　　）来改变寄存器组。

　　A．interrupt　　　　　　B．unsigned　　　　C．using　　　　　　D.define

12．不论共阴极数码管还是共阳极数码管，其段码是（　　）。

　　A．固定的　　　　　　　B．相对的　　　　　C．ASCII 码　　　　　D．BCD 码

13．4×4 矩阵式键盘，最多可构成（　　）。

　　A．8 个键　　　　　　　B．16 个键　　　　　C．20 个键　　　　　D．12 个键

二、简答题

1．全局变量与局部变量的区别是什么？如何定义全局变量与局部变量？

2．说明数码管静态显示和动态显示的特点及其应用场合。

3．在单片机应用系统中，LED 数码管显示电路有几种方式？它们分别有什么特点？

4．按键电路为什么要进行防抖动设置？说明软件防抖动的程序结构。

5．常见的非编码键盘有哪两种？它们各有什么特点？

6．独立按键有什么特点？

7．行列式键盘中，查询法和线反转法是如何判断键值的？

8．键盘扫描控制方式有哪几种？它们各有什么特点？

三、编程题

1．编写程序，使 8 个 LED 流水灯闪烁得越来越快，直到看不出闪烁，请想想是什么原因。

2．自己设计几种流水灯变化模式，并编写程序实现它。

3．设计一个双功能流水灯电路，两个按键 S1 和 S2 分别与 P3.0 和 P3.1 相连，8 个 LED 接 P1 口。当按下 S1 后，每次 1 个 LED 轮流点亮 1s，循环不止；当按下 S2 后，每次 2 盏 LED 轮流点亮 1s，循环不止。

4．设计一个流水灯电路，编写程序，只用一个按键控制，能控制 4 种变化模式。

第7章　MCS-51单片机内部资源应用

单片机不仅具有丰富的 I/O 口，其内部还集成了丰富的资源，以适应构建各种应用系统的需要。MCS-51 单片机内部集成了中断、定时器、串行口等资源，其衍生机型内部资源更加丰富，包括 A-D 转换、PSW（脉宽调制）、EEPROM、SPI 功能等，具体应用时可查找对应机型的技术手册。本章主要介绍 MCS-51 单片机的内部资源及其应用。单片机都是通过特殊功能寄存器（SFR）管理和控制内部资源的，因此读者一定要认真领会 SFR 与内部资源的对应关系，掌握 SFR 的编程技巧。

7.1　任务 4　中断应用——闪光报警电路

任务描述：闪光报警接口电路如图 7-1 所示，在 P0 口外接一个共阳极 LED 数码管，在 P1 口接 8 个 LED 发光二极管；在 P3 口的 P3.2（INT0）外接 1 个按键开关 S，编写程序，单片机复位后，数码管开始从 0～9 循环显示计数，间隔时间 1s，当按键 S 按下后，触发一次外部中断，在中断处理中使数码管灭停止计数，同时使 P1 口的 8 个 LED 闪烁报警，闪烁间隔时间 0.5s；报警时间 10s，之后退出中断状态，8 个 LED 灭并恢复数码管计数显示。

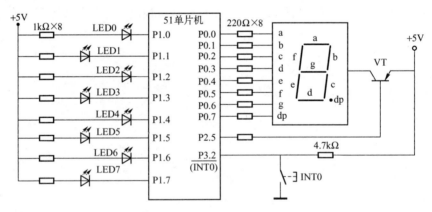

图 7-1　闪光报警接口电路

任务分析：中断系统是单片机的重要功能模块。采用中断方式是单片机提高工作效率的最佳途径之一，因此中断在单片机应用系统中是不可缺少的内容，掌握中断服务程序的编写是学习单片机应用技术的重要内容之一。

单片机是通过特殊功能寄存器（SFR）来控制管理中断系统，在了解了中断概念后，一定要很好地掌握几个 SFR 和中断功能的对应关系，了解通过 SFR 控制管理中断的方法，最为重要的是掌握编写中断程序的方法。同时，个别中断若有特殊的要求，要注意区分和记忆。

任务准备：按键中断和 LED 灯的电路板配置电路如图 7-2 所示，其中把 INT0 的两个插针用短路帽短接，这样当按下 INT0 按键时，就会产生 INT0 中断申请。1 位静态显示电路的元器件配置图如图 7-3 所示，把 FR2 用短路帽短接。任务 4 的实验电路实物图如图 7-4 所示。

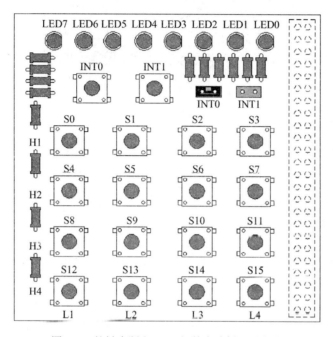

图 7-2　按键中断和 LED 灯的电路板配置电路

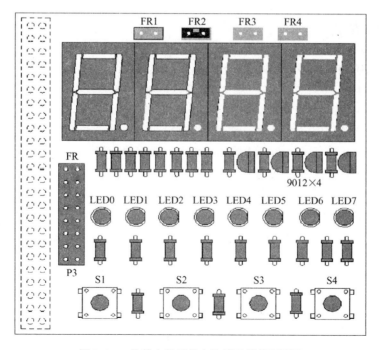

图 7-3　1 位静态显示的电路板元器件配置图

图 7-4　任务四的实验电路实物图

7.1.1　中断系统概述

1．中断系统需要解决的问题

中断概念的出现，是计算机系统结构设计中的重大变革。中断技术实质上是一种资源共享技术。单片机的中断系统包括其硬件结构和软件编程。

1）当单片机内部或外部有中断申请时，CPU 能及时响应中断，停下正在执行的任务，转去处理中断服务子程序，中断服务处理后能回到原断点处继续处理原先的任务。

2）当有多个中断源同时申请中断时，应先响应优先级高的中断源，实现中断优先级的控制。

3）当优先级低的中断源正在享用中断服务时，若优先级比它高的中断源也申请中断，要求能停下优先级低的中断源的服务程序，转去执行更高优先级中断源的服务程序，实现中断嵌套，并能逐级正确返回原断点处。

2．中断的主要功能

（1）实现 CPU 与外部设备的速度协调

由于应用系统的许多外部设备速度较慢，可以通过中断的方法来协调快速 CPU 与慢速外部设备之间的工作。

（2）实现实时控制

在单片机中，依靠中断技术能实现实时控制。实时控制要求计算机能及时完成被控对象随机提出的分析和计算任务。在自动控制系统中，要求各控制参量随机向计算机发出请求，CPU 必须做出快速响应、及时处理。

（3）实现故障的及时发现及处理

单片机应用中由于外界的干扰、硬件或软件设计中存在问题等因素，在实际运行中会出现硬件故障、运算错误、程序运行故障等，有了中断技术，CPU 就能及时发现故障并自动处理。

（4）实现人机交互

比如通过键盘向单片机发出中断请求，可以实时干预计算机的工作。

7.1.2　MCS-51 单片机的中断系统

MCS-51 单片机的中断系统包括中断源、中断允许（Interrupt Enable，IE）寄存器、中断优先级（Interrupt Priority，IP）寄存器、中断矢量等。

在 MCS-51 单片机中，只有两级中断优先级。图 7-5 是 MCS-51 单片机中断系统的结构示意图。

1．中断源

MCS-51 单片机中有 5 个中断源，包括两个外部中断源和 3 个内部中断源。

（1）外部中断

外部中断是由外部信号引起的，MCS-51 单片机共有两个外部中断，它们的中断请求信号分别从引脚 $\overline{INT0}$（P3.2）和 $\overline{INT1}$（P3.3）上引入。

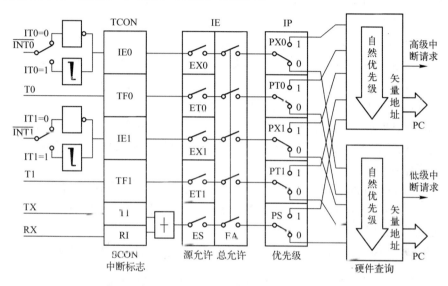

图 7-5　MCS-51 单片机中断系统的结构示意图

外部中断请求有两种信号触发方式，即电平触发方式和跳变触发方式，可通过设置有关控制位进行设定。

当设定为电平触发方式时，若 $\overline{INT0}$ 或 $\overline{INT1}$ 引脚上采样到有效的低电平，则向 CPU 提出中断请求；当设定为跳变触发方式时，若 $\overline{INT0}$ 或 $\overline{INT1}$ 引脚上采样到有效的负跳变，则向 CPU 提出中断请求。

（2）定时/计数中断

定时/计数中断是为满足定时或计数的需要而设置的。若计数器发生计数溢出，则表明设定的定时时间到或计数值已满，这时可以向 CPU 申请中断。由于定时器/计数器在单片机芯片内部，因此定时/计数中断属于内部中断。

（3）串行中断

串行中断是为满足串行数据传送的需要而设置的。每当串行口发送完或接收到一字节数据时，就产生了一个中断请求。

2．中断请求标志

中断请求标志由 SFR 中的 TCON 和 SCON 中的相应位管理。

（1）TCON 寄存器

TCON 是定时器/计数器控制寄存器，字节地址为 88H，可位寻址，其格式见表 7-1。

表 7-1　中断申请标志寄存器 TCON 各位定义

位序	D7	D6	D5	D4	D3	D2	D1	D0
位符号	TF1	–	TF0	–	IE1	IT1	IE0	IT0
位地址	8FH	8EH	8DH	8CH	8BH	8AH	89H	88H

TF1（TCON.7）：片内定时器/计数器 T1 的溢出中断请求标志位。

当启动 T1 计数后，定时器/计数器 T1 从初值开始加 1 计数，当最高位产生溢出时，由硬件使 TF1 置 1，向 CPU 申请中断。CPU 响应 TF1 中断时，TF1 标志由硬件自动清零。TF1 也可由软件清 0。

TF0（TCON.5）：片内定时器/计数器 T0 的溢出中断请求标志位，其功能与 TF1 类似。

IE1（TCON.3）：外部中断 INT1 的中断请求标志位。IE1＝1 时，外部中断 INT1 向 CPU 申请中断。CPU 响应 IE1 中断时，IE1 标志由硬件自动清零。IE1 也可由软件清零。

IT1（TCON.2）：INT1 的中断申请触发方式控制位。

IT1＝0，为电平触发方式，加在引脚 INT1 上的外部中断请求输入信号为低电平有效。IT1=1，为边沿触发方式，加在引脚 INT1 上的外部中断请求输入信号为下降沿有效。IT1 可用软件置 1 或清零。

IE0（TCON.1）：外部中断 INT0 的中断请求标志位。其功能和 IE1 类似。

IT0（TCON.0）：INT0 的中断申请触发方式控制位。其功能和 IT1 类似。

（2）SCON 寄存器

SCON 是串行口控制寄存器，字节地址为 98H，可以位寻址，其格式见表 7-2。

表 7-2　串行口控制寄存器中的中断申请标志位

位序	D7	D6	D5	D4	D3	D2	D1	D0
位符号	–	–	–	–	–	–	TI	RI
位地址	–	–	–	–	–	–	99H	98H

TI（SCON.1）：串行口发送中断源。

发送完一帧，由硬件置位申请中断。CPU 响应中断后，必须用软件清零。

RI（SCON.0）：串行口接收中断源。

接收完一帧，由硬件置位申请中断。CPU 响应中断后，必须用软件清零。

3．中断允许与中断优先级的控制

（1）中断允许控制寄存器

中断允许和禁止由中断允许寄存器控制。

中断允许控制寄存器的字节地址为 A8H，可以位寻址，其格式和各位功能见表 7-3 所示。

表 7-3　中断允许控制寄存器各位定义

位序	D7	D6	D5	D4	D3	D2	D1	D0
位符号	EA	–	–	ES	ET1	EX1	ET0	EX0
位地址	AFH	AEH	ADH	ACH	ABH	AAH	A9H	A8H

与中断有关的控制位共 6 位，即

EX0（IE.0）：外部中断 0 中断允许控制位。EX0=1，允许 $\overline{INT0}$ 中断；EX0=0，禁止 $\overline{INT0}$ 中断。

ET0（IE.1）：定时器/计数器 T0 中断允许控制位。ET0=1，允许定时器/计数器 T0 中断；ET0=0，禁止定时器/计数器 T0 中断。

EX1（IE.2）：外部中断 1 中断允许控制位。EX1=1，允许 $\overline{INT1}$ 中断；EX1=0，禁止 $\overline{INT1}$ 中断。

ET1（IE.3）：定时器/计数器 T1 中断允许控制位。ET1=1，允许定时器/计数器 T1 中断；ET1=0，禁止定时器/计数器 T1 中断。

ES（IE.4）：串行口中断允许控制位。ES=1，允许串行口中断中断；ET0=0，禁止串行口中断中断。

EA（IE.7）：CPU 中断允许位。当 EA＝1，允许所有中断开放，总允许后，各中断的允许或禁止由各中断源的中断允许控制位进行设置；当 EA＝0 时，屏蔽所有中断。

（2）中断优先级控制寄存器

MCS-51 单片机有两个中断优先级，每一中断请求源可编程为高优先级中断或低优先级中断，实现二级中断嵌套。关于中断优先级可以归纳为下面两条基本规则：

● 低优先级可被高优先级中断，高优先级不能被低优先级中断。
● 任何一种中断（不管是高级还是低级）一旦得到响应，个会再被其同级中断源所中断。

为了实现上述功能，MCS-51 单片机的中断系统有两个不可寻址的优先级状态触发器：一个指出 CPU 是否正在执行高优先级中断服务程序；另一个指出 CPU 是否正在执行低级中断服务程序。这两个触发器的 1 状态分别屏蔽所有中断申请和同一优先级的其他中断源申请。

MCS-51 单片机的中断优先级通过中断优先级控制寄存器来设定。

中断优先级控制寄存器的字节地址为 B8H，可以位寻址，其格式和各位功能见表 7-4 所示。

表 7-4　中断优先级控制寄存器各位定义

位序	D7	D6	D5	D4	D3	D2	D1	D0
位符号	-	-	-	PS	PT1	PX1	PT0	PX0
位地址	BFH	BEH	BDH	BCH	BBH	BBH	B9H	B8H

PS：串行口的中断优先级控制位。

PT1：定时器 T1 的中断优先级控制位。

PX1：外部中断 $\overline{INT1}$ 的中断优先级控制位。

PT0：定时器 T0 的中断优先级控制位。

PX0：外部中断 $\overline{INT0}$ 的中断优先级控制位。

在 IP 寄存器中，若某一位为"1"，则对应的中断为高优先级中断；若为"0"，则对应的中断为低优先级中断。

在 CPU 接收到同样优先级的几个中断请求源时，一个内部的硬件查询序列确定优先服务于哪一个中断申请。这样在同一个优先级里，由查询序列确定了优先级结构，其优先级别排列见表 7-5。

表 7-5　同级中断的查询顺序

中断源	中断优先级
外部中断 0 定时器 T0 中断 外部中断 1 定时器 T1 中断 串行口中断	最高 ↓ 最低

7.1.3　中断响应过程

一个中断源的中断请求被响应的条件如下：

1）总中断允许开关接通，即 IE 寄存器中的中断总允许位 EA=1。

2）该中断源发出中断请求，即该中断源对应的中断请求标志为 1。

3）该中断源的中断允许位=1，即该中断被允许。

4）无同级或更高级中断正在被服务。

中断响应就是对中断源提出的中断请求的接受。当 CPU 查询到有效的中断请求时，一旦满足上述条件，紧接着就进行中断响应。CPU 响应中断时，先置位相应的优先级状态触发器（该触发器指出开始处理的中断优先级别）；然后执行一条硬件子程序调用，清零中断请求源申请标志（TI 和 RI 除外）；接着把程序计数器的内容压入堆栈（但不保护 PSW），将被响应的中断服务程序的入口地址送至程序计数器。各中断源服务程序的入口地址见表 7-6。

表 7-6　中断入口地址表

中　断　源	中断入口地址
外部中断 0	0003H
定时器/计数器 T0	000BH
外部中断 1	0013H
定时器/计数器 T1	001BH
串行口	0023H

CPU 响应中断是有条件的，并不是查询到的所有中断请求都能被立即响应。CPU 响应中断的条件如下：

1）有申请的中断为高优先级中断。

2）现行指令周期为最后一个机器周期。

3）正在执行的指令不是中断返回指令或者是对 IE 寄存器、IP 寄存器的写操作指令，如果是，则还需执行一条指令。

CPU 响应中断的过程可归纳如下：

1）置位相应的优先级状态触发器，阻止低级中断。

2）清零中断请求源申请标志（串行口中断除外）。

3）把程序计数器的内容入栈（保护断点）。

4）把相应的中断入口地址送至程序计数器。

5）执行中断子程序。

6）遇到指令 RETI 时，先清零优先级状态触发器，从栈顶弹出两字节送至程序计数器，返回主程序。

7.1.4　外部中断的响应时间

使用外部中断时，有时需考虑从外部中断请求有效（外部中断请求标志置 1）到转向中断入口地址所需要的响应时间。

外部中断的最短响应时间为 3 个机器周期，最长响应时间为 8 个机器周期。

7.1.5　外部中断的触发方式选择

外部中断有两种触发方式：电平触发方式和跳沿触发方式。

1．电平触发方式

若外部中断定义为电平触发方式，则外部中断申请触发器的状态随着 CPU 在每个机器周期采样到的外部中断输入引脚的电平变化而变化，这能提高 CPU 对外部中断请求的响应速度。当外部中断源被设定为电平触发方式时，在中断服务程序返回之前，外部中断请求输入必须无效（即外部中断请求输入已由低电平变为高电平）；否则返回主程序后会再次响应中断。所以电平触发方式适合于外部中断以低电平输入，且中断服务程序能清除外部中断请求源（即外部中断输入电平又变为高电平）的情况。

2．跳沿触发方式

若外部中断定义为跳沿触发方式，则外部中断申请触发器能锁存外部中断输入线上的负跳变。即便是暂时不能响应，中断请求标志也不会丢失。在这种方式下，如果相继连续两次采样，一个机器周期采样到外部中断输入为高，下一个机器周期采样为低，则中断申请触发器置 1，直到 CPU 响应此中断时，该标志才清零。这样就不会丢失中断，但输入的负脉冲宽度至少保持 12 个时钟周期（若晶振频率为 6MHZ，则为 2μs）才能被 CPU 采样到。外部中断的跳沿触发方式适合于以负脉冲形式输入的外部中断请求。

7.1.6　中断请求的撤除

CPU 响应中断请求，转向中断服务程序执行，在其执行中断返回指令（RETI）之前，中断请求信号必须撤除，否则会因再一次引起中断而出错。

中断请求撤除的方式有以下 3 种：

（1）由单片机内部硬件自动复位

对于定时器/计数器 T0、T1 的溢出中断和采用跳变触发方式的外部中断请求，在 CPU 响应中断后，由内部硬件自动清除。中断标志 TF0 和 TF1、IE0 和 IE1，由硬件自动撤除（硬件置位，硬件清除）。

（2）需用软件清除相应标志

对于串行接收/发送中断请求，在 CPU 响应中断后，必须在中断服务程序中应用软件清除 RI、TI 中断标志，才能撤除中断（硬件置位，软件清除）。

（3）采用外加硬件结合软件清除中断请求

对于采用电平触发方式的外部中断请求，中断标志的撤除是自动的，但中断请求信号的低电平可能继续存在，在以后机器周期采样时又会把已清零的 IE0、IE1 标志重新置 1，再次申请中断。为保证在 CPU 响应中断后执行返回指令前，撤除中断请求，必须考虑另外的措施，保证在中断响应后把中断请求信号从低电平强制变为高电平。

7.1.7 中断服务程序的设计

使用 MCS-51 单片机的中断，就要编写中断服务程序。C51 为中断服务程序的编写提供了简便的方法。C51 扩展了函数的定义，使它能直接编写中断服务函数，从而提高了工作的效率。扩展的关键字是 interrupt，它是函数定义时的一个选项，只要在一个函数定义后面加上这个选项，那么这个函数就变成了中断服务函数。中断函数的定义形式为

void　函数名(void)interrupt　n　[using　m]

interrupt 和 using 是关键字，interrupt 告诉编译器该函数是中断服务函数，并由后面的 n 指明该中断函数所对应的中断源，每个中断源都由系统指定了中断号，n 的取值范围为 0~31，但具体的中断号要取决于芯片的型号，MCS-51 单片机实际上就使用 0~4 号中断，中断编号表见表 7-7。其扩展型号有增加。

关键字 using 指定该中断服务函数要使用的工作寄存器组号，m 为 0~3。

表 7-7　中断编号表

中　断　源	中断编号
外部中断 0	0
定时器/计数器 T0	1
外部中断 1	2
定时器/计数器 T1	3
串行口中断	4

使用中断服务函数时应注意：中断函数不能直接调用中断函数；不能通过形参传递参数；在中断函数中调用其他函数，两者所使用的寄存器组应相同。

中断程序一般包含中断控制程序和中断服务程序两部分。

中断控制程序即中断初始化程序，不能在中断函数中编写，而是在主程序中的初始化部分完成，一般需对以下 4 个内容进行设置：

1）某一中断源中断请求的允许与禁止。

2）对于外部中断请求，还需进行触发方式的设定。

3）各中断源优先级别的设定。

4）CPU 开中断与关中断。

中断服务程序就是中断函数，在中断函数中完成中断要做的事。

【例 7-1】　如图 7-6 所示，在 P1 口外接 8 个 LED，在 P3.2（INT0）脚外接按键 S，键的一端接地，当按键按下时引起中断。把 INT0 设成下降沿触发方式申请中断，CPU 响应中断后，使 8 个 LED 轮流显示一遍。

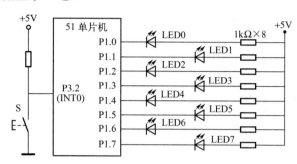

图 7-6　中断验证电路

程序如下：

```
#include<reg51.h>
#define uchar unsigned char
#define uint unsigned int
uchar led_array[8]={0xfe，0xfd，0xfb，0xf7，0xef，0xdf，0xbf，0x7f}；
void delay(uint x)              //延时函数
{
    uchar j；
    uint i；
    for(i=0；i < x；i++)
    for(j=0；j < 110；j++)；
}
void int0(void)interrupt 0      //INT0 中断服务函数，INT0 的中断号为 0
{
    static uchar i；
    for(i=0；i<8；i++)
    {
        P1=led_array[i]；
        delay(500)；             //调用延时函数 500ms
    }
}
void main(void)
{
    IT0=1；                     //下降沿触发        ⎫
    EX0=1；                     //开启 INT0 中断     ⎬ 中断控制程序
    PX0=1；                     //INT0 中断优先，可以省去 ⎭
    EA=1；                      //开启总中断开关
    while(1)                    //等待按键按下，中断发生
```

```
        {
            P1=0xff;
        }
    }
```

在上述程序中，中断申请采用下降沿触发方式，改用电平触发方式再试，会发现如果按键速度稍慢，中断会再次发生。如果把键按下不松开，中断就持续发生，因此要考虑如何撤销中断申请的问题。

7.2 任务 5 定时器/计数器应用——分秒计时器

任务描述：分秒计时器接口电路如图 7-7 所示，通过 P0 和 P2 口外接 4 个 LED 数码管，注意这种接法的特点（动态显示电路），编写程序，系统复位后，计时从 00 分 00 秒开始增 1 计时，秒计时是每秒增 1，当增加到 60s 时，秒计时回 00，分计时增 1，当分计时增加到 60 分时回 00 分。

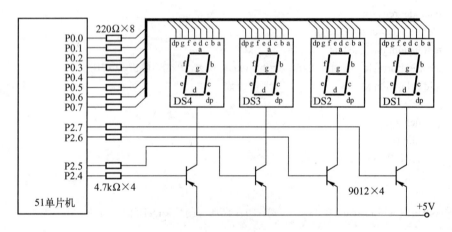

图 7-7 分秒计时器接口电路

任务分析：定时器是单片机的重要功能模块，CPU 对定时器/计数器的控制和管理也是通过特殊功能寄存器来实现的。通过对中断系统的学习，读者应已初步掌握了特殊功能寄存器的作用。学习定时器/计数器，首先要掌握硬件结构，其次掌握特殊功能寄存器的使用。此外，一定要熟练掌握定时器/计数器的初始化编程和初值计算，还要学会如何使用定时器/计数器的中断。

LED 数码管的动态显示也是单片机应用系统中常用的显示方式，用定时器/计数器管理动态显示，是单片机程序设计时的常用方法，读者应予以掌握。

指针的概念很重要，指针是变量，是个特殊的变量，这个变量表示的不是数，是数的地址。读者应熟练掌握指针的使用。

任务准备：动态显示电路的元器件配置图如图 7-8 所示，把 FR1～FR4 的插针用短路帽短接。任务五硬件实物图如图 7-9 所示。

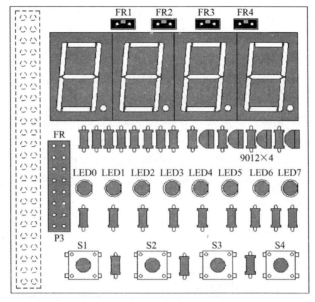

图 7-8　动态显示电路的元器件配置图

图 7-9　任务五硬件实物图

7.2.1　定时器/计数器的结构

在单片机的控制应用中，可供选择的定时方法如下：

（1）软件定时

用法： 靠执行一个循环程序以进行时间延迟。

特点： 时间精确，且不需外加硬件电路。但占用 CPU 的时间，定时的时间不宜太长。

（2）硬件定时

用法： 使用硬件电路完成时间较长的定时。

特点： 定时功能全部由硬件电路完成，不占用 CPU 时间。但需通过改变电路中的元件参数来调节定时时间，在使用上不够灵活方便，同时还要考虑和 CPU 的接口问题。

（3）自带可编程定时器定时

用法： 通过对系统时钟脉冲的计数来实现的。

特点：计数值通过程序设定，改变计数值，也就改变了定时时间，使用灵活、方便，不占用 CPU 的时间。

1．定时器/计数器的结构

MCS-51 单片机有两个可编程 16 位内部定时器/计数器，其结构如图 7-10 所示。定时器/计数器由初值寄存器 TH0、TL0、TH1、TL1、中断控制寄存器 TCON 和工作方式控制寄存器 TMOD 等 6 个特殊功能寄存器组成。这 6 个特殊功能寄存器通过内部数据总线与 CPU 相连接，CPU 通过数据总线向 TCON、TMOD 发送控制命令和读取状态信息，向 TH0、TL0、TH1、TL1 传送定时/计数用初值，当定时器/计数器 T0 和 T1 溢出时，将 TCON 中的定时器/计数器中断标志置 1，并向 CPU 发出中断请求。两个定时器/计数器有 4 种工作方式（方式 0、方式 1、方式 2、方式 3）可供选择。

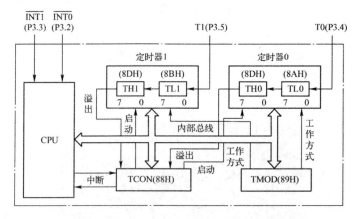

图 7-10　MCS-51 单片机内部定时器/计数器的结构

计数器的计数都是从计数器的初值开始。单片机复位时计数器的初值为 0，也可用软件给计数器装入一个新的初值。定时/计数器工作时，不占用 CPU 的时间。

2．定时器/计数器的工作原理

MCS-51 的定时器/计数器实质上是个增 1 计数器，当选择不同的计数信号来源时，就可分成定时器和计数器。

（1）定时器的工作原理

当定时器/计数器设置为定时工作方式时，计数器对内部机器周期计数，每个机器周期的下降沿，计数器增 1，直至计满溢出时向 CPU 发出中断请求。定时器的定时时间与系统的时钟频率紧密相关，如单片机采用 12MHz 的晶振，则计数周期为 1μs，这是最短的定时周期。可通过选择定时器的初值和定时器的工作方式来获取各种定时时间。

（2）计数器的工作原理

当定时器/计数器设置为计数工作方式时，计数器对来自输入引脚 T0（P3.4）或 T1（P3.5）的外部脉冲信号计数，脉冲的下降沿触发计数。在每个机器周期的 S5P2 期间采样引脚输入电平，若前一个机器周期采样为 1，后一个机器周期采样为 0（有一个下降沿），则计数器加 1。

3．控制寄存器 TCON

控制寄存器 TCON 的字节地址为 88H，可以位寻址，位地址为 88H~8FH。其格式见表 7-8。

表 7-8　定时器/计数器控制寄存器 TCON 各位定义

位序	D7	D6	D5	D4	D3	D2	D1	D0
位符号	TF1	TR1	TF0	TR0	IE1	IT1	IE0	IT0
位地址	8FH	8EH	8DH	8CH	8BH	8AH	89H	88H

TF1（TCON.7）：T1 的计数溢出标志。

T1 溢出时，该位由内部硬件置位。使用中断方式时，此位作为中断申请标志位，CPU 响应中断后，由硬件自动清零；使用查询方式时，此位作为状态位供 CPU 查询，用软件清零。

TR1（TCON.6）：T1 的运行控制位。

用软件控制，置1时，启动 T1；清零时，停止 T1。

TF0（TCON.5）：T0 的溢出标志。与 TF1 用法相同。

TR0（TCON.4）：T0 的运行控制位。与 TR1 用法相同。

复位后，TCON 的所有位均清零，T0 和 T1 均是停止的。

4. 工作方式控制寄存器 TMOD

TMOD 用于选择定时/计数器的工作模式和工作方式，字节地址为 89H，不能位寻址。其格式见表 7-9。

表 7-9　定时器/计数器方式控制寄存器 TMOD 各位定义

位序	D7	D6	D5	D4	D3	D2	D1	D0
位符号	GATE	C/$\overline{\text{T}}$	M1	M0	GATE	C/$\overline{\text{T}}$	M1	M0

8 位分为两组，低 4 位用来控制 T0，高 4 位用来控制 T1。

GATE：门控位。

GATE＝1 时，由外部中断引脚和 TR0、TR1 共同启动定时器。当 INT0 引脚为高电平时，TR0 置位，启动定时器 T0；当 INT1 引脚为高电平时，TR1 置位，启动定时器 T1。

GATE＝0 时，仅由 TR0 和 TR1 置位，启动定时器 T0 和 T1。

C/$\overline{\text{T}}$：工作模式选择位。

C/$\overline{\text{T}}$＝0 时，选择定时器工作模式，计数用输入信号是内部时钟脉冲，每个机器周期使寄存器的值增 1。每个机器周期等于 12 个振荡周期，故计数速率为振荡周期的 1/12。当采用 12MHz 的晶体时，计数速率为 1MHz，时间间隔为 1μs。定时器的定时时间与系统的振荡频率 f_{osc}、计数器的长度和初始值等有关。

C/$\overline{\text{T}}$＝1时，选择计数器工作模式，计数器对外部输入引脚 T0（P3.4）或 T1（P3.5）的外部输入脉冲（下降沿）计数。

M1、M0：工作方式选择位。

M1 和 M0 两位有 4 种编码，可以有 4 种工作方式，见表 7-10。

表 7-10　定时/计数器的 4 种工作方式

M1　M0	工作方式	功能说明
0　0	方式 0	13 位定时器/计数器
0　1	方式 1	16 位定时器/计数器
1　0	方式 2	自动重装载的 8 位定时器/计数器
1　1	方式 3	T0 分为两个 8 位定时器/计数器，T1 停止计数

7.2.2 定时器/计数器的工作方式

根据对 TMOD 寄存器中 M1 和 M0 的设定，T0 可选择 4 种不同的工作方式，而 T1 只具有 3 种工作方式（即方式 0、方式 1 和方式 2）。

1．方式 0

当 M1M0=00 时，$C/\overline{T}$工作在方式 0，为 13 位定时/计数器。其逻辑结构如图 7-11 所示。

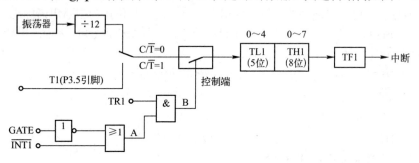

图 7-11 定时器/计数器方式 0 逻辑结构图

$C/\overline{T}$位的电平为 0 或 1，用来设定是做定时器还是计数器。

门控位 GATE，可用于对 INTx 引脚上的高电平时间进行计量。由图 7-11 上可看出，当 GATE=0 时，A 点为高电平，定时/计数器的启动/停止由 TRx 决定：TRx=1，定时/计数器启动；TRx=0，定时/计数器停止；当 GATE=1 时，A 点的电位由 INTx 决定，因而 B 点的电位就由 TRx 和 INTx 决定，即定时/计数器的启动和停止由 TRx 和 INTx 两个条件决定。

计数溢出时，TFx 置位。如果中断允许，CPU 响应中断并转入中断服务程序，由内部硬件清 TFx，TFx 也可以由程序查询和清零。

2．方式 1

当 M1M0=01 时，$C/\overline{T}$工作在方式 1，为 16 位定时器/计数器。其逻辑结构如图 7-12 所示。

方式 1 和方式 0 的区别仅仅在于计数器的位数不同，其控制方式与方式 0 相同。

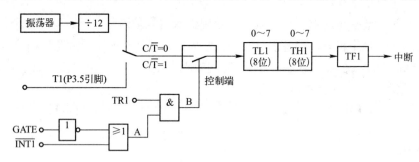

图 7-12 定时器/计数器方式 1 逻辑结构图

3．方式 2

当 M1M0=10 时，$C/\overline{T}$工作在方式 2，为可自动装载的 8 位定时器/计数器。其逻辑结构如图 7-13 所示。

在方式 2 中，TLx 作为 8 位计数寄存器，THx 作为 8 位计数常数寄存器。

当 TLx 计数溢出时，一方面将 TFx 置位，并向 CPU 申请中断；另一方面将 THx 的内容重新装入 TLx 中，继续计数。重新装入不影响 THx 的内容。

方式 2 适合于作为串行口波特率发生器使用。

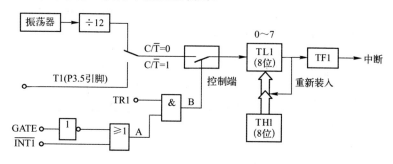

图 7-13　定时器/计数器方式 2 逻辑结构图

4．方式 3

当 M1M0=10 时，$C/\overline{T}$ 工作在方式 2。这种方式是将 T0 分为一个 8 位定时器/计数器和一个 8 位定时器，TL0 作为 8 位定时器/计数器，TH0 作为 8 位定时器。方式 3 时定时器/计数器 T0、T1 逻辑结构分别如图 7-14a 和图 7-14b 所示。

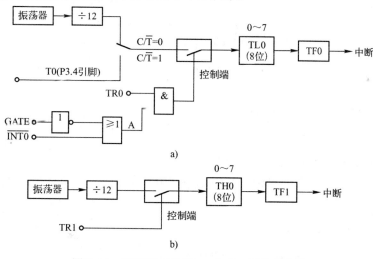

图 7-14　定时器/计数器 T0 方式 3 逻辑结构图

a) TL0 作为 8 位定时器/计数器　b) TH0 作为 8 位定时器

（1）工作方式 3 下的定时器/计数器 T0

其工作方式与方式 0 时相同，只是此时的计数器为 8 位计数器 TL0，它占用了 T0 的 GATE、$\overline{INT0}$、启动/停止控制位 TR0、T0 引脚（P3.4）以及计数溢出标志位 TF0 和 T0 的中断矢量（地址为 000BH）等。

TH0 所构成的定时器只能作为定时器用，因为此时的外部引脚 T0 已被定时器/计数器 TL0 所占用。这时它占用了 T1 的启动/停止控制位 TR1、计数溢出标志位 TF1 及 T1 中断矢量（地址为 001BH）。

（2）工作方式 3 下的定时器/计数器 T1

T0 方式 3 时，T1 的结构如图 7-15 所示，T1 只可选方式 0、1 或 2。由于此时计数溢出标志位 TF1 及 T1 中断矢量（地址为 001BH）已被 TH0 所占用，因此 T1 仅能作为波特率发生器或其他不用中断的地方。用作串行口波特率发生器时，T1 的计数输出直接去串行口，只需设置好工作方式，串行口波特率发生器自动开始运行，如要其停止工作，只需向 T1 送一个设为工作方式 3 的控制字即可。

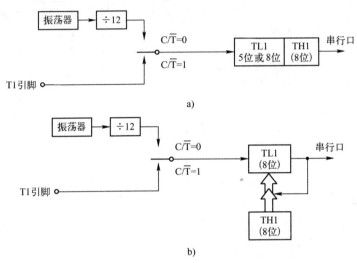

图 7-15   定时器/计数器 T1 方式 3 逻辑结构图

a) T1 方式 1 或 0   b) T1 的方式 2

7.2.3   定时器/计数器的应用编程

对定时器/计数器的应用编程，其一般步骤如下。

（1）定时器/计数器的初始化

使用定时器/计数器前，要对定时器/计数器进行初始化设定，也就是对 TCON 和 TMOD 进行设置。

1）设定 TMOD 选择 $C/\overline{T}$ 工作方式。

2）计算 $C/\overline{T}$ 中的计数初值，并装入 TH 和 TL。

3）选择 $C/\overline{T}$ 溢出判断方式，查询或中断方式，如选择中断方式，需对中断控制寄存器编程。

4）启动 $C/\overline{T}$，置位 TCON 中的 TR0 或 TR1 位。

（2）定时器/计数器的初值计算

MCS-51 单片机的定时器/计数器是增 1 计数器，而且计数都是从 TH 和 TL 的初值开始的，单片机复位时 TH 和 TL 都被清零。所以为了准确计数或定时，都要给 TH 和 TL 赋初值。经过计算得到的初值转换成十六进制数后，分高 8 位和低 8 位，分别送入 TH 和 TL 中。

1）定时器的计数初值。

在定时器方式下，定时器/计数器是对机器周期计数，机器周期=12/f_{osc}。 如果 f_{osc}=12MHz，一个机器周期为 1μs，则

方式 0：13 位定时器的最大定时时间=$2^{13} \times 1$μs=8.192ms。

方式 1：16 位定时器的最大定时时间=$2^{16}×1\mu s$=65.536ms。

方式 2：8 位定时器的最大定时时间=$2^8×1\mu s$=256μs。

如选择方式 1，设定时间为 T_x，对应初值为 X，则有

$$(2^{16}-X)×12/f_{osc}=T_x$$
$$X=(2^{16}×12/f_{osc}-T_x)/12/f_{osc}$$

要注意的是，T_x 不能超过所选定时方式的最大定时时间，计算时要保证量纲的一致。

2）计数器的计数初值。在计数器方式下，各种工作方式的最大计数值如下。

方式 0：13 位计数器的满计数值=2^{13}=8192。

方式 1：16 位计数器的满计数值=2^{16}=65536。

方式 1：8 位计数器的满计数值=2^8=256。

如选择方式 1，设要计数的脉冲个数为 F_x，对应的初值为 X，则有

$$2^{16}-X=F_x，即\quad X=2^{16}-F_x。$$

1．定时器的应用

【例 7-2】　要求在 P1.0 引脚上产生周期为 2ms 的方波输出。已知晶体振荡器的频率为 f_{osc}=12MHz。

解： 根据题意，在 P1.0 引脚上输出的波形如图 7-16 所示。从图可以看出，只要每隔 1ms 使 P1.0 的状态改变一次，就可得到所要求的波形。为此使用 T0 作定时器，采用方式 1，设定 1ms 定时，每隔 1ms 使 P1.0 引脚上的电平取反。

计算初值：

由 $X=(2^{16}×12/f_{osc}-T_x)/12/f_{osc}$

此题 T_x=1ms，f_{osc}=12MHz；可得：$X=(2^{16}×1\mu s-1000\mu s)/1\mu s$=64036。

转换成十六进制：X=FC18H。

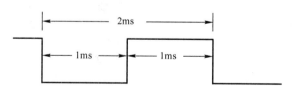

图 7-16　由 P1.0 引脚输出的方波波形

（1）用查询方式编程

```
#include<reg51.h>              //包含 MCS-51 单片机寄存器定义的头文件
sbit P10=P1^0;                 //将 P1.0 定义为 P10
/*函数功能：主函数*/
void main(void)
{
    TMOD=0x01;                 //TMOD=0000 0001B，使用定时器 T0 的方式 1
    TH0=0xFC;                  //定时器 T0 的高 8 位赋初值
    TL0=0x18;                  //定时器 T0 的高 8 位赋初值
    TR0=1;                     //启动定时器 T0
    while(1)                   //无限循环，TF0≠1 等待
```

```
    {
        if(TF0==1)                    //T0 溢出判断
        {
            TH0=0xFC;                 //重新赋计数初值
            TL0=0x18;
            TF0=0;                    //软件清除溢出标志
            P10=~P10;                 //P1.0 取反
        }
    }
}
```

（2）用中断方式编程

```
#include<reg51.h>                     //包含 MCS-51 单片机寄存器定义的头文件
sbit P10=P1^0;                        //将 P10 定义为 P1.0
/*函数功能：定时器 T0 的中断服务程序*/
void Time0(void) interrupt 1 using 0  // "interrupt"声明函数为中断服务函数
{
    TH0=0xFC;                         //重新赋计数初值
    TL0=0x18;
    P10=~P10;                         //将 P1.0 引脚输出电平取反，产生方波
}
/*函数功能：主函数*/
void main(void)
{
    TMOD=0x01;                        //TMOD=0000 0010B，使用定时器 T0 的方式 1
    EA=1;                             //开总中断
    ET0=1;                            //定时器 T0 中断允许
    TH0=0xFC;                         //定时器 T0 的高 8 位赋初值
    TL0=0x18;                         //定时器 T0 的高 8 位赋初值
    TR0=1;                            //启动定时器 T0
    while(1);                         //无限循环，等待中断
}
```

【例 7-3】 用 T0 定时 1s，使接在 P1 口上的 8 个 LED 轮流点亮。电路如图 7-17 所示。已知晶体振荡器的频率为 f_{osc}=12MHz。

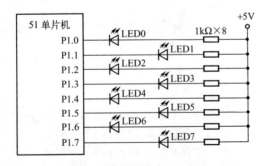

图 7-17　MCS-51 单片机与 8 个 LED 接口

解：由题意可知，T0 的 4 种工作方式，在 f_{osc}=12MHz 的情况下，最长定时时间为 65.536ms，远远达不到 1s。因此只能用计数中断次数的方法实现长时间定时。把定时器的定时时间定为 50ms，每 50ms（50ms=50000μs）中断一次，计数中断 20 次为 1s。1s 后改变 P1 口的状态。这种方式计时不是十分准确，差几十微秒，可满足一般要求。

程序如下：

```
#include<reg51.h>                           //包含单片机寄存器的头文件
#define uchar unsigned char
uchar Countor;                              //设置全局变量，储存定时器 T0 中断次数
uchar i=0;                                  //LED 显示位置计数
uchar idata led[8]={ 0xfe, 0xfd, 0xfb, 0xf7, 0xef, 0xdf, 0xbf, 0x7f };
/*函数功能：定时器 T0 的中断服务程序*/
void Time0(void) interrupt 1 μsing 0       //"interrupt"声明函数为中断服务函数
{
    TH0=(65536-50000)/256;                  //定时器 T0 的高 8 位重新赋初值
    TL0=(65536-50000)%256;                  //定时器 T0 的高 8 位重新赋初值
    Countor++;                              //中断次数自加 1
    if(Countor==20)                         //若累计满 20 次，即计时满 1s
    {
        Countor=0;                          //将 Countor 清零，从 0 开始计数
        P1=led[i];                          //输出 P1 口状态
        i++;
        if(i==8)i=0;                        //i=8 重新循环
    }
}
/*函数功能：主函数*/
void main(void)
{
    TMOD=0x01;                              //使用定时器 T0 的模式 1
    EA=1;                                   //开总中断
    ET0=1;                                  //定时器 T0 中断允许
    TH0=(65536-50000)/256;                  //定时器 T0 的高 8 位赋初值
    TL0=(65536-50000)%256;                  //定时器 T0 的高 8 位赋初值
    TR0=1;                                  //启动定时器 T0
    Countor=0;                              //从 0 开始累计中断次数
    while(1);                               //无限循环等待中断
}
```

【**例 7-4**】 图 7-18 是数码管动态显示电路，第 5 章编写了该电路的显示函数，但存在一个无法克服的缺陷，就是要在一定的时间内必须调用，否则就会出现闪烁现象，这在实际应用中会带来许多不便。现在用定时器中断，编写一个动态显示函数，显示 6、7、8、9。设 T0 为工作方式 1、定时时间 4ms，每次中断显示一位（f_{osc}=12MHz）。

程序如下：

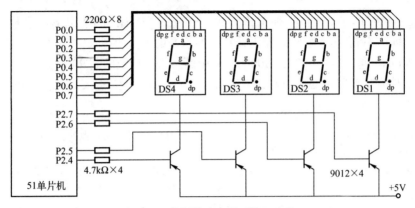

图 7-18　数码管动态显示接口电路

```
#include<reg51.h>                              //包含 MCS-51 单片机寄存器定义的头文件
#include<stdlib.h>                             //包含随机函数 rand()的定义文件
#define uint unsigned int
#define uchar unsigned char
uchar i;                                       //记录显示位置
uchar code dtab[10]={0xc0, 0xf9, 0xa4, 0xb0, 0x99, 0x92, 0x82, 0xf8, 0x80, 0x90};
//数码管显示 0~9 的段码表
uchar code selec[4]={0xef, 0xdf, 0xbf, 0x7f};   //动态显示位选码表
uchar disp[4];
void Time0(void) interrupt 1                   //"interrupt"声明函数为中断服务函数
{
    TH0=(65536-4000)/256;                      //定时器 T0 的高 8 位重新赋初值，4mS=4000μS。
    TL0=(65536-4000)%256;                      //定时器 T0 的低 8 位重新赋初值
    P2=0xff;                                   //全灭
    P0=dtab[disp[i]];                          //查段码送 P0 口
    P2=selec[i];                               //送位码
    if(++i>3) i=0;
}
void main(void)
{
    TMOD=0x01;                                 //使用定时器 T0 的模式 1
    EA=1;                                      //开总中断
    ET0=1;                                     //定时器 T0 中断允许
    TH0=(65536-4000)/256;                      //定时器 T0 的高 8 位赋初值，4mS=4000μS。
    TL0=(65536-4000)%256;                      //定时器 T0 的低 8 位赋初值
    TR0=1;                                     //启动定时器 T0
    while(1)                                   //无限循环等待中断
    {
        disp[0]=6;
        disp[1]=7;
        disp[2]=8;
        disp[3]=9;
    }
}
```

程序运行时，可以改变定时时间，如把初值改成 10ms（10000），可试着再改成其他值。自己总结出现的现象。

2. 计数器的应用

当 TMOD 寄存器中 C/$\overline{T}$ 位设置为 1 时，定时/计数器作为计数器使用，可对来自单片机引脚 T0 或 T1 上的负跳变脉冲进行计数，计数溢出时可申请中断，也可查询溢出标志位 TFx。

【例 7-5】 假如一个用户系统已使用了两个外部中断源，即 INT0 和 INT1，用户系统另外还需要再增加一个外部中断源，如何实现？

解： 由题意可知，为了再获得一个外部中断源，可以使用计数器方式，把计数器设成工作方式 2，初值设成 FFH，这样只要在计数输入引脚有一个下降沿，就可以产生计数溢出中断。相当于增加了一个外部中断。

程序如下：用 T1 扩充外部中断。

```
#include<reg51.h>                        //包含 MCS-51 单片机寄存器定义的头文件
/*函数功能：定时器 T1 的中断服务程序*/
void Time0(void) interrupt 3 using 0     //"interrupt"声明函数为中断服务函数
{
    ··· ;                                 //中断服务程序
    ··· ;
}
/*函数功能：主函数*/
void main(void)
{
    TMOD=0x50;                            //TMOD=0101 0000B，将 T1 工作方式设置为方式 2、计数功能
    EA=1;                                 //开总中断
    ET1=1;                               //定时器 T1 中断允许
    TH1=0xFF;                             //定时器 T1 的高 8 位赋初值
    TL1=0xFF;                             //定时器 T1 的低 8 位赋初值
    TR1=1;                               //启动定时器 T1
    while(1);                             //无限循环，等待中断
}
```

3. 门控位 GATE 的应用

门控位 GATE 可用作对 INTx 引脚上的高电平持续时间进行计量。当 GATE 位设为 1，设定定时/计数器启动位 TRx 为 1，这时定时器/计数器定时完全取决于 INTx 引脚，仅当 INTx 引脚电平为 1 时，定时器才开始工作，换一角度看，定时器实际记录的时间就是相应 INTx 引脚上高电平的持续时间。通过反相器，则可测得相应 INTx 引脚上低电平的持续时间。这两个时间的和即为 INTx 引脚上输入波形的周期，其倒数即为 INTx 引脚上输入波形的频率。还可据此算出占空比等参数。

【例 7-6】 用 555 设计一个频率和占空比可调的多谐震荡器，电路如图 7-19 所示。该电路用电位器 RP1 调节占空比。震荡器电路完成后，利用定时/计数器测定该震荡器波形的周期和占空比，并用图 7-20 所示的 6 位 LED 数码管静态显示电路显示脉宽时间、周期时间及占空比，显示时间间隔 5s。静态显示使用串行口方式 0 移位寄存器工作模式，在学习串行口时就会用到。

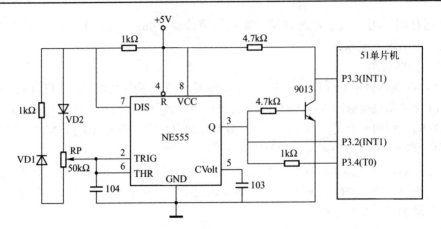

图 7-19　振荡器及其波形测试电路

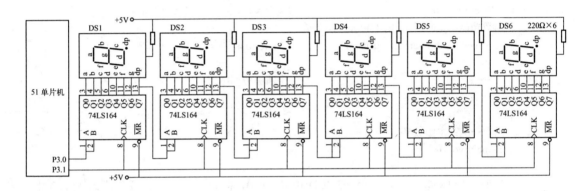

图 7-20　6 位 LED 静态显示电路

解： 由题意可知，为了获得占空比，就要求出波形的周期和脉冲宽度，可以用软件查询的方法，但有测量误差。用自动启动、停止定时器的方法，就要利用门控信号 GATE。如图 7-21 所示，把 T0、T1 设为定时器，分别由 INT0 和 INT1 脚控制，用 T0 测脉冲宽度，用 T1 测负脉冲的宽度。当 f_{osc}＝12MHz 时，机器周期为 1μs，为了能测量脉冲宽度大于 65.536ms 的脉冲，可以采用对定时溢出次数进行计数的方法。

图 7-21　波形脉冲宽度测试原理

脉宽时间为：T_k＝（T0 定时时间×T0 溢出次数）+T0 定时时间

周期时间为：T_z＝（（T0 定时时间×T0 溢出次数）+T0 定时时间）+（T1 定时时间×T1 溢出次数）+T1 定时时间）

占空比：$K＝T_k/T_z$。

当 f_{osc}＝12MHz 时，设 T0、T1 的定时时间为 50ms（50000μs）。可算得初值为

X＝(65536－50000)/1μs＝15536＝3CB0H

程序如下：

```c
#include<stc/reg51h.h>                //包含单片机寄存器的头文件
#define uchar unsigned char
#define uint unsigned int
#define ulong unsigned long
sbit IN1=P3^2;
unsigned char code dis_code[13]={0xc0, 0xf9, 0xa4, 0xb0, 0x99, 0x92, 0x82, 0xf8, 0x80,
0x90, 0xff, 0x00, 0x7f };
ulong Tk;                            //高电平时间
ulong Tz;                            //脉冲周期
uint K;                              //K 用定点小数的方式表示，要扩大 100 倍
uint time=0;                         //延时的标值
uchar dis_buf[6];                    //显示缓存
uchar Coun_t0;                       //储存定时器 T0 中断次数
uchar Coun_t1;                       //储存定时器 T1 中断次数
/*定时计数器 T0 中断函数*/
void Timer0(void) interrupt 1
{
    if(!time)                        //仕测脉宽的过程中
    {
        Coun_t0++;                   //在测脉宽的过程中溢出次数
    }
    else//在延时的过程中
    {
        TH0=0x3C;                    //T0 的高 8 位赋初值
        TL0=0xB0;                    //T0 的低 8 位赋初值
        time++;                      //标识变量加 1
    }
}
/*定时计数器 T1 中断函数*/
void Timer1(void) interrupt 3
{
    Coun_t1++;                       //在测脉宽的过程中溢出次数
}
void Dete()
{
    while(IN1==0);                   //等待输入为高电平
    while(IN1==1);                   //等待输入为低电平
    while(IN1==0);                   //等待输入为高电平
    TR0=1;                           //启动定时器
    TR1=1;
    while(IN1==1);                   //等待输入为低电平
    while(IN1==0);
    TR1=0;                           //停止定时器
    TR0=0;
    time++;                          //改变延时标志
```

```
    Tk=Coun_t0*65536+TH0*256+TL0;        //计算高电平的脉宽
    Tz=Coun_t1*65536+TH1*256+TL1;        //计算低电平的脉宽
    Tz+=Tk;                              //计算周期
    K=(Tk*100/Tz);                       //计算占空比
    Tk=Tk/1000;                          //缩小数据，为显示作准备
    Tz=Tz/1000;
    TMOD=0x91;                           //改变 T0 的定时方式
    TH0=0x3c;                            //T0 的高 8 位赋初值
    TL0=0xb0;                            //T0 的低 8 位赋初值
    Coun_t0=0;                           //清除溢出次数
    Coun_t1=0;
    TR0=1;                               //启动延时
}
/*初始化函数*/
void init(void)
{
    Coun_t0=0;                           //清除溢出次数
    Coun_t1=0;
    SCON =0x00;                          //设置串行口为移位寄存器工作方式
    TH0=0x00;                            //T0 的高 8 位赋初值
    TL0=0x00;                            //T0 的低 8 位赋初值
    TH1=0x00;                            //T1 的高 8 位赋初值
    TL1=0x00;                            //T1 的低 8 位赋初值
    TMOD=0x99;                           //设置门控位和工作方式
    ET0=1;                               //允许 T0 中断
    ET1=1;                               //允许 T1 中断
    EA=1;                                //开全局中断
}
/*静态显示函数*/
void static_display(void)
{
    unsigned char k;
    for(k=0；k<6；k++)
    {
        SBUF=dis_buf[k];                 //串行口发送数据
        while (TI==0);                   //等待发送完成
        delayms(1);
    }
}
/*延时函数*/
void delayms(unsigned int ms)
{
    unsigned int i，j;
    for(i=ms；i>0；i--)
    for(j=110；j>0；j--);
}
```

```
/*函数功能：主函数*/
void main (void)
{
    init();                          //初始化特殊功能寄存器
    while(1)
    {
        if(!time)                    //进入测脉宽过程
        {
        Dete();
        }
        else if(time==1)             //进入延时过程
        {
            dis_buf[0] = dis_code[10];
            dis_buf[1] = dis_code[10];
            dis_buf[2] = dis_code[Tk%10];
            dis_buf[3] = dis_code[Tk/10%10];
            dis_buf[4] = dis_code[Tk/100%10];
            dis_buf[5] = dis_code[Tk/1000];
            static_display();        //显示高电平时间
            time++;
        }
        else if(time==100)           //进入延时过程，延时 5s
        {
            dis_buf[0] = dis_code[Tz%10];
            dis_buf[1] = dis_code[Tz/10%10];
            dis_buf[2] = dis_code[Tz/100%10];
            dis_buf[3] = dis_code[Tz/1000];
            dis_buf[4] = dis_code[10];
            dis_buf[5] = dis_code[10];
            static_display();        //显示周期
            time++;
        }
        else if(time==200)           //进入延时过程，延时 5s
        {
            dis_buf[0] = dis_code[K%10];
            dis_buf[1] = dis_code[K/10];
            dis_buf[2] = dis_code[10];
            dis_buf[3] = dis_code[10];
            dis_buf[4] = dis_code[10];
            dis_buf[5] = dis_code[10];
            static_display();        //显示占空比
            time++;
        }
        else if(time>=300)           //进入延时过程，延时 5s
        {
            time=0;
```

```
            TR0=0;
            TH0=0x00;              //T0 的高 8 位赋初值
            TL0=0x00;              //T0 的低 8 位赋初值
            TH1=0x00;              //T1 的高 8 位赋初值
            TL1=0x00;              //T1 的低 8 位赋初值
            TMOD=0x99;             //恢复门控位功能
        }
    }
}
```

7.2.4 指针

指针是 C 语言中广泛使用的一种数据类型。利用指针变量可以表示各种数据结构；能很方便地使用数组和字符串；并能像汇编语言一样处理内存地址，从而编出简练而高效的程序。指针极大地丰富了 C 语言的功能。学习指针是学习 C 语言中最重要的一环，能否正确理解和使用指针是衡量读者是否掌握 C 语言的一个标准。同时，指针也是 C 语言中最为困难的一部分，在学习中除了要正确理解基本概念，还必须多编程，多上机调试。

1. 指针的概念

在计算机中，所有数据都是存放在存储器中的。一般把存储器中的一个字节称为一个内存单元，不同的数据类型所占用的内存单元数不等，如整型量占 2 个单元，字符量占 1 个单元等。为了正确地访问这些内存单元，必须为每个内存单元编上编号。根据一个内存单元的编号即可准确地找到该内存单元。内存单元的编号也称为"地址"，所谓"变量的地址"，即它们所占连续的内存单元的最低字节单元的地址。既然根据内存单元的编号或地址就可以找到所需的内存单元，所以通常也把这个地址称为"指针"。内存单元的指针和内存单元的内容是两个不同的概念。可以用一个通俗的例子来说明它们之间的关系。到银行去存取款时，银行工作人员将根据客户的账号去找对应的存款单，找到之后在存单上写入存款、取款的金额。在这里，账号就是存单的指针，存款数是存单的内容。对于一个内存单元来说，单元的地址即为指针，其中存放的数据才是该单元的内容。在 C 语言中，允许用一个变量来存放指针，这种变量称为指针变量。因此，指针变量是一种特殊的变量，特殊在它只能存放地址值，一个指针变量的值就是某个内存单元的地址或称为某内存单元的指针。

例如，char ch1=23；变量 ch1 的地址为 2003H。

例如，long h=0x12345678；变量 h 的地址为 200A。

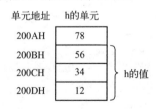

指针变量的定义的一般形式为

  类型说明符 *指针变量名;

其中，类型说明符指定该指针变量中只能存放这种类型变量的地址；*号说明这个变量是指针变量。

例如，int *a；float *b；

2. 指针变量的运算

指针变量同普通变量一样，使用之前不仅要定义说明，还必须赋予具体的值。未经赋值的指针变量不能使用，容易将造成系统混乱，甚至死机。指针变量的赋值只能赋予地址，决不能赋予任何其他数据，否则将引起错误。C 语言中提供了地址运算符 "&" 来表示变量的地址。

（1）取地址运算符 "&"

取地址运算符 "&" 是单目运算符，其结合性为从右至左，其功能是取变量的地址。

其一般形式为

"&" 变量名；

例如，&a 表示变量 a 的地址，&b 表示变量 b 的地址。变量本身必须预先说明。可以通过取地址运算符和指针运算符使指针变量与变量建立某种联系。

例如，int a, *pointer, b；

  pointer=&a　/*指针变量 pointer 指向变量 a*/

对指针变量，只能把一个变量的地址赋给它，而不能赋给它一个数值。

例如，"pointer=100；是非法的。但有一个值可以赋给指针变量，即 NULL（空指针），它的值是 0。也就是说，"pointer=NULL；" 是合法的，意思是 pointer 指向地址为 0 的单元。

（2）取内容运算符 "*"

取内容运算符 "*" 是单目运算符，其结合性为从右至左，用来表示指针变量所指的变量。"*" 运算符之后所跟的变量必须是指针变量。需要注意的是，指针运算符 "*" 和指针变量说明中的指针说明符 "*" 不是一回事。在指针变量说明中，"*" 是类型说明符，表示其后的变量是指针类型。表达式中出现的 "*" 则是一个运算符，用以表示指针变量所指的变量。

例如，　　pointer=&a；　　　　//把整型变量 a 的地址赋予整型指针变量 pointer

  b=*pointer；　　　　//b=a

通过对指针变量取指向运算使用变量的值称为间接寻址。即指针变量 pointer 的值为 a 的地址，先由 pointer 得到 a 的地址，再从该地址单元中取出 a 的值赋给变量 b。"&" 和 "*" 都是单目运算符，优先级相同，且其结合顺序是自右至左的。

例如，"*pointer++" 等价于 "*（pointer++）"，而不是 "（*pointer）++"。

3. 指针和一维数组

（1）一维数组的地址

指针既然可以指向变量，当然也可以指向数组。

一维数组在内存中的存放：从下标为 0 的元素开始，连续存放。下标为 0 的元素的地址即为整个数组的地址。

例如，数组 a 的地址为 a[0]的地址=200AH。int a[4]={0x5678，0x1234，0x9876，0x5432}；

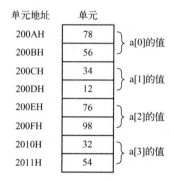

指向数组的指针变量：若有一个变量用来存放一个数组的起始地址（指针），则称它为指向数组的指针变量。

（2）指针的使用

例如，int a[4];

       int *p;

当未对指针变量 p 进行引用时，p 与 a[4]毫不相干，即此时指针变量 p 并未指向数组 a[4]。为了将指针变量 p 指向数组 a[4]，需要对 p 进行引用，有以下两种引用方法。

1）p=&a[0];——将数组 a[4]的第一个元素 a[0]的地址赋给指针变量 p。

2）p=a;——C 语言规定，数组名可以代表数组的首地址，即第一个元素的地址。

因此下面的两个语句是等价的。

      p=&a[0];

      p=a;

（3）通过指针引用数组元素

1）下标法。

例如，int a[10];

      int *p;

      p=a;

数组的第 n 个元素可表示为：a[n]或 p[n]。

2）指针法。数组的第 n 个元素可表示为"*（a+n）"或"*（p+n）"。

注意：数组名可看作一个指针常量，其值不能改变。

【例 7-6】 用选择法对数组进行排序（从小到大）。

设数组长度为 5，令 i=0。

1）寻找 a[i]及后面的元素中最小元素 a[k]。

2）若 a[i]<a[k]，转步骤 4。

3）若 k!=i，交换 a[i]与 a[k]的值。

4）i++，若 i<4，转步骤 1；否则，结束程序。

程序如下：

```
option_array(void)
{
    unsigned char *p，*q，q=p=&a;
    unsigned char i，j，temp;
    for(i=0；i<5；i++)              //5 个元素
    {
        for(j=1；j<5；j++)
        {
            if(*(p+i)>*(q+j))
            {
                temp=*(p+i);
                *(p+i)=*(q+j);
                *(q+j)=temp;
            }
        }
    }
}
```

（4）关于 C51 的指针类型

C51 支持"基于存储器"的指针和"一般"指针。当定义一个指针变量时，若未指定它所指向对象的存储类型，则该指针变量被认为是一般指针；反之，若指定了它所指向对象的存储类型，则该指针变量被认为是基于存储器的指针。

基于存储器的指针类型由 C 源代码中指定的存储器类型决定，并在编译时确定，这种指针只需 1~2 个字节，且高效。

一般指针需占用 3 个字节：第一个字节为存储器类型的编码（由编译模式的默认值确定），剩余两个字节为地址偏移量。存储器类型决定了对象所用的 MCS-51 存储空间，偏移量指向实际地址。一个"一般"指针可以访问任何变量，而不管它在 MCS-51 存储空间的位置。

1）基于存储器的指针。基于存储器的指针是在说明一个指针变量时，指定它所指向对象的存储类型。

例如，char xdata *px;

px 为指向一个定义在 sdata 存储器中字符变量的指针变量。px 本身在默认的存储器区域（由编译模式决定），其长度为 2 个字节。

C51 有三种存储模式：SMALL、COMPACT 和 LARGE。C51 的存储模式决定函数的参数与局部变量的存储区域。在 SMALL 模式下，函数的参数与局部变量位于 MCS-51 的内部 RAM；在 COMPACT 和 LARGE 模式下，函数的参数与局部变量位于 MCS-51 的外部 RAM。

例如，char xdata *data py;

py 为指向一个定义在 xdata 存储器中字符变量的指针变量。py 本身在内部 RAM 中，与编译模式无关，其长度也为 2 个字节。

2）"一般指针"。在函数调用中，函数的指针参数需要用到"一般指针"。
"一般指针"的说明形式为

　　char *pz；

这里没有指定指针变量 pz 所指向变量的存储类型，pz 处于编译模式默认的存储区，长度为 3 个字节。指针变量格式见表 7-11。

表 7-11　指针变量格式

地　　址	+0	+1	+2
内　　容	存储类型的编码	高位地址偏移量	低位地址偏移量

4. 指针应用实例

【例 7-7】　将例 7-4 的数码管动态显示程序用指针的形式编写。

程序如下：

```
#include<reg51.h>                      //包含 MCS-51 单片机寄存器定义的头文件
#include<stdlib.h>                      //包含随机函数 rand()的定义文件
#define uint unsigned int
#define uchar unsigned char
uchar i;                                //记录显示位置
uchar code dtab[10]={0xc0，0xf9，0xa4，0xb0，0x99，0x92，0x82，0xf8，0x80，0x90}；
                                        //数码管显示 0~9 的段码表
uchar code selec[4]={0xef，0xdf，0xbf，0x7f}；  //动态显示位选码表
uchar disp[4]；
uchar *px，*py，*pz；
void Time0(void) interrupt 1            //"interrupt"声明函数为中断服务函数
{
    TH0=(65536-4000)/256;               //定时器 T0 的高 8 位重新赋初值
4mS=4000μS。
    TL0=(65536-4000)%256;               //定时器 T0 的低 8 位重新赋初值
    P2=0xff;                            //全灭
    P0=*(px+*(pz+i));                   //查段码送 P0 口
    P2=*(py+i);                         //送位码
    if(++i>3) i=0;
}
void main(void)
{
    uchar temp;
    px=&dtab；py=&selec；pz=&disp；       //定义指针的地址
    TMOD=0x01;                          //使用定时器 T0 的模式 1
    EA=1;                               //开总中断
    ET0=1;                              //定时器 T0 中断允许
    TH0=(65536-4000)/256;               //定时器 T0 的高 8 位赋初值，4mS=4000μS。
```

```
    TL0=(65536-4000)%256;              //定时器 T0 的低 8 位赋初值
    TR0=1;                             //启动定时器 T0
    while(1)                           //无限循环等待中断
    {
        for(temp=0; temp<4; temp++)
        {
        *(pz+temp)= temp+6;
        }
        while(1);
    }
}
```

7.3　任务 6　串行口应用 1——串行口扩展并行口

任务描述：这是一个分秒倒计时电路（见图 7-22），用串行口的移位寄存器功能，驱动 4 片 74LS164 外接 4 个 LED 数码管。这种接法是静态显示电路，用的是"串入并出"扩展，编写程序，系统复位后，计时从 59min59s 开始减 1 计时，秒计时是每秒减 1，当减到 00s 时，秒计时回 59s，分计时减 1，当分计时减到 00min 时回 59min59s 重新开始。（为了加快进程，可以把秒定时缩短到 200ms，试试看）。

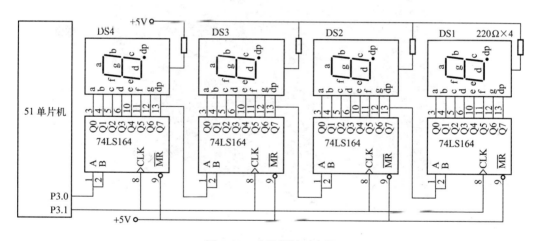

图 7-22　分秒倒计时电路

任务分析：在单片机应用系统中，I/O 口是利用率最高的，但单片机的引脚有限，因此必须进行 I/O 口的扩展，用并行口扩展并行口速度快，但接口复杂，在速度要求不高的前提下，用串行口扩展并行口是最好的选择，也是最常用的方法。读者掌握"串入并出"和"并入串出"的硬件扩展方法和软件的设计方法。

任务准备：静态显示电路的元器件配置图如图 7-23 所示，其中把 FR1～FR4 的插针用短路帽短接。KA1 和 KA2 下边的两针用短路帽连接。任务七的硬件实物图如图 7-24 所示。

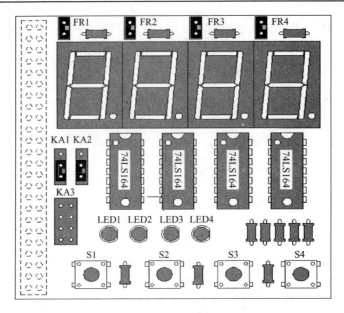

图 7-23　静态显示电路的元器件配置图

图 7-24　任务七的硬件实物图

7.3.1　MCS-51 单片机串行口及控制

MCS-51 单片机有一个全双工（具有同时收发数据的功能）的异步串行通信接口，具备两个功能：一个是可作为同步移位寄存器使用，进行串行口与并行口转换；另一个是用来实现单片机与单片机或单片机与 PC 之间的异步串行通信。

1. MCS-51 单片机串行口结构

MCS-51 单片机串行口基本结构如图 7-25 所示，主要由波特率发生器和串行口逻辑单元两大部分组成。

（1）波特率发生器

波特率发生器主要由定时器 T1 及内部的一些控制开关和分频器组成。它提供串行口的时钟信号为 TX CLOCK（发送时钟）和 RX CLOCK（接收时钟）。

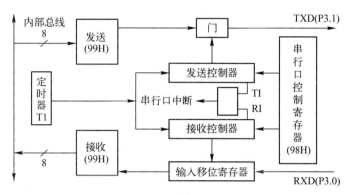

图 7-25　MCS-51 单片机串行口基本结构

（2）串行口逻辑单元

串行口逻辑单元包括串行数据缓冲寄存器、串行口控制寄存器、串行数据输入/输出引脚以及串行口控制逻辑。

1）串行数据缓冲器 SBUF 有接收缓冲器 SBUF 和发送缓冲器 SBUF，虽然占用同一个地址（99H），但在物理上是隔离的，串行发送时，从片内总线向发送缓冲器 SBUF 写入数据；串行接收时，从接收缓冲器中读出数据。

2）串行口控制寄存器 SCON 用来控制串行通信的方式选择和接收，指示串行口的中断状态。

3）串行数据输入/输出引脚。接收方式下，串行数据从 RXD（P3.0）引脚输入，串行口内部在接收缓冲器之前还有移位寄存器，从而构成了串行接收的双缓冲结构，可以避免在数据接收过程中出现帧重叠错误（即在下一帧数据到来时，前一帧数据还没有读走）。

发送方式下，串行数据通过 TXD（P3.1）引脚输出。

4）串行口控制逻辑。其作用包括接收来自波特率发生器的时钟信号；控制内部的输入移位寄存器，将外部的串行数据转换为并行数据；控制内部的输出移位寄存器，将内部的并行数据转换为串行数据输出。

2．MCS-51 串行口控制

（1）串行口控制寄存器串行口控制寄存器的字节地址为 98H，可以位寻址，位地址为 98H～9FH。其格式见表 7-12。

表 7-12　串行口控制寄存器 SCON 各位定义

位　　序	D7	D6	D5	D4	D3	D2	D1	D0
位符号	SM0	SM1	SM2	REN	TB8	RB8	TI	RI
位地址	9FH	9EH	9DH	9CH	9BH	9AH	99H	98H

1）SM0，SM1：串行口工作方式选择位。其功能见表 7-13。

表 7-13 串行口的 4 种工作方式

SM0 SM1	工作方式	功能说明
0 0	方式 0	同步移位寄存器方式（用于扩展 I/O 口）
0 1	方式 1	8 位异步收发，波特率可变（由定时器控制）
1 0	方式 2	9 位异步收发，波特率为 $f_{osc}/64$ 或 $f_{osc}/32$
1 1	方式 3	9 位异步收发，波特率可变（由定时器控制）

2）SM2：允许方式 2、3 中的多机通信控制位。

方式 0 时，SM2 必须为 0。

方式 1 时，若 SM2=1，只有接收到有效的停止位，接收中断 RI 才置 1。而当 SM2=0 时，不论接收到的第 9 位数据是 0 或 1，都将前 8 位数据装入串行数据缓冲寄存器中，并申请中断。

方式 2 和方式 3 时，若 SM2=1，则只有接收到的第 9 位数据（RB8）为 1，才将接收到的前八位数据送入串行数据缓冲寄存器中，并把 RI 置 1、同时向 CPU 申请中断；如果接收到的第 9 位数据（RB8）为 0，接收中断 RI 置 0，将接收到的前 8 位数据丢弃。这种功能可用于多机通信中。

3）REN：允许串行接收位。

REN=1 时，允许串行接收；REN=0 时，禁止串行接收。

4）TB8：方式 2 和方式 3 中要发送的第 9 位数据。

在通信协议中，常将 TB8 作为奇偶校验位。在 MCS-51 多机通信中，TB8 用来表示主机发送的是地址帧还是数据帧。

5）RB8：方式 2 和方式 3 中接收到的第 9 位数据。

方式 1 中接收到的是停止位。方式 0 中不使用这一位。

6）TI：发送中断标志位。

方式 0 中，串行发送的第 8 位数据结束时，TI 由硬件置 1；处于其他方式下，在发送停止位开始时，TI 由硬件置 1。TI 位的状态可供软件查询，也可申请中断。该位只能用软件清零。

7）RI：接收中断标志位。

方式 0 中，在接收完第 8 位数据结束时，RI 由硬件置 1；处于其他方式下，在串行接受到停止位时，RI 由硬件置 1。RI 位的状态可供软件查询，也可申请中断。该位只能用软件清零。

系统复位后，串行口控制寄存器中的所有位都被清除。

（2）电源控制寄存器 PCON

电源控制寄存器 PCON 仅有几位有定义，其中最高位 SMOD 与串行口控制有关，其他位与掉电方式和节能方式有关。寄存器 PCON 的地址为 87H，只能字节寻址。其格式见表 7-14。

表 7-14 电源及波特率选择寄存器 PCON 各位定义

位 序	D7	D6	D5	D4	D3	D2	D1	D0
位符号	SMOD	–	–	–	GF1	GF0	PD	IDL

SMOD：串行通信波特率系数控制位。

当 SMOD=1 时，使波特率加倍。复位后，SMOD=0。（其他位在后面介绍）

（3）串行数据缓冲器 SBUF

串行数据缓冲器 SBUF 物理上是隔离的两个 8 位寄器：发送数据寄存器和接收数据寄存器，但是它们共用一个地址 99H。

读 SBUF 得到的是串行接收到的 8 位数据；写 SBUF 就会启动一次串行数据发送。

7.3.2　串行口的工作方式 0

在串行口控制寄存器 SCON 中，SM0 和 SM1 位决定串行口的工作方式。MCS-51 单片机串行口共有 4 种工作方式。

当 SM0=0、SM1=0 时，串行口选择方式 0，为同步移位寄器输入/输出方式。数据传输波特率固定为 $f_{osc}/12$。

由 RXD（P3.0）引脚输入或输出数据。由 TXD（P3.1）引脚输出同步移位时钟。

（1）方式 0 发送

当 CPU 执行一条将数据写入发送缓冲器 SBUF 的指令时，就启动一次发送，串行口开始把 SBUF 中的 8 位数据以 $f_{osc}/12$ 的固有频率从 RXD 引脚串行输出，低位在先，TXD 引脚输出同步移位脉冲，发送完 8 位数据，置中断标志位 TI-1。方式 0 的发送时序如图 7-26 所示。

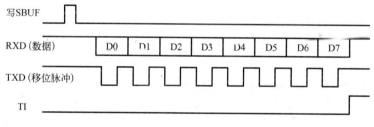

图 7-26　方式 0 的发送时序

（2）方式 0 接收

方式 0 接收时，REN 为串行口允许接收控制位，当 REN=0 时，禁止接收；当 REN=1 时，允许接收。

软件设置 REN=1 时（应事先设置方式 0，且使 RI=0），启动 8 位数据接收，引脚 RXD 为数据输入端，TXD 引脚输出同步移位脉冲，接收完 8 位数据，置中断标志位 RI=1。方式 0 的接收时序如图 7-27 所示。

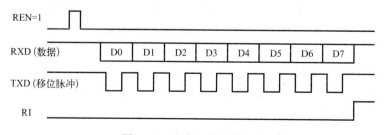

图 7-27　方式 0 的接收时序

7.3.3 用 MCS-51 单片机的串行口扩展并行口

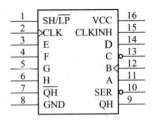

图 7-28 74LS165 的引脚图

用 MCS-51 单片机串行口工作方式 0 的同步移位寄存器方式，外驱移位寄存器，可实现串入并出或并入串出接口扩展。

1. 用 74LS165 扩展并行输入口

74LS165 是 8 位并入串出移位寄存器。74LS165 芯片引脚如图 7-28 所示，其真值表见表 7-15。74LS165 各引脚功能如下。

SH/LD：移位与置位控制端。高电平时表示移位，低电平时表示置位。在开始移位之前，需要先从并行输入端口读入数据，这时应将 SH/LD 置 0，并行口的 8 位数据将被置入 74LS165 内部 8 个触发器的输入端，当 SH/LD 为 1 时，并行输入被封锁，这时可进行移位操作。

CLKINH：时钟禁止端。当 CLKINH 为低电平时，允许时钟输入，当 CLKINH 为高电平时，禁止时钟输入。

CLK：时钟输入端。

A~H：并行数据输入端。

SER：串行输入端，用于扩展多个 74LS165 的首尾连接端。

QH：串行数据输出端。

$\overline{QH}$：也是串行数据输出端，它与 QH 是反相的关系。

V_{CC}：+5V 电源输入端。

GND：接地端。

表 7-15 74LS165 的真值表

控制输入				并行输入	内部输出	数据输出
SH/LD	CLKINH	CLK	SER	A ··· H	QA QB ...QH	QH
L	X	X	X	a ··· h	a b ...h	h
H	L	L	X	X	a b ...h	h
H	L	↑	H	X	H a ... g	g
H	L	↑	L	X	L a ... g	g
H	H	X	X	X	a b ...h	h

在使用时，CLKINH 接低电平，QH 连接单片机 RXD 引脚，CLK 连接单片机 TXD 引脚。开始移位时，先将 SH/LD 置 0，把并行口输入数据置入内部移位寄存器，然后使 SH/LD 为高电平，此时 h 已被移出到 QH，之后开始移位操作，数据移位时按 a→b→ ··· h 的顺序。

2. 用 74HC595 扩展并行输入口

常用的串入并出移位寄存器有 74LS165、74HC595 等。74LS165 和 74HC595 的区别如下：

1) 74LS165 和 74HC595 功能相仿，都是 8 位串行输入转并行输出移位寄存器。只不过 74LS165 的驱动电流（25mA）比 74HC595（35mA）要小，14 脚封装，体积也小一些。

2）74HC595 的主要优点是具有数据锁存功能，在移位的过程中，输出端的数据可以保持不变。这在串行速度慢的场合很有用处，可使所控制的数码管没有闪烁感。

3）74HC595 是串入并出带有锁存功能移位寄存器，它的使用方法很简单，在正常使用时 SRCLR 为高电平，G 为低电平。

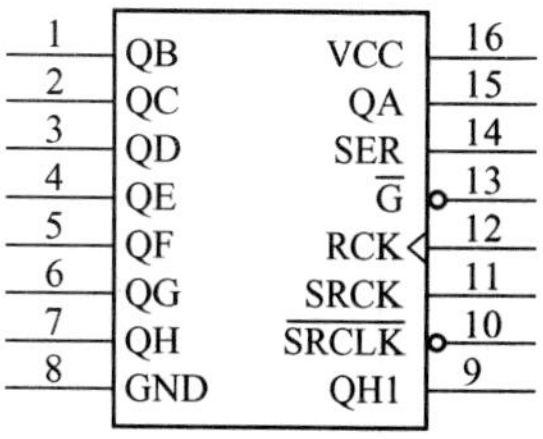

74HC595 的引脚图如图 7-29 所示，其真值表见表 7-16。

图 7-29　74HC595 的引脚图

表 7-16　74HC595 真值表

输入管脚					输出管脚
SER	SRCK	$\overline{\text{SRCLK}}$	RCK	$\overline{\text{G}}$	QA～QH
X	X	X	X	H	QA～QH 输出高阻
X	X	X	X	L	QA～QH 输出有效值
X	X	L	X	L	移位寄存器清 0
L	↑	H	X	L	移位寄存器存储 L
H	↑	H	X	L	移位寄存器存储 H
X	↓	H	X	L	移位寄存器状态保持
X	X	H	↑	L	输出锁存器锁存移位寄存器中的状态值
X	X	H	↓	L	输出存储器状态保持

74HC595 各引脚的功能如下：

QA～QH：8 位并行输出端，可以直接控制数码管的 8 个段。

QH1（9 脚）：级联输出端。多个 74LS595 级联时，接下一个 74LS595 的 SI 端。

SER（14 脚）：串行数据输入端。

$\overline{\text{SRCLK}}$（10 脚）：清零端，低点平时将移位寄存器的输出数据清零。通常接 Vcc。

SRCK（11 脚）：数据移位时钟输入端，上升沿时数据寄存器的数据移位。QA→QB→QC→……→QH；下降沿移位寄存器数据不变。

RCK（12 脚）：输出数据锁存端，上升沿时移位寄存器的数据进入输出存储器锁存，下降沿时输出存储器数据不变。

$\overline{\text{G}}$（13 脚）：使能端，高电平时禁止输出（高阻态）。

在使用时，SER 连接单片机 RXD 引脚，SRCK 连接单片机 TXD 引脚，$\overline{\text{SRCLK}}$ 端接高电平，$\overline{\text{G}}$ 端接低电平。数据移位时次序 QA→QB→QC→…→QH；移位完成后，先置 RCK 为高电平，再置 RCK 为低电平，把并行数据锁存到输出端。

3. 串行口扩展并行口应用

【例 7-8】　如图 7-30 所示，74HC165 外接 8 个开关，74HC595 外接 8 个 LED 指示灯。要求用 8 个 LED 指示灯显示 8 个开关的状态，即 Sx 开关合，对应 Dx 灯亮；其余灯灭。

图 7-31 是对应于原理图 7-30 实验板的元器件配置图，图 7-32 是实验实物图。

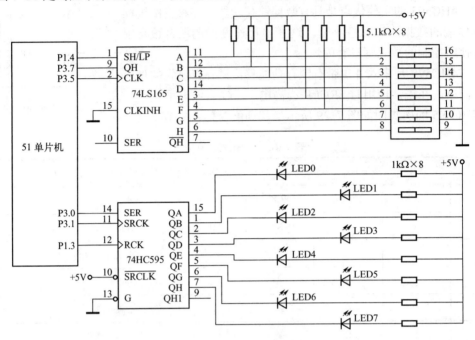

图 7-30　串行口扩展并行口接口电路

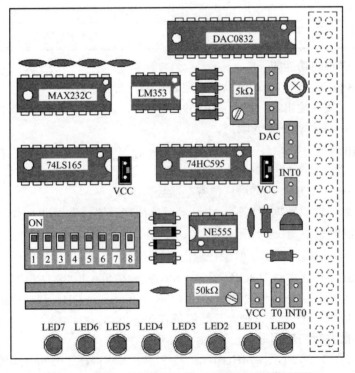

图 7-31　串行口扩展并行口接口电路的元器件配置图

图 7-32　实验实物图

程序如下：

```
#include <reg51.h>
#include <intrins.h>
#define uint unsigned int
#define uchar unsigned char
sbit SPL=P1^4;
sbit RCK=P1^3;
sbit DAT=P3^7;
sbit CLK=P3^5;
uchar vabl;
void delay (uint x)              //延时函数
  {
    uint i;
    while (x--)
    for(i=0;i<1100;i++);
  }
uchar read_165 (uint x)          //读 74LS165 函数
  {
    uchar j,vabl;
    SPL=0;                       //置数，读入键值
    SPL=1;                       //并口输入被封锁，串行移位开始
    vabl=0xff;
    for(j=0;j<8;j++)
      {
          if(DAT==1) vabl|=0x80;
          else vabl&=0x7f;
          CLK=0;                 //移下一位
          CLK=1;
        if(j<7)   vabl>>=1;
      }
```

```
            return vabl;
        }
    void main()
     {
        uchar a;
        SPL=1;
        RCK=0;
        DAT=1;
        CLK=1;
        while(1)
         {
            a=read_165();
            delay(50);
            SCON=0x00;          //设串行口工作于方式 0
            SBUF=a;             //发送开关状态
            while(TI==0);       //等待发送结束
            TI=0;               //发送结束，TI 置 0
            RCK=1;              //锁存数据
            RCK=0;
            delay(20);
         }
     }
```

注意：在用 74LS165 读取数据时，在 SH/LD 由高变低、由低变高后，数据被植入移位寄存器，这时 H 端的数据已被植入 QH，因此要先把 QH 的数据读出，再开始移出下 1 位。

【例 7-9】 用 74LS164 扩展并行输出口的电路如图 7-33 所示，编写显示函数程序，并调用该函数，显示 2、4、6、8。

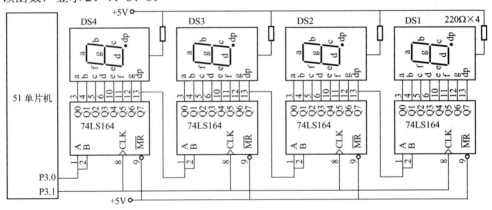

图 7-33　74LS164 扩展并行输出口

程序如下：

```
#include<reg51.h>
#define uint unsigned int
#define uchar unsigned char
```

```
uchar disp[4]                              //定义 4 个显示缓冲单元
uchar code dtab[10]={0x03, 0x9f, 0x25, 0x0d, 0x99, 0x49, 0x41, 0x1f, 0x01, 0x09 };
                                           //共阳极接法的数字 0~9 段码表
/*显示函数：用串行口方式 0 驱动 74LS164*/
void rt_disply(void)                       //显示函数
{
    uchar i;
    for(i=0; i<4; i++)                     //循环 4 次（4 个数码管）
    {
        SBUF=dtab[disp[i]];                //查表取段码，串行送出
        while(TI==0);
        TI=0;
    }
}
/*主函数*/
void main()
{
    SCON=0x10;
    disp[0]=8;
    disp[1]=6;
    disp[2]=4;
    disp[3]=2;
    rt_disply();
    while(1);
}
```

7.4　任务 7　串行口应用 2——单片机双机通信

任务描述：如图 7-34 所示，有两个单片机通过串行口相连接，每个单片机都在 P1 口外接 8 个 LED。对甲、乙单片机分别编写程序，控制 P1 口 LED 的闪亮方式，并把这种控制方式通过异步串行通信，发送到对方单片机，在对方的 P1 口展现出来。

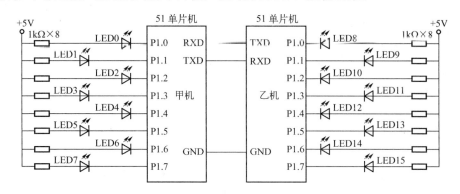

图 7-34　单片机双机通信电路图

任务分析：串行通信在单片机远程控制中经常被用到。MCS-51 单片机有 3 种异步通信

工作方式可供选择。此外，在异步通信中，波特率非常重要，因此要注意掌握波特率的设定方法。串行通信可以使用中断方式或查询方式，注意这两种方式的区别。多机通信是 MCS-51 所特有的，读者应理解和掌握。

任务准备：参考任务二的实物图，因为是双机通信，所以需要两套最小系统实验板，把这两套实验板按图 7-32 所示的方式连接。

注意：甲机 RXD→乙机 TXD， 甲机 TXD→乙机 RXD，甲机 GND→乙机 GND。

7.4.1 串行数据通信概述

计算机的数据传送共有两种方式：并行传送和串行传送。

（1）并行传送方式

在数据传输时，如果一个数据编码字符的所有各位同时发送、并排传输，又同时被接收，则将这种传送方式称为并行传送方式。

（2）串行传送方式

在数据传输时，如果一个数据编码字符的所有各位不是同时发送，而是按一定顺序，一位接一位地在信道中被发送和接收，则将这种传送方式称为串行传送方式。串行传送方式的物理信道为串行总线。

在串行通信方式中，需要理解的概念有以下几个。

1. 单工方式、半双工方式及全双工方式

（1）单工方式

信号（不包括联络信号）在信道中只能沿一个方向传送，而不能沿相反方向传送，这种传送方式称为单工方式。

（2）半双工方式

通信的双方均具有发送和接收信息的能力，信道也具有双向传输性能，但是通信的任何一方都不能同时既发送信息又接收信息，即在指定的时刻，只能沿某一个方向传送信息。这种传送方式称为半双工方式。

（3）全双工方式

若信号在通信双方之间沿两个方向同时传送，任何一方在同一时刻既能发送又能接收信息，这种传送方式称为全双工方式。

2. 异步传输和同步传输

在数据通信中，要保证发送的信号在接收端能被正确地接收，必须采用同步技术。常用的同步技术有两种方式：一种称为异步传输，也称起止同步方式；另一种称为同步传输，也称字符同步方式。

（1）异步传输

异步传输以字符为单位进行数据传输，每个字符都用起始位、停止位包装起来，在字符间允许有长短不一的间隙。在单片机中使用的串行通信都是异步方式。

（2）同步传输

同步传输用来对数据块进行传输，一个数据块中包含着许多连续的字符，在字符之间没有间隙。同步传输可以方便地实现某一通信协议要求的帧格式。

3. 波特率

串行通信的传送速率用于说明数据传送的快慢，波特率表示串行通信时每秒钟传送"位"的数目，比如 1s 传送 1bit，就是 1 波特，即 1 波特＝1bit/s。

串行通信常用的标准波特率在 RS-232C 标准中已有规定，如波特率为 600、1200、2400、4800、9600、19200 等。假若数据传送速率为 120 字符/秒，而每一个字符帧已规定为 10 个数据位，则传输速率为 120×10=1200bit/s，即波特率为 1200，每一位数据传送的时间为波特率的倒数，即 T＝1÷1200＝0.833ms。

7.4.2　串行口用于串行数据通信的工作方式

MCS-51 单片机用于串行通信功能时，有以下 3 种工作方式可供选择。

1. 方式 1

当 SM0=0、SM1=1 时，串行口选择方式 1，为双机通信方式，此时由 TXD（P3.1）引脚发送数据，由 RXD（P3.0）引脚接收数据。

方式 1 发送或接收的数据为 10 位：1 位起始位（0）、8 位数据位（低位在前）和 1 位停止位（1）。方式 1 的帧格式如图 7-35 所示。

起始位	D0	D1	D2	D3	D4	D5	D6	D7	停止位

图 7-35　方式 1 的帧格式

方式 1 时，串行口为波特率可变的 8 位异步通信接口，方式 1 的波特率由式（7-1）确定：

$$方式 1 的波特率＝2^{SMOD}/32×定时器 1 的溢出率 \qquad (7-1)$$

（1）方式 1 发送

数据由 TXD（P3.1）脚输出，当 CPU 执行一条将数据写入发送缓冲器 SBUF 的指令时，就启动一次发送，发送一帧信息为 10 位，1 位起始位，8 位数据位，1 位停止位。8 位数据位全部发送完毕后，中断标志位 TI 置 1。

（2）方式 1 接收

数据由 RXD（P3.0）脚输入，当 REN=1 且清除 RI 后，若在 RXD（P3.1）引脚上检测到一个 1 到 0 的跳变，则立即启动一次接收。接收控制器以波特率 16 倍的速率对 RXD（P3.1）引脚进行检测，对每一位都有 16 个采样脉冲，在第 7、8、9 采样脉冲时，连续取得 3 个采样值，其中至少有两个值是一致的，当两次或两次以上的采样值相同时，采样值予以接收，这样可抑制噪声。

如果在第 1 个时钟周期中接收到的不是 0（起始位），说明它不是一帧数据的起始位，则复位接收电路，继续检测 RXD（P3.1）引脚上 1 到 0 的跳变。如果接收到的是起始位，就将其移入接收移位寄存器，然后用同样方法接收该帧的其他位。当一帧数据接收完毕后，必须同时满足以下两个条件，这次接收才真正有效。

1）RI=0，表示上一帧数据接收完成时发出的中断请求已被响应，SBUF 中数据已被取走。

2）SM2=0 或接收到的停止位=1，则数据位装入 SBUF，停止位装入 RB8，且中断标志

RI 置 1。

若以上两个条件中有一个不满足，将不可恢复地丢失接收到的这一帧信息；接收这一帧之后，串行口将继续检测 RXD（P3.1）引脚上 1 到 0 的跳变，准备接收新的信息。

2. 方式 2

当 SM0=1、SM1=0 时，串行口选择方式 2。

方式 2 发送或接收一帧信息为 11 位：1 位起始位（0）、8 位数据位（低位在前）、1 位可编程位和 1 位停止位(1)。发送时，可编程位 TB8 可设置为 1 或 0，接收时可编程位进入 SCON 寄存器的 RB8 位。

方式 2 波特率是固定的，为振荡器频率的 1/32 或 1/64。其帧格式如图 7-36 所示。

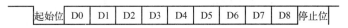

图 7-36　方式 2 和方式 3 时的帧格式

（1）方式 2 发送

发送前，先根据通信协议由软件设置 TB8（双机通信时的奇偶校验位或多机通信时的地址/数据的标志位），然后将要发送的数据写入 SBUF，即可启动发送过程。串行口能自动把 TB8 取出，并装入第 9 位数据位的位置，再逐一发送出去，发送完毕，则使 TI 位置 1。

（2）方式 2 接收

当 REN=1 时，允许串行口接收数据。接收时，数据由 RXD 端输入，接收 11 位信息。当位检测逻辑采样到 RXD 引脚从 1 到 0 的跳变，并判断起始位有效后，便开始接收一帧信息。在接收完第 9 位数据后，需满足以下两个条件，才能将接收到的数据送入（接收缓冲器）。

1）RI=0，表示接收缓冲器为空。

2）SM2=0 或接收到的第 9 位数据位 RB8=1。

当满足上述两个条件时，接收到的数据送入接收缓冲器 SBUF，第 9 位数据送入 RB8，且 RI 置 1。若不满足这两个条件，接收到的信息将被丢弃。

3. 方式 3

当 SM0=1、SM1=1 时，串行口选择方式 3。方式 3 为波特率可变的 9 位异步通信方式，除了波特率外，其他均与方式 2 相同。

方式 3 的波特率也由式（7-1）确定。

7.4.3　多处理机通信方式

串行口方式 2 和方式 3 有一专门的应用领域，即多机通信。

在串行口控制寄存器 SCON 中，设有多机通信位 SM2。

当串行口以方式 2 或方式 3 接收时，若 SM2=1，只有接收到的第 9 位数据（RB8）为 1，才将数据送入接收缓冲器 SBUF，并使 RI 置 1，申请中断，否则数据将丢失；若 SM2=0，则无论第 9 位数据（RB8）是 1 还是 0，都能将数据装入 SBUF，并且申请中断。利用这一特性，便可实现主机与多个从机之间的串行通信。图 7-37 所示为多机通信连线示意图，系统中左边的 MCS-51 为主机，其余的为 1~n 号从机，并保证每台从机在系统中的编号是唯一的。

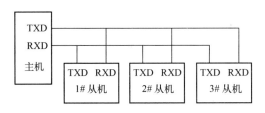

图 7-37　多机通信系统示意图

系统初始化时，将所有从机中的 SM2 位均设置为 1，并处于允许串行口中断接收状态。

若主机欲与某从机通信，则先向所有从机发出所选从机的地址，从机地址符合后，接着才发送命令或数据。

在主机发地址时，置第 9 位数据（RB8）为 1，表示主机发送的是地址帧；当主机呼叫某从机联络正确后，主机发送命令或数据帧，将第 9 位数据（RB8）清零。各从机由于 SM2 置 1，将响应主机发来的第 9 位数据（RB8）为 1 的地址信息。从机响应中断后，有两种不同的操作：

1）若从机的地址与主机点名的地址不相同，则该从机将继续维持 SM2 为 1，从而拒绝接收主机后面发来的命令或数据信息，不会产生中断，而等待主机的下一次点名。

2）若从机的地址与主机点名的地址相同，该从机将本机的 SM2 清零，继续接收主机发来的命令或数据，响应中断。这样可以保证实现主机与从机的一对一的通信。

7.4.4　串行口波特率计算

波特率和串行口的工作方式有关。

1）方式 0 时的波特率由振荡器的频率（f_{osc}）所确定：波特率固定为 $f_{osc}/12$。

2）方式 2 时的波特率由振荡器的频率（f_{osc}）和 SMOD 位（PCON.7）所确定，见式（7-2）。

$$波特率 = \frac{2^{SMOD}}{32} \times f_{osc} \tag{7-2}$$

当 $SMOD$ 位 =1 时，波特率 =$f_{osc}/32$；当 $SMOD$=0 时，波特率 =$f_{osc}/64$。

3）方式 1 和 3 时的波特率由定时器 T1 的溢出率和 $SMOD$（PCON.7）所确定。T1 是可编程的，可选择的波特率范围比较大，因此串行口的方式 1 和 3 是最常用的工作方式。

用定时器 T1（C/T=0）产生波特率见式（7-1）。

在实际设定波特率时，T1 常设置为方式 2 定时（自动装初值），用 TL1 计数，用 TH1 装入初值。这种方式操作方便，无需在中断服务程序中送数，没有由于中断引起的误差，也应禁止定时器 T1 中断。

$$定时器 T1 的溢出率 = \frac{计数速率}{256 - X} = \frac{f_{osc}/12}{256 - X} \tag{7-3}$$

$$波特率 = \frac{2^{SMOD}}{32} \times \frac{f_{osc}}{12(256 - X)} \tag{7-4}$$

常用波特率和初值 X 的关系见表 7-17。

表 7-17 用定时器 T1 产生的常用波特率

波特率/（kbit/s）	f_{osc}/MHz	SMOD 位	方　　式	初值 X
62.5	12	1	2	FFH
19.2	11.0592	1	2	FDH
9.6	11.0592	0	2	FDH
4.8	11.0592	0	2	FAH
2.4	11.0592	0	2	F4H
1.2	11.0592	0	2	E8H

7.4.5 串行口编程和应用

【例 7-10】 试编写双机通信程序。甲、乙双机均设为串行口方式 1，甲机向乙机发送数据，乙机把接收到的数据通过 P1 口的 8 个发光二极管显示出来，如图 7-38 所示。选定时器 T1 为波特率发生器，且工作在方式 2，波特率为 2400。

波特率的计算：这里使用 12MHz 晶振，以定时器 T1 的方式 2 制定波特率。此时定时器 T1 相当于一个 8 位的计数器。由式（7-4）可得

X=243=F3H。

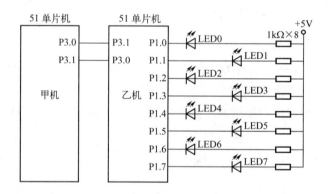

图 7-38 双机通信电路图

1. 甲机数据发送程序

```
#include<reg51.h>                    //包含单片机寄存器的头文件
unsigned char code tab[]={0xFE, 0xFD, 0xFB, 0xF7, 0xEF, 0xDF, 0xBF, 0x7F};
                                     //流水灯控制码，该数组被定义为全局变量
/*函数功能：向乙机发送一个字节数据*/
void send(unsigned char dat)
{
    SBUF=dat;
    while(TI==0);
    TI=0;
}
```

```
/*函数功能：延时约 xms*/
void delay_ms(unsigned int x)          //定义 x_ms 延时函数，x 就是形式参数
{
    unsigned int i;
    unsigned char j;
    for(i=x；i>0；i--)
    for(j=110；j>0；j--);
}
/*函数功能：主函数*/
void main(void)
{
    unsigned char i;
    TMOD=0x20;                         //TMOD=00100000B，定时器 T1 工作于方式 2
    SCON=0x40;                         //SCON=01000000B，串口工作方式 1
    PCON=0x00;                         //PCON=00000000B，波特率 2400
    TH1=0xf3;                          //根据规定给定时器 T1 赋初值
    TL1=0xf3;                          //根据规定给定时器 T1 赋初值
    TR1=1;                             //启动定时器 T1
    while(1)
    {
        for(i=0；i<8；i++)             //模拟检测数据
        {
            send(tab[i]);              //发送数据 i
            delay_ms(2000);            //延时 2000ms，间隔 2000ms 发送一次。
        }
    }
}
```

2. 乙机数据接收程序

```
#include<reg51.h>                      //包含单片机寄存器的头文件
/*函数功能：接收一个字节数据*/
unsigned char receive(void)
{
    unsigned char dat;
    while(RI==0);      //只要接收中断标志位 RI 没有被置"1"，等待，直至接收完毕（RI=1）
    RI=0;              //为了接收下一帧数据，需将 RI 清零
    dat=SBUF;          //将接收缓冲器中的数据存于 dat
    return dat;
}
/*函数功能：主函数*/
void main(void)
{
    TMOD=0x20;      //定时器 T1 工作于方式 2
    SCON=0x50;                         //SCON=01010000B，串口工作方式 1，允许接收（REN=1）
    PCON=0x00;                         //PCON=00000000B，波特率 2400
    TH1=0xf3;                          //根据规定给定时器 T1 赋初值
```

```
    TL1=0xf3;                    //根据规定给定时器 T1 赋初值
    TR1=1;                       //启动定时器 T1
    REN=1;                       //允许接收
    while(1)
    {
        P1=receive();            //将接收到的数据送 P1 口显示
    }
}
```

7.5 任务 8 带时间显示的交通灯系统设计

任务描述：用单片机设计一个十字路口交通灯控制器，每个方向设有红、黄、绿 3 个指示灯，并用两位数码管显示每种灯状态的倒计时剩余时间。两个方向每种灯状态的点亮时间如下：

X 方向——绿灯 30s，黄灯 5s，红灯 25s。

Y 方向——绿灯 20s，黄灯 5s，红灯 35s。

LED 指示灯采用静态显示方式，LED 数码管采用动态显示方式。利用定时器 T0 产生每 5ms 一次的中断，作为动态显示的扫描时间。用定时器 T1 产生 50ms 一次的中断，每 20 次中断为 1s，作为倒计时和指示灯显示的时间基准。值得注意的是，X 方向红灯时间=Y 方向绿灯时间+黄灯缓冲时间。

要求用 Protel 画出原理图，并把原理图转换成 PCB。

任务分析：这是一个综合的设计问题，也是一个简单的单片机产品的开发，因此有必要了解和掌握单片机产品开发的流程，还要复习一下 Protel 的使用。用 Protel 绘制原理图应该没有问题，但把原理图转换成产品级的 PCB，就不是很容易的了。

任何单片机产品的开发都会涉及硬件和软件两部分，同时这两部分还要配合好。一般的原则是先设计硬件，根据系统要求设计硬件，再结合硬件来设计软件；但也不是一成不变，有时也要考虑软件的实现能力。

任务准备：本任务的 PCB 实物图如图 7-39 所示。请以该板为样板进行设计。

图 7-39 交通灯系统实物图

7.5.1　单片机应用系统的设计与开发

单片机应用系统的设计与开发过程包括知识准备和工具准备、项目策划、系统硬件设计与验证、系统软件设计与验证以及整机的调试，是一个完整的工作过程。

1. 开发工具

一个单片机应用系统从提出任务到正式投入运行的过程称为单片机的开发过程，开发所用的设备就称为开发工具。

单片机的开发工具分软件工具和硬件工具。

软件工具包括编译程序、软件仿真器等。编译程序将用户编写的汇编语言、PL/M 语言、C 语言或其他语言源程序翻译成单片机可执行的机器码。软件仿真器提供虚拟的单片机运行环境，在通用计算机上模拟单片机的程序运行过程。软件仿真器具有单步、连续、断点运行等功能，在单片机程序的运行过程中随时观测单片机的运行状态，如内部 RAM 某单元的值、特殊功能寄存器的值等。但软件仿真只能验证程序的执行过程。

硬件工具主要有在线仿真器、编程器等。

在线仿真器是单片机开发系统中的一个主要部分。单片机在线仿真器本身就是一个单片机系统，它具有与所要开发的单片机应用系统相同的单片机型号。所谓仿真，就是用在线仿真器中的具有"透明性"和"可控性"的单片机来代替应用系统中的单片机工作，通过开发系统控制这个"透明的"、"可控性"的单片机的运行，即用开发系统的资源来仿真应用系统。这是软件和硬件一起综合排除故障的一种先进开发手段。所谓在线，即仿真器中单片机运行和控制的硬件环境与应用系统单片机的实际环境完全一致。在线仿真就是使单片机应用系统在实际运行环境中、实际外围设备情况下，用开发系统仿真、调试。

在线仿真器除了"出借"自己的单片机资源外，还可以"出借"存储器。在应用系统调试期间，其程序存储器芯片也可以拔掉，在线仿真器把自己的一部分存储器替换成应用系统的存储器，用于存放待调试的应用程序。用在线仿真器中的这部分存储器仿佛在使用自己设计的应用系统中的程序存储器一样。

2. 开发过程

单片机应用系统因其不同用途，使得它们的硬件和软件结构有很大的差别。但是，单片机应用系统设计的方法步骤是基本相同的，开发过程也大体一致。单片机应用系统的开发过程一般可以分为 4 个阶段。

1）项目策划。策划阶段决定研究和开发方向，是整个设计流程中的重中之重，所谓"失之毫厘，谬以千里"，因此必须"运筹帷幄，谋定而动"。策划时重点解决做什么和怎么做的问题。项目需求分析解决"做什么？""做到什么程度？"问题。

先对项目进行调研，要了解国内外同类产品的现状和发展趋势，了解新技术、新方法、新器件，然后对项目进行功能描述，在满足用户使用要求的前提下，对项目性能指标进行设定，要能够满足可测性要求，把所有需求分析结果应该落实到文字记录上。

2）总体设计又称为概要设计、模块设计、层次设计，主要解决"怎么做？""如何克服关键难题？"的问题。

以对项目需求分析为依据，提出解决方案的设想，确定关键技术及其难度，明确技术主攻问题。针对主攻问题开展调研工作，查找有关资料，确定初步方案（包括模块功能、信息流向、输入输出的描述说明）。在这一步，仿真是进行方案选择时有力的决策支持工具。

3）软硬件功能划分。在总体设计中，还要划分硬件和软件的设计内容，单片机应用开发技术是软硬件结合的技术，方案设计要权衡任务的软硬件分工。硬件设计会影响到软件程序结构。如果系统中增加某个硬件接口芯片，而给系统程序的模块化带来了可能和方便，那么这个硬件开销是值得的。在无碍大局的情况下，发挥计算机技术的长处以软件代替硬件。

4）借鉴成熟经验。具体进行设计时要注意借鉴成熟经验，尽量采纳可借鉴的成熟技术，减少重复性劳动，同时还能增加可靠性，也使设计进度更具可预测性。

3. 硬件设计

随着单片机嵌入式系统设计技术的飞速发展，元件集成功能越来越强大，设计工作重心也越来越向软件设计方面转移。硬件设计的特点是设计任务前重后轻。

单片机应用系统的设计可划分为两部分：一部分是与单片机直接接口的电路芯片相关数字电路的设计，如存储器和并行接口的扩展，定时系统、中断系统扩展，一般外部设备的接口，甚至于 A–D、D–A 芯片的接口；另一部分是与模拟电路相关的电路设计，包括信号整形、变换、隔离和选用传感器，输出通道中的隔离和驱动以及执行元件的选用。

硬件设计的工作内容如下：

1）模块分解。策划阶段给出的方案只是个概念方案，此处要把它转化为电子产品设计的概念描述的模块，并且要一层层分解下去，直到熟悉的典型电路。注意：尽可能选用符合单片机用法的典型电路。当系统扩展的各类接口芯片较多时，要充分考虑总线驱动能力。当负载超过允许范围时，为了保证系统可靠工作，必须加总线驱动器。

2）选择元器件。尽可能采用新技术，选用新的元件及芯片。

3）设计电原理图及说明。

4）设计 PCB 及说明。

5）设计分级调试、测试方法。

设计中要注意的事项如下：

1）抗干扰设计是硬件设计的重要内容，如看门狗电路、去耦滤波、通道隔离、合理的印制板布线等。

2）所有设计工作都要落实到文档上。

4. 软件设计

软件设计贯穿整个产品研发过程，有占主导地位的趋势。在进行软件设计工作时，选择一款合用的编程开发环境软件，对提高工作效率特别是团队协作开发效率非常重要。

软件设计的工作内容如下：

1）模块分解。策划阶段给出的方案是面向用户功能的概念方案，此处要把它转化为软件设计常用的概念描述的模块，并且要采用自上向下的程序设计方法，一层层分解下去，直到最基本的功能模块、函数（子程序）。

2）依据对模块的分解结果及硬件设计的元件方案，进行数据结构规划和资源划分定义。要把结果落实到文档上。

3）充分利用流程图工具。用分层流程图可以完成前面的工作。

① 先进行最原始的规划，将总任务分解成若干子任务，明确它们之间的关系，暂不管各个子任务如何完成。

② 将规划流程图的各个子任务进行细化。主要任务是设计算法，不考虑实现的细节。利用成熟的常用算法函数（子程序）可以简化程序设计。通常第二张程序流程图已能说明该程序的设计方法和思路，可用以向他人解释本程序的设计方法。这一步算法的合理性和效率决定了程序的质量。

③ 以资源分配为策划重点，要为每一个参数、中间结果、各种指针、计数器分配工作单元，定义数据类型和数据结构。在进行这一步工作时，要注意上下左右的关系，本模块的入口参数和出口参数的格式要和全局定义一致，本程序要调用低级子程序时，要和低级子程序发生参数传递，必须协调好它们之间的数据格式。本模块中各个环节之间传递中间结果时，其格式也要协调好。在定点数系统中，中间结果存放格式要仔细设计，避免发生溢出和精度损失。一般中间结果要比原始数据范围大，精度高，才能使最终结果可靠。

4）一般的程序都可划分为监控程序、功能模块子程序（函数）、中断服务程序这几种类型。参考现成的模板可大大简化设计的难度。监控程序中的初始化部分需要根据数据结构规划和资源划分定义来设计。

5）流程图代码化。至此，软件设计工作其实已经完成了九成，编写程序难度不太但很烦琐，需认真有耐心，编译通过。

6）拟定调试、试验、验收方案。这一步不仅要拟定方案，还得搭建测试环境，主要内容还是编程序，可以当作一个新项目再做一遍策划与实施，有时还得考虑硬件（包括信号源、测量仪器、电源等）。

注意：外部设备和外部事件尽量采用中断方式与 CPU 联络，这样既便于系统模块化，也可提高程序效率。

目前已有一些实用子程序（函数）发表，可在程序设计时适当使用，其中包括运行子程序和控制算法程序等。

7）对于系统的软件设计，应充分考虑软件抗干扰措施。

8）一切设计都要落实到文档上。

5. 项目验证

验证阶段所包括的内容比较繁杂：软硬件调试、局部和整体的测试大纲及实施、整体测试成功后 EPROM 固化脱机运行及测试以及整理所有设计检验文档记录。所谓"设计"，指的是文档而不是样品（包括实物和软件演示效果），样品只是证明文档正确的一种手段。这一步内容因项目而异，大致工作内容如下：

1）软硬件联调，包括局部联调和整体联调。主要目标是尽量使设计结果能够按预想的目标运行。联调离不了开发机，有时反复很大，甚至推倒重来都不罕见。联调的每一步目标在软件设计时就应设定好。一个很重要的问题是软硬件的抗干扰、可靠性测试。要考虑到尽可能多的意外情况。

2）脱机调试。调试通过的程序，最终要脱机运行，把仿真 ROM 中运行的程序固化到 EPROM 脱机运行。但在开发装置上运行正常的程序，固化后脱机运行并不一定同样正常。若脱机运行有问题，需分析原因，如总线驱动功能不够、对接口芯片操作的时间不匹配等。经修改的程序需再次写入。这是真实环境下的软硬件联调。

3）验证设计。以策划阶段的项目需求分析、硬件设计的测试设计文件、软件设计的测试设计文件和搭建的测试环境为依据，编写功能测试大纲及性能测试大纲，并实施验收检验。

4）项目验证时最重要的是完整的文档记录，大致包括项目管理、硬件设计、软件设计、验收检验等类别。

6. 单片机应用系统常见的调试问题

1）逻辑错误：样机硬件的逻辑错误是由设计错误或加工过程中的工艺性错误所造成的。这类错误包括错线、开路、短路、相位错等。

2）元件失效有两方面原因：一是元件本身已损坏或性能不符合要求；二是组装错误造成元件失效，如电解电容、二极管的极性以及集成电路安装方向错误等。

3）可靠性差：引起可靠性差的原因很多，如金属过孔、接插件接触不良会造成系统时好时坏，经不起振动；内部和外部的干扰、电源纹波系数大、器件负载过大等造成逻辑电平不稳，走线和布局不合理等也会导致系统可靠性差。

4）电源故障：若样机存在电源故障，则加电后将造成器件损坏。造成电源故障的主要原因有电源引线和插座不对、功率不足、负载能力差等。

5）软件错误包括系统初始化程序不完全或有错误，造成中断不相应、输入/输出不正常；工作单元和存储器分配发生冲突；计算错误或误差大；硬件和软件没有配合好。

7.5.2　交通灯系统设计

在了解了单片机应用系统的设计与开发流程之后，下面就用已学过的单片机知识开发交通灯控制系统，在设计过程中应注意对设计文件或文字的记录以及设计资料的积累。

1. 硬件电路设计

（1）数码显示和键盘电路

如图 7-40 所示，采用共阳极 LED 的动态显示方式，用 P0 口作段选，用 P1.0～P1.4 作位选；用 DS4、DS3 显示 X 方向的剩余时间，其中 DS3 是个位；用 DS2、DS1 显示 Y 方向

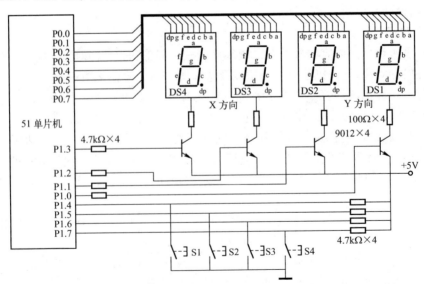

图 7-40　数码管显示原理图

的剩余时间，其中 DS1 是个位；在 P1.4、P1.5、P1.6、P1.7 外接 4 个按键，作为发挥设计时使用。在 P2.0～P2.5 外接 6 个 LED，作 X 方向显示的指示灯，在 P3.0～P3.5 外接 6 个 LED，作 Y 方向显示的指示灯。

（2）指示灯显示电路

LED 指示灯电路如图 7-41 所示，控制输出为低电平时指示灯点亮。

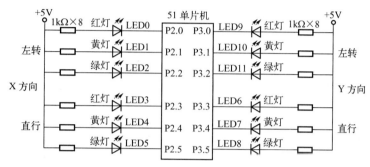

图 7-41　红绿灯原理图

X 方向的直行：红—P2.3　黄—P2.4　绿—P2.5。

X 方向的左转：红—P2.0　黄—P2.1　绿—P2.2。

Y 方向的直行：红　P3.3　黄—P3.4　绿—P3.5。

Y 方向的左转：红—P3.0　黄—P3.1　绿—P3.2。

2. 交通灯控制器原理图和 PCB 板图设计

根据给出的条件设计交通灯控制器原理图和 PCB 板图。要求 PCB 板图要能和最小系统板直接接口，PCB 板要按图 7-42 所示的尺寸及效果图做作。规定 PCB 的大小和样式，是因为在实际产品设计时也不是随心所欲的，也要受尺寸、外形、供电、接口方式等限制。

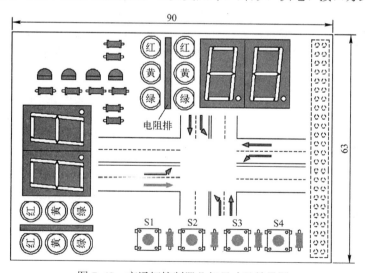

图 7-42　交通灯控制器几何尺寸及效果图

3. 软件设计

（1）任务分析与整体设计思路

题目要求实现的功能主要包括数码管计时显示功能和交通灯的状态切换功能。

计时功能：要实现计时功能需要使用定时器来计时，通过设置定时器的初始值来控制溢出中断的时间间隔，再利用一个变量记录定时器溢出的次数，达到定时 1s 的功能。当计时每到 1s 后，X 方向及 Y 方向信号灯各状态的暂存剩余时间减 1。当暂存剩余时间减到 0 时，切换到下一个状态，同时将下一个状态的初始倒计时值装载到计时变量中，开始下一个状态，如此循环重复执行。倒计时以绿灯和黄灯的时间为准，红灯时间是绿灯和黄灯时间之和。

整个程序依据定时器的溢出数来计时，每计时 1s 则相应状态的剩余时间减 1，一直减到 0 时触发下一个状态的开始。

根据交通规则，X 方向和 Y 方向的 LED 指示状态分别是 X 绿 Y 红、X 黄 Y 红、Y 绿 X 红、Y 黄 X 红。结合显示时间和硬件连接可归纳见表 7-18。

表 7-18 交通灯的状态切换表

序　号	X 方向状态	状 态 字	Y 方向状态	状 态 字
1	绿灯亮 30s	1101 1011B	红灯亮 35s	1111 0110B
2	黄灯亮 5s	1110 1101B		
3	红灯亮 25s	1111 0110B	绿灯亮 20s	1101 1011B
4			黄灯亮 5s	1110 1101B

由表 7-18 可以看出，因为 X 方向和 Y 方向的硬件接法对称，所以控制 LED 的状态字相同，如绿灯亮都是 1101 1011B。

（2）软件设计

就任何一种单片机产品的开发而言，其软件设计都不可能一气呵成，先要按功能划分成模块，然后编写模块程序，并结合硬件进行调试，调试通过后把模块转换成函数，这时要注意函数是否需要形参、是否需要返回值，形参和返回值的数据类型等。

根据本任务硬件系统的特点，大体可以分为显示电路、键盘电路、定时器中断等几个模块。这里给出一个程序供设计时参考，只考虑 X 方向直行和 Y 方向直行，没有考虑左转问题。

程序如下：

```
#include <reg51.h>
#define uchar unsigned char
#define uint unsigned int
char data num[4];                    //显示变量
uchar code LED_Val[] = {0xC0,0xF9,0xA4,0xb0,0x99,0x92,0x82,0xf8,0x80,0x98};    //0~9 段选
uchar x_time_g=30;                   //x 轴绿灯亮时间
uchar x_time_y=5;                    //x 轴黄灯亮时间
uchar y_time_g=20;                   //y 轴绿灯亮时间
uchar y_time_y=5;                    //y 轴黄灯亮时间
uchar x_time;                        //x 轴时间
uchar y_time;                        //y 轴时间
uchar min_time;                      //最短时间
uchar led_state;                     //交通灯状态记录
```

```
uchar g_light=0xdb;            //1101 1011- BDH    绿灯亮
uchar y_light=0xed;            //1110 1101 EDH    黄灯亮
uchar r_light=0xf6;            //1111 0110 F6H    红灯亮
uchar time_flag;               //min_time 时间到标志
uchar sec;                     //定时中断计数
//************************************
//静态显示程序
//************************************
void DISP(void)
{
    uchar i;
    for(i=0; i<4; i++)                    //循环 4 次（4 个数码管）
      {
        SBUF= LED_Val [num[i]];          //查表取段码，串行送出
        while(TI==0);
        TI=0;
      }
}
//**************************************
//T1 中断函数，秒计时
//**************************************
void T1NT(void) interrupt 3 using 0
{
    TH1=0x3c;                      //重设初值
    TL1=0xb0;
    if(++sec>20)                   //50ms×20=1s
    {
        sec=0;
        --x_time;                  //x 方向倒计时减 1
        --y_time;                  // y 方向倒计时减 1
        num[1]=x_time/10;          //计算时间值送给显示变量
        num[0]=x_time%10;
        num[3]=y_time/10;
        num[2]=y_time%10;
        DISP();                    //调显示函数
        if(--min_time==0)          //时间到否？
        {
            time_flag=1;           //置时间到标志
        }
    }
 }
//**************************************
//初始化函数
//**************************************
void Initial(void)
{
```

```
            P0=0xff;
            P1=0xff;
            P2=0xff;
            P3=0xff;
            SCON=0x00;
            TMOD=0x11;
            TH1=0x3c;           //初值
            TL1=0xb0;           //50MS
            led_state=0;
            sec=0;
            disp_con=0;
            EA=1;
            ET1=1;
            TR1=1;
        }
//*************************************
//主函数
//*************************************
void main()
{
    Initial();
    time_flag=1;            //置时间到标志，显示第一个状态
    while(1)
    {
        if(time_flag)
        {
            time_flag=0;
            led_state=led_state+1;
            switch(led_state)
            {
                case 1:
                {
                    x_time=x_time_g;            //x 轴绿灯时间
                    y_time=x_time_g+x_time_y;   //y 轴时间
                    min_time=x_time;            //x 轴绿灯
                    P1=r_light;                 //y 轴红灯
                    P2= g_light;                //x 轴绿灯
                    break;
                }
                case 2:
                {
                    x_time=x_time_y;            //x 轴黄灯时间
                    min_time=x_time;            //x 轴黄灯
                    P1= r_light;                //y 轴红灯
                    P2= y_light;                //x 轴黄灯
                    break;
```

```
            }
            case 3:
            {
                y_time=y_time_g;              //y 轴绿灯时间
                x_time=y_time_g+y_time_y;     //x 轴时间
                min_time=y_time;              //y 轴绿灯
                P1=g_light;                   //y 轴绿灯
                P2= r_light;                  //x 轴红灯
                break;
            }
            case 4:
            {
                y_time=y_time_y;              //y 轴黄灯时间
                min_time=x_time;              //y 轴黄灯
                P1=y_light;                   //y 轴黄灯
                P2=r_light;                   //x 轴红灯
                break;
            }
            default:
            {
                time_flag=1;                  //led_state 等于其他值, 重新开始
                led_state=0;
                brcak;
            }
        }
    }
  }
}
```

（3）设计引伸

1）在 X 方向和 Y 方向分别增加左转指示灯，其接口电路如图 7-41 所示。试根据自己的想法，设计交通灯，自行安排亮灯时间，编写控制程序。

2）把图 7-40 所示的接在 P1.4～P1.7 的按键考虑到系统设计中，通过这 4 个按键增加一些辅助功能。

倒计时初始时间的设定。一般黄灯的时间不需要设定，固定一个时间即可，比如 3s、4s、5s 等；红灯的时间是对方绿灯和黄灯时间.之和，因此只要设定绿灯时间即可。

把 S1 设成功能键，用 S1 选择是哪一个绿灯时间需要设定，每按一下 S1 键，就有一个绿灯被点亮，同时对应两位数码管显示该灯的初始值，并且十位的数码管闪烁，表明该位可以被修改。把 S2 键设成移位键，每按一下 S2 键，闪烁的数码管就会移到下一位，只有闪烁的数码管，才可以修改设定。S3 键设为加一键，每按一下，闪烁的数码管加一，加到 9 时，再按回到 0；S4 键设为减一键，每按一下，闪烁的数码管减一，减到 0 时，在按回到 9。在非设定状态时，可以把 S2、S3、S4 键设成其他功能。

紧急状态处理，如遇到火警、急救等状况的处理等。

练习题

一、选择题

1. 串行中断的入口地址是（　　　）。

    A. 0023H   B. 0003H   C. 000BH   D. 0013H

2. MCS-51 单片机中与外部中断无关的寄存器是（　　　）。

    A. TCON   B. SCON   C. IE   D. IP

3. 中断标志需手动清零的是（　　　）。

    A. 外部中断的标志   B. 计数/定时器中断

    C. 串行通信中断的标志   D. 所有中断标志均需手动清零

4. 在 MCS-51 中，需要外加电路实现中断撤除的是（　　　）。

    A. 定时中断   B. 脉冲方式的外部中断

    C. 串行中断   D. 电平方式的外部中断

5. 中断查询，查询的是（　　　）。

    A. 中断请求信号   B. 中断请求标志位

    C. 外中断方式控制位   D. 中断允许控制位

6. 执行语句 IE=0x84 后，MCS-51 单片机设定的功能是（　　　）。

    A. 允许串行口中断，CPU 开放中断。

    B. 允许外部中断 0 中断，CPU 开放中断。

    C. 允许外部中断 1 中断，CPU 开放中断。

    D. 允许定时器 0 中断，CPU 开放中断。

7. 执行语句 IP=0x18 后，51 单片机的中断优先顺序是（　　　）。

    A. INT0→INT1→T0→T1→串行口   B. INT0→T0→INT1→T1→串行口

    C. T1→串行口→INT0→INT1→T0   C. T1→串行口→INT0→T0→INT1

8. 下列说法正确的是（　　　）。

    A. 中断函数可以有形参   B. 中断函数不可以有形参

    C. 中断函数只可以有一个形参   D. 中断函数可以调用

9. 下列说法正确的是（　　　）。

    A. 中断函数的中断号是固定的

    B. 中断函数的中断号是随便写的

    C. 中断函数的中断号与工作寄存器组有关

    D. 中断函数的中断号要小于 5

10. 外部中断 INT1 的号是（　　　）。

    A. 0   B. 1   C. 2   D. 3

11. MCS-51 单片机中与定时/计数器中断无关的寄存器是（　　　）。

    A. TCON   B. TMOD   C. SCON   D. IP

12. 定时器 T1 是（　　　）。

    A. 12 位定时器   B. 8 位定时器

C．16 位定时器　　　　　　　　　　　D．13 位定时器

13．在下列寄存器中，与定时/计数控制无关的是（　　　）。

A．TCON（定时控制寄存器）　　　　B．TMOD（工作方式控制寄存器）

C．SCON（串行控制寄存器）　　　　D．IE（中断允许控制寄存器）

14．计数/定时器中断发生在（　　　）。

A．送入初值时　　　　　　　　　　B．开始计数时

C．计数允许时　　　　　　　　　　D．计数溢出时

15．计数/定时器为自动重装初值的的方式为（　　　）。

A．方式 0　　　　B．方式 1　　　　C．方式 2　　　　D．方式 3

16．执行语句 TMOD=0x52 后，MCS-51 单片机设定的功能是（　　　）。

A．定时器 1 为方式 2，定时；定时器 0 为方式 1，计数。

B．定时器 1 为方式 1，计数；定时器 0 为方式 0，计数。

C．定时器 1 为方式 1，计数；定时器 0 为方式 2，定时。

D．定时器 1 为方式 1，定时；定时器 0 为方式 2，定时。

17．串行通信的传输速率单位是波特，而波特的单位是（　　　）。

A．字符/秒　　B．位/秒　　　　　C．帧/秒　　　　D．帧/分

18．帧格式为 1 个起始位、8 个数据位和 1 个停止位的异步串行通信方式是（　　　）。

A．方式 0　　　　B．方式 1　　　　C．方式 2　　　　D．方式 3

19．串行口工作方式 1 的波特率是（　　　）。

A．固定的，$f_{osc}/32$

B．固定的，$f_{osc}/16$

C．可变的，通过定时器/计数器 T1 的溢出率设定

D．固定的，$f_{osc}/64$

20．MCS-51 单片机中与串行中断无关的寄存器是（　　　）。

A．TCON　　　　B．PCON　　　　C．SCON　　　　D．IP

21．用 MCS-51 串行口的方式 0，扩展并行输出口需使用（　　　）。

A．74LS273　　B．74LS244　　　C．74LS165　　　D．74LS164

22．用 MCS-51 串行口的方式 0，扩展并行输入口需使用（　　　）。

A．74LS273　　B．74LS244　　　C．74LS165　　　D．74LS164

23．串行口发送中断标志 TI 的特点是（　　　）。

A．发送数据时 TI＝1　　　　　　　B．发送数据后 TI＝1

C．发送数据前 TI＝1　　　　　　　D．发送数据后 TI＝0

二、简答题

1．MCS-51 有几个中断源？请写出其名称。

2．MCS-51 中断优先控制有什么基本规则？

3．要使一个中断源的中断请求被响应，必须满足什么必要条件？

4．叙述 MCS-51 中断响应处理过程。

5．叙述 MCS=51 CPU 响应中断的条件？

6．如何选择外部触发方式？采用低电平触发方式，如何防止 CPU 重复响应中断？

7．中断程序一般包含哪两部分？各完成什么内容？

8．C51 中的中断函数和一般的函数有什么不同？

9．MCS–51 单片机的定时/计数器在什么情况下是定时器？什么情况下是计数器？

10．启动定时/计数器与 GATE 有什么关系？

11．如何判断定时/计数器溢出？

12．定时/计数器对外部计数时，有什么条件限制？

13．串行数据传送的主要优点和用途是什么？

14．"串入并出"和"并入传出"应用在什么场合？

15．在单片机用于通信时，为什么要采用 11.0592MHz 晶振？

16．为什么定时/计数器 T1 用作串行口波特率发生器时，应采用方式 2？若已知时钟频率、通信波特率，如何计算其初值？

三、编程题

1．试编写允许单片机外部 INT1 低电平触发方式中断的初始化程序。

2．用定时/计数器和外部中断方式设计一个简易电子秒表，最小计时 0.1s。按键第一次按下时，开始计时；按键第二次按下时，停止计时。

3．设计一个家庭使用定时器，定时 1～60min，显示采用倒计时方式。当定时器显示时间为 0 时，控制继电器动作，并通过 LED 发出 2Hz 闪烁提醒信号。

4．两单片机采用 11.0592MHz 时钟、4800bit/s 波特率，用查询方式实现双机通信。将甲机的数据块传送至乙机中，数据块的长度为 8。

第8章 单片机扩展应用技术

学习单片机的目的是为了应用单片机开发设计智能测控产品,通过前几章的学习,读者应已初步掌握了单片机自带功能及其软件控制方法。本章先介绍 D-A 转换技术、STC 单片机内部的 A-D 转换及 EEPROM 存储器,然后讲解以单片机为核心的温度测控仪表设计、交流电流表设计以及远程多路循环检测仪表设计。

8.1 任务9 D-A 转换应用——信号发生器

任务描述: 由单片机和 DAC0832 组成的信号发生器电路如图 8-1 所示,由单片机 P0 口输出的数据控制 Vout 的变化。在单片机的 P1 口外接 4 个按键,其功能如下:S1 按下时,Vout 输出正弦波;S2 按下时,Vout 输出三角波;S3 按下时,Vout 输出方波;S4 按下时,Vout 输出锯齿波。系统复位后,Vout 输出低电平,等待按键。

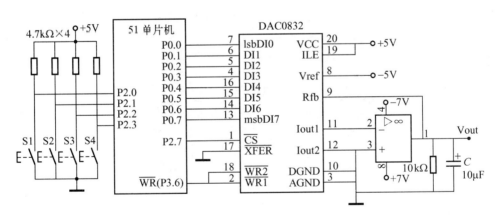

图 8-1 由单片机和 DAC0832 组成的信号发生器电路

任务分析: 当单片机需要模拟量控制输出时,就要用 D-A 转换了,D-A 转换的方式很多,并不限于非用 D-A 转换芯片不可。但 D-A 转换芯片编程简单,输出精度高,是单片机应用系统中常用的芯片。

任务准备: D-A 转换电路的元器件配置图如图 8-2 所示,在图中把 DAC0832 的 VCC 插针用短路帽短接;输出信号从 DAC 插针引出;把三插针插座的下边两个插针用短路帽短接。任务十的电路实物如图 8-3 所示。

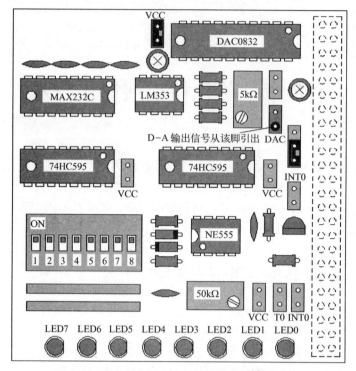

图 8-2　D-A 转换电路的元器件配置图

图 8-3　任务十的实物图

8.1.1　概述

D-A 转换器是一种能把数字量转换成模拟量的电子器件即数模转换器（Digital to Analog Conver，DAC）。在单片机测控系统中经常采用的是 D-A 转换器的集成电路芯片，称为 D-A 接口芯片或 DAC 芯片。

1. D-A 转换器的性能指标

（1）分辨率（Resolution）

分辨率是指 D-A 接口芯片能分辨的最小输出模拟增量。输入数量发生单位数码变化时，即 LSB（最低有效位）产生一次变化时，所对应的输出模拟量的变化量。对于线性 D-A

转换器来说，其分辨率 Δ、数字量的位数 n 和模拟输出的满量程值之间的关系为

$$\Delta = \frac{模拟输出的满量程值}{2^n} \tag{8-1}$$

在实际使用中，表示分辨率高低更常用的方法是采用输入量的位数，如满量程 10V 的 8 位 DAC 芯片的分辨率为 8 位。

$$\Delta = \frac{10V}{2^8} = 39mV$$

（2）转换精度（Conversion Accuracy）

转换精度是指满量程时 DAC 的实际模拟输出量与理论值的接近程度，与 D-A 转换芯片的结构和接口配置电路有关。通常，DAC 的转换精度为分辨率的 1/2。

（3）失调误差

失调误差是指输入数字量为零时，模拟输出量与理想输出量的偏差。偏差值的大小一般用 LSB 的份数或偏差值表示。

2．D-A 转换器的选择要点

（1）输入信号的形式

输入信号有并行和串行两种形式，需根据实际要求选定。在实际应用中大多数选用并行输入；串行输入虽节省数据线，但速度较慢，适用于远距离数据传输。

（2）分辨率和转换精度

根据对输出模拟量的精度要求来确定 D-A 转换器的分辨率和转换精度。常用的分辨率有 8 位、10 位和 12 位。在精度指标方面，零点误差和满量程误差可以通过电路调整进行补偿，因此主要看芯片的非线性误差和微分非线性误差。

（3）建立时间

D-A 转换器的电流建立时间很短，一般为 50～500ns。若是输出电压形式，加上运算放大器电路，电压建立时间一般为 1μs 到几μs，一般都能满足系统要求。

（4）转换结果的输出形式

转换结果的输出形式有电流或电压，有单极性或双极性，有不同量程，还有多通道输出方式。这可根据应用系统对模拟量形式的实际要求来确定。

8.1.2　D-A 转换典型集成芯片 DAC0832 芯片

DAC0832 是具有 8 位分辨率的 D-A 转换典型集成芯片，以其价廉、接口简单和转换控制容易等优点，在单片机应用系统中得到了广泛的应用。

1．DAC0832 的引脚

DAC 的 0832 引脚图如图 8-4 所示。

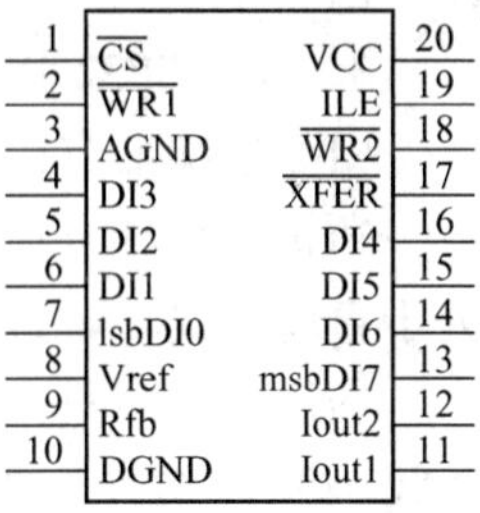

各引脚信号说明如下。

1）DI7～DI0：转换数据输入。

2）$\overline{CS}$：片选信号（输入），低电平有效。

3）ILE：数据锁存允许信号（输入），高电平有效。

4）$\overline{WR1}$：第 1 写信号（输入），低电平有效。该信号与 ILE 信号共同控制输入寄存器是数据直通方式还是数据锁存方式。

图 8-4　DAC0832 的引脚图

- 当 ILE=1 且 $\overline{WR1}$=0 时，为输入寄存器直通方式。
- 当 ILE=1 且 $\overline{WR1}$=1 时，为输入寄存器锁存方式。

5）$\overline{XFER}$：数据传送控制信号（输入），低电平有效。

6）$\overline{WR2}$：第 2 写信号（输入），低电平有效。该信号与 $\overline{XFER}$ 信号共同控制 DAC 寄存器是数据直通方式还是数据锁存方式。

- $\overline{WR2}$=0 且 $\overline{XFER}$=0 时，为 DAC 寄存器直通方式。
- $\overline{WR2}$=1 且 $\overline{XFER}$=0 时，为 DAC 寄存器锁存方式。

7）Iout1：电流输出"-1"；当数据为全 1 时，输出电流最大；当数据为全 0 时，输出电流最小。

8）Iout2：电流输出"2"；DAC 转换器的特性之一是 Iout1+Iout2=常数。

9）Rfb：反馈电阻端。即运算放大器的反馈电阻端，电阻已固化在芯片中。因为 DAC0832 是电流输出型 D-A 转换器，为得到电压的转换输出，使用时需在两个电流输出端接运算放大器 Rfb（即运算放大器的反馈电阻）。

10）Vref：基准电压，是外加高精度电压源。该电压可正可负，范围为－10～+10V。

11）DGND：数字地。

12）AGND：模拟地。

2．DAC0832 的内部结构

DAC0832 的内部结构框图如图 8-5 所示。它由 8 位输入寄存器、8 位 DAC 寄存器、8 位 D-A 转换电路及转换控制电路构成。

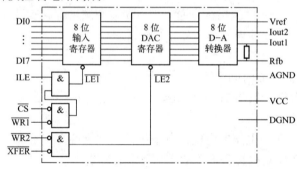

图 8-5　DAC0832 的内部结构框图

"8 位输入寄存器"用于存放 CPU 送来的数字量，使输入的数字量得到缓冲和锁存，由 $\overline{LE1}$ 控制。"8 位 DAC 寄存器"用于存放待转换的数字量，由 $\overline{LE2}$ 控制。"8 位 D-A 转换电路"由 T 型电阻网络和电子开关组成，电子开关受"8 位 DAC 转换器"输出控制。

3．DAC0832 和 51 单片机的接口方式

（1）单缓冲方式连接

所谓单缓冲方式，就是使 DAC0832 的两个输入寄存器中有一个（多为 DAC 寄存器）处于直通方式，而另一个处于受控锁存方式。

应用场合：只有一路模拟量输出，或虽是多路模拟量输出但并不要求输出同步的情况。DAC0832 单缓冲方式接口电路如图 8-6 所示。

（2）双缓冲方式连接

所谓双缓冲方式，就是把 DAC0832 的输入寄存器和 DAC 寄存器都接成受控锁存方式。DAC0832 双缓冲方式接口电路如图 8-7 所示。

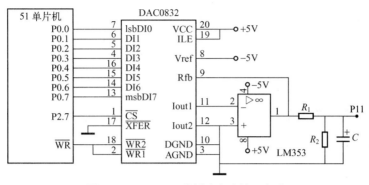

图 8-6　DAC0832 单缓冲方式接口电路

应用场合：对于多路 D-A 转换接口，要求同步进行 D-A 转换输出时，必须采用双缓冲器同步方式接法。

DAC0832 采用这种接法时，数字量的输入锁存和 D-A 转换输出是分两步完成的，即 CPU 的数据总线分时地向各路 D-A 转换器输入要转换的数字量并锁存在各自的输入寄存器中，然后 CPU 对所有 D-A 转换器发出控制信号，使各个 D-A 转换器输入寄存器中的数据送入 DAC 寄存器，实现同步转换输出。

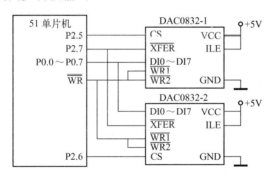

图 8-7　DAC0832 双缓冲方式接口电路

P2.5 和 P2.6 分别选择两路 D-A 转换器的输入寄存器，控制输入锁存；P2.7 连到两路 D-A 转换器的 $\overline{\text{XFER}}$ 端控制同步转换输出；8031 的 $\overline{\text{WR}}$ 端与所有 $\overline{\text{WR1}}$ 和 $\overline{\text{WR2}}$ 端相连。执行下面 8 条指令就能完成 D-A 的同步转换输出。

8.1.3　DAC0832 应用举例

【例 8-1】　DAC0832 用作波形发生器。试根据图 8-1，分别编写产生正弦波、锯齿波、三角波的程序。

由图 8-1 可以确定 DAC0832 的地址是 7FFFH（0111 1111 1111 1111）。

1. 正弦波程序

```
#include <reg51.h>
#include <absacc.h>              //absacc.h 是 C51 中绝对地址访问函数的头文件
#define DAC_OUT XBYTE[0x7FFF]    //将 DAC_OUT 定义为外部 I/O 口地址为 7FFFH
```

```
        unsigned char code sinn[64]={198，204，210，216，222，228，233，237，242，245，249，
251，253，255，255，255，255，254，252，250，247，243，239，235，230，224，219，213，
207，201，194，188，181，175，169，163，158，152，147，143，139，136，133，131，129，
128，128，128，129，130，132，135，138，142，146，151，156，162，168，174，180，186，
193，199};        //正弦的数值在128和255之间，所以输出的正弦幅值为0～5V
        void main(void)
        {
            unsigned char a，i，k;
            i=0;
            while(1)
            {
                a=sinn[i];
                DAC_OUT=a;
                if (i>=63) i=0;
                for (k=0;k<2;k++);    //延时
            }
        }
```

2. 锯齿波程序

```
    #include <reg51.h>
    #include <absacc.h>              //absacc.h 是 C51 中绝对地址访问函数的头文件
    #define DAC_OUT XBYTE[0x7FFF]    //将 DAC_OUT 定义为外部 I/O 口地址为 7FFFH
    void main(void)
    {
        unsigned char a，k;
        a=0;
        while(1)
        {
            DAC_OUT=a;
            a++;
            for (k=0;k<2;k++);    //延时
        }
    }
```

3. 三角波程序

```
    #include <reg51.h>
    #include <absacc.h>              //absacc.h 是 C51 中绝对地址访问函数的头文件
    #define DAC_OUT XBYTE[0x7FFF]    //将 DAC_OUT 定义为外部 I/O 口地址为 7FFFH
    void main(void)
    {
        unsigned char a，k, updown;
        updown=0;
        a=0;
        while(1)
        {
            if (updown==0)                //上升
```

```
        {
            DAC_OUT=a;
            a++;
            if (a==255) updown=1;
        }
        else                    //下降
        {
            DAC_OUT=a;
            a--;
            if (0==0) updown=0;
        }
        for (k=0;k<2;k++);   //延时
    }
}
```

练习：自己编写程序，根据 P1.0 和 P1.1 的输入状态，输出正弦波、三角波、锯齿波、占空比为 40％的方波。如：

P1.1 P1.0 = 00 时，输出正弦波。

P1.1 P1.0 = 01 时，输出三角波。

P1.1 P1.0 = 10 时，输出锯齿波。

P1.1 P1.0 = 11 时，输出占空比为 40％的方波。

8.2 任务 10 A-D 转换应用——数字电压表

任务描述：简单的数字式电压测试电路如图 8-8 所示，用的是动态显示方式，这个在以前的章节中已用到，其显示函数在此处直接使用。在+5V 和 GND 之间接一个电位器，其滑动触点接到 P1.0，此时 P1.0 设成 A-D 输入模式。编写程序，用 DS3、DS2、DS1 显示测量电压，DS4 灭。当电位器的滑动端旋转到+5V 端时，显示最大 5.00V；当电位器的滑动端旋转到 GND 端时，显示最小 0.00V。

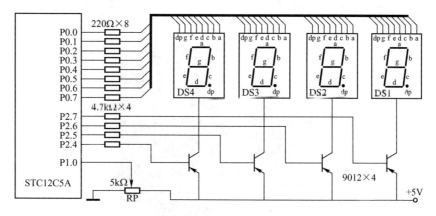

图 8-8 简单的数字式电压测试电路

任务分析：A-D 转换器是单片机应用系统中的常用部件。在数字化仪表中大量用到 A-D

转换器，现在很多单片机内部都带有 A-D 转换模块，分辨率有 8 位、10 位、12 位，使用非常方便。STC12C5A60S2 系列单片机内部带有 8 路 10 位 A-D 转换器，在一般的测量系统中，10 位的转换精度已能满足测量要求。STC 单片机对 A-D 的操控也是通过特殊功能寄存器来实现的，读者应掌握 STC 中控制 A-D 转换的 SFR 的用法及编程步骤。通过 A-D 转换得到的结果是二进制数，要通过标度变换进行计算，才能得到所要显示的结果。

　　任务准备： A-D 转换电路的元器件配置图如图 8-9 所示，按图把短路帽插接好；在程序运行时用小螺钉旋具旋 5kΩ电位器的螺帽，就可改变模拟电压的输入。顺时针旋转输入电压增加，最大为+5V；逆时针旋转输入电压变小，最小为 0V。如果取 10 位 A-D 转换结果，则转换后的数字量为 000H～3FFH。任务十的实物图如图 8-10 所示。

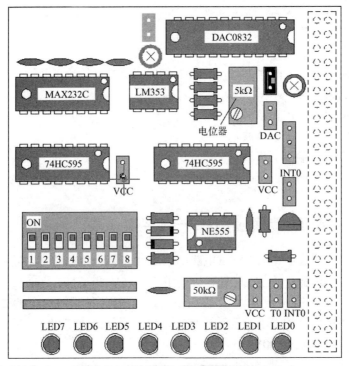

图 8-9　A-D 转换电路的元器件配置图

图 8-10　任务十的实物图

8.2.1　A–D 转换概述

A–D 转换器即模数转换器（Analog to Digital Converter，ADC），是一种能把输入模拟电压或电流变成与其成正比的数字量的电路，能把被控对象的各种模拟信息变成计算机可以识别的数字信息。

A–D 转换器包括计数器式 A–D 转换器、双积分式 A–D 转换器、逐次逼近式 A–D 转换器和并行 A–D 转换器。

计数器式 A–D 转换器结构很简单，但转换速度也很慢，所以很少采用。

双积分式 A–D 转换器抗干扰能力强，转换精度很高，但速度不够理想，常用于数字式测量仪表中。

逐次逼近式 A–D 转换器结构不太复杂，转换速度也高，应用广泛。

1．A–D 转换器的性能指标

（1）量化误差（Quantizing Error）与分辨率（Resolution）。

A–D 转换器的分辨率表示输出数字量变化一个相邻数码所需输入模拟电压的变化量，习惯上以输出二进制位数或满量程与 2^n 之比（其中 n 为 ADC 的位数）表示。

例如，A–D 转换器 AD574A 的分辨率为 12 位，即该转换器的输出数据可以用 2^{12} 个二进制数进行量化，其分辨率为 1LSB　（$1LSB=V_{FS}/2^{12}$）。如果用百分数来表示分辨率时，其分辨率为

$$1/2^n \times 100\% = 1/2^{12} \times 100\% = 0.0244\%$$

一个满量程 $V_{FS}=10V$ 的 12 位 ADC 能够分辨输入电压变化的最小值为 2.4mV。

量化误差是由有限数字对模拟数值进行离散取值（量化）而导致的误差。因此，量化误差理论上为一个单位分辨率，即 $\pm(1/2)$LSB。提高分辨率可减少量化误差。

（2）转换精度（Conversion Accuracy）

A–D 转换器转换精度反映了一个实际 A–D 转换器在量化值上与一个理想 A–D 转换器进行 A–D 转换的差值，由模拟误差和数字误差组成。

模拟误差是由比较器、解码网络中电阻值以及基准电压波动等导致的误差。数字误差主要包括丢失码误差和量化误差，丢失码误差属于非固定误差，由元件质量决定。

（3）转换时间与转换速率

A–D 转换器完成一次转换所需要的时间为 A–D 转换时间，是指从启动 A–D 转换器开始到获得相应数据所需的时间（包括稳定时间）。通常，转换速率是转换时间的倒数，即每秒转换的次数。

2．A–D 转换器的选择要点

（1）确定 A–D 转换器精度及分辨率

用户提出的测控精度要求是综合精度要求，它包括了传感器精度、信号调节电路精度和 A–D 转换精度及输出电路、伺服机构精度，还包括了测控软件的精度。应将综合精度在各个环节上进行分配，以确定对 A–D 转换器的精度要求，再据此确定 A–D 转换器的位数。通常 A–D 转换器的位数至少要比综合精度要求的最低分辨率高一位，而且应与其他环节所能达到的精度相适应。

（2）确定 A–D 转换器的转换速率

通常根据被测信号的变化率及转换精度要求，确定 A–D 转换器的转换速率，以保证系统的实时性要求。用不同原理实现的转换器，其转换速率是不一样的，如积分型的、跟踪比较型的 A–D 转换器转换速率较慢，转换时间一般为几毫秒到几十毫秒，一般用于温度、压力、流量等缓慢变化量的检测。计算机中广泛采用逐次逼近式 A–D 转换器为中速转换器，常用于工业多通道单片机测控系统等。并行 A–D 转换器的转换速度最快，故常用于需实时瞬态记录等转换速度极高的场合。

8.2.2　STC12C5A60S2 系列单片机

STC12C5A60S2 系列单片机是 STC 生产的单时钟/机器周期（1T）的单片机，是具有高速、低功耗、超强抗干扰等特点的新一代 51 单片机，其指令代码与传统 51 单片机完全兼容，但速度快 8～12 倍。STC12C5A60S2 系列单片机的主要功能参数如下：

1）工作电压：STC12C5A60S2 系列工作电压：5.5～3.5V（5V 单片机）STC12LE5A60S2 系列工作电压：3.6～2.2V（3V 单片机）。

2）工作频率范围：0～35MHz。

3）用户应用程序空间 8K/16K/20K/32K/40K/48K/52K/60K/62K 字节。

4）片上集成 1280 字节 RAM。

5）通用 I/O 口，复位后为：准双向口/弱上拉（标准 8051 单片机的 I/O 口），可设成 4 种模式：准双向口/弱上拉；强推挽/强上拉；仅为输入/高阻；开漏。每个 I/O 口驱动能力均可达 20mA。

6）在系统可编程（In System Programming，ISP）在应用可编程（In Application Programming，IAP），无须专用编程器，可通过串行口（P3.0/P3.1）直接载入用户程序。

7）EEPROM 功能（STC12C5A60/AD/PWM 无内部 EEPROM）。

8）有内部 RC 振荡器（温漂为±（5～10）%）时钟源，可供用户选择。常温下内部 RC 振荡器频率为：5.0V 单片机为 11～17MHz；3.3V 单片机为 8～12MHz。在精度要求不高时，可选 RC 内部时钟。

9）4 个 16 位定时器。

10）PWM（2 路）/PCA（可编程计数器阵列，2 路），也可用来当作 2 路 D–A 使用。

11）8 路 10 位精度 A–D 转换器，转换速度 250K/S（即 25 万次/s）。

有关 STC12C5A60S2 系列单片机的更多信息，读者可登录 WWW.STCMCU.COM 网站，下载相关技术手册进行学习，本章只介绍 STC12C5A60S2 系列单片机的 A–D 功能及用法。

8.2.3　STC12C5A60S2 系列单片机的 A–D 转换器的结构

STC12C5A60S2 系列单片机的 A–D 转换口在 P1 口（P1.7～P1.0），有 8 路 10 位高速电压输入型 A–D 转换器，速度可达到 100kHz（10 万次/s）。上电复位后，P1 口为弱上拉型 I/O 口，用户可以通过软件设置将 8 路中的任何一路设置为 A–D 转换，不需作为 A–D 使用的口可继续作为 I/O 口使用。

STC12C560S2A 系列单片机 A–D 转换器（Analog to Digital Converter，ADC）的结构框图如图 8-11 所示。

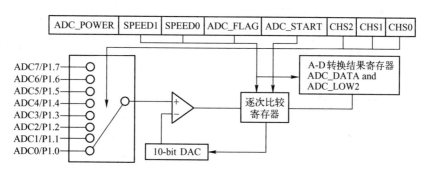

图 8-11　A-D 转换器的结构框图

STC12C5A60S2 系列单片机 ADC 由多路选择开关、比较器、逐次比较寄存器、10 位 D-A 转换器、转换结果寄存器（ADC_RES 和 ADC_RESL）以及 ADC_CONTR 构成。

STC12C5A60S2 系列单片机的 ADC 是逐次比较型 ADC。它由一个比较器和 D-A 转换器构成，通过逐次比较逻辑，从最高位（MSB）开始，顺序地对每一输入电压与内置 D-A 转换器输出进行比较，经过多次比较，使转换所得的数字量逐次逼近输入模拟量对应值。逐次比较型 A-D 转换器具有速度高，功耗低等优点。

从图 8-7 可以看出，通过模拟多路开关，将通过 ADC0～7 的模拟量输入送给比较器。用数/模转换器（DAC）转换的模拟量与本次输入的模拟量通过比较器进行比较，将比较结果保存到逐次比较器，并通过逐次比较寄存器输出转换结果。A-D 转换结束后，将最终的转换结果保存到 ADC 转换结果寄存器 ADC_RES 和 ADC_RESL。同时，置位 ADC 控制寄存器 ADC_CONTR 中的 A-D 转换结束标志位 ADC_FLAG，以供程序查询或发出中断申请。模拟通道的选择控制由 ADC 控制寄存器 ADC_CONTR 中的 CHS2~CHS0 确定。ADC 的转换速度由 ADC 控制寄存器中的 SPEED1 和 SPEED0 确定。在使用 ADC 之前，应先给 ADC 上电，即置位 ADC 控制寄存器中的 ADC_POWER 位。

当 ADRJ=0 时，如果取 10 位结果，则按式（8-1）计算

$$（ADC\_RES[7：0]，ADC\_RESL[1：0]）=1024×V_{in}/V_{CC} \qquad (8-1)$$

当 ADRJ=0 时，如果取 8 位结果，则按式（8-2）计算

$$（ADC\_RES[7：0]）=256×V_{in}/V_{CC} \qquad (8-2)$$

当 ADRJ=1 时，如果取 10 位结果，则按式（8-3）计算

$$（ADC\_RES[1：0]，ADC\_RESL[7：0]）=1024×V_{in}/V_{CC} \qquad (8-3)$$

当 ADRJ=1 时，如果取 8 位结果，则按式（8-4）计算

$$（ADC\_RES[7：0]）=256×V_{in}/V_{CC} \qquad (8-4)$$

式中，V_{in} 为模拟输入通道输入电压，Vcc 为单片机实际工作电压。用单片机工作电压作为模拟参考电压。

8.2.4　A-D 转换控制寄存器

STC12C5A60S2 系列单片机的 A-D 转换也是由特殊功能寄存器（SFR）控制实现。与 STC12C5A60S2 系列单片机 A-D 转换相关的特殊功能寄存器见表 8-1。

表 8-1　与 STC12C5A60S2 系列单片机 A-D 转换相关的特殊功能寄存器

符　号	描　述	地　址	复位值
P1M1	P1 口模式配置寄存器 0	91H	00000000B
P1M0	P1 口模式配置寄存器 1	92H	00000000B
P1ASF	P1 口模式配置寄存器	9DH	00000000B
ADC_CONTR	ADC 控制寄存器	BCH	00000000B
ADC_RES	A-D 转换结果寄存器，高位	BDH	00000000B
ADC_RESL	A-D 转换结果寄存器，低位	BEH	00000000B
AUXR1	辅助寄存器	A2H	x00000x0B
IE	中断允许	A8H	00000000B
IP	中断优先级低位	B8H	00000000B
IPH	中断优先级高位	B7H	00000000B

1. I/O 口工作模式控制寄存器 P1M1 及 P1M0

所有 I/O 口均可由软件配置成 4 种工作类型之一，每个 I/O 口由两个控制寄存器中的相应位控制每个引脚工作类型。上电复位后为准双向口/弱上拉（标准 8051 单片机的 I/O 口）模式。I/O 口驱动能力可达 20mA，但整个芯片最大不得超过 120mA。P1 口工作控制寄存器为 P1M1 和 P1M0。P1M1 地址为 91H，P1M0 地址为 92H，都不能位寻址。两个寄存器的功能见表 8-2 和表 8-3；P1 口工作类型设定见表 8-4。

表 8-2　P1 口工作模式控制寄存器 P1M1 各位定义

位序	D7	D6	D5	D4	D3	D2	D1	D0
位符号	P1M1.7	P1M1.6	P1M1.5	P1M1.4	P1M1.3	P1M1.2	P1M1.1	P1M1.0

表 8-3　P1 口工作模式控制寄存器 P1M0 各位定义

位序	D7	D6	D5	D4	D3	D2	D1	D0
位符号	P1M0.7	P1M0.6	P1M0.5	P1M0.4	P1M0.3	P1M0.2	P1M0.1	P1M0.0

表 8-4　与 STC12C5A60S2 系列单片机 P1 口工作类型设定

P1M1（7：0）	P1M0（7：0）	I/O 口模式（P1.x 如作 A-D 使用，需先将其设置成开漏或高阻输入）
0	0	准双向 I/O 口（传统 8051I/O 口模式），灌电流可达 20mA，拉电流为 230μA
0	1	推挽输出（强上拉输出，可达 20mA，要加限流电阻）
1	0	仅为输入（高阻），如果该 I/O 口需作 A-D 使用，可选此模式
1	1	开漏，如果该 I/O 口需作 A-D 使用，可选此模式

如　P1M1=0xa0；//10100000B

　　P1M0=0xc0；//11000000B

则 P1.7 为开漏，P1.6 为强推挽输出，P1.5 为高阻输入，P1.4、P1.3、P1.2、P1.1、P1.0 为准双向 I/O 口/弱上拉。

2. P1 口模拟功能控制寄存器 P1ASF

STC12C5A60S2 系列单片机的 A-D 转换通道与 P1 口（P1.7～P1.0）复用，上电复位后 P1 口为弱上拉型 I/O 口，用户可以通过软件设置将 8 路中的任何一路设置为 A-D 转换，不用作 A-D 的可继续作为一般 I/O 口用（建议只作为输入）。P1ASF 的字节地址为 9DH，不能位寻址，各位功能见表 8-5。

表 8-5 P1 口模拟功能控制寄存器 P1ASF 各位定义

位　序	D7	D6	D5	D4	D3	D2	D1	D0
位符号	P17ASF	P16ASF	P15ASF	P14ASF	P13ASF	P12ASF	P11ASF	P10ASF

P1ASF 中的位和 P1 口的位相对应，如 P17ASF 对应 P1.7，P10ASF 对应 P1.0 等。
P1xASF=1，则 P1x 为 A-D 转换输入口；P1xASF=0，则 P1x 为 I/O 口。
例如，P17ASF=1，则 P1.7 作为 A-D 输入使用。

3. ADC 控制寄存器 ADC_CONTR

ADC 控制寄存器 ADC_CONTR，地址 BCH，不能位寻址。各位功能见表 8-6。

表 8-6 ADC 控制寄存器 ADC_CONTR 各位定义

位　序	D7	D6	D5	D4	D3	D2	D1	D0
位符号	ADC_POWER	SPEED1	SPEED0	ADC_FLAG	ADC START	CHS2	CHS1	CHS0

对 ADC_CONTR 寄存器进行操作，建议直接用赋值语句，不要用"与"和"或"语句。

ADC_POWER：ADC 电源控制位。若 ADC_POWER 为 0，关闭 A-D 转换器电源；若 ADC_POWER 为 1，打开 A-D 转换器电源。

当进入空闲模式前，将 ADC 电源关闭，即 ADC_POWER=0。启动 A-D 转换前一定要确认 A-D 电源已打开，A-D 转换结束后关闭 A-D 电源可降低功耗，也可不关闭。初次打开内部 A-D 转换模拟电源，需适当延时，等内部模拟电源稳定后，再启动 A-D 转换。

当启动 A-D 转换后，在 A-D 转换结束之前，最好不改变任何 I/O 口的状态，有利于高精度 A-D 转换，若能将定时器、串行口中断系统关闭更好。

SPEED1，SPEED0：模数转换器转换速度控制位，其格式见表 8-7。

表 8-7 模数转换器转换速度控制位的格式

SPEED1	SPEED0	A-D 转换所需时间
1	1	90 个时钟周期转换一次，CPU 工作频率 21MHz，A-D 转换速度约 250kHz
1	0	180 个时钟周期转换一次
0	1	360 个时钟周期转换一次
0	0	540 个时钟周期转换一次

STC12C5A60S2 系列单片机的 A-D 转换模块所使用的时钟是内部 RC 振荡器所产生的系统时钟，不使用时钟分频器 CLK_DIV 对系统时钟分频后产生的供给 CPU 工作所使用的时钟，也就是说，A-D 转换和 CPU 使用的不是同一时钟，这样可以提高 A-D 的转换速度。

ADC_FLAG：模数转换器转换结束标志位，当 A-D 转换完成后，ADC_FLAG=1，要由软件清零。不管是 A-D 转换完成后由该位申请产生中断，还是由软件查询该标志位 A-D 转换是否结束，当 A-D 转换完成后，ADC_FLAG=1，一定要软件清零。

ADC_START：模数转换器转换启动控制位，设置为"1"时，开始转换，转换结束后为 0。

CHS2、CHS1 及 CHS0：模拟输入通道选择。其格式见表 8-8。

在程序中要注意：由于使用 2 套时钟，设置 ADC_CONTR 控制寄存器后，要加 4 个空操作延时才可以正确读到 ADC_CONTR 寄存器的值。

表 8-8　CHS2、CHS1、CHS0 模拟输入通道选择格式

CHS2	CHS1	CHS0	模拟输入通道选择
0	0	0	选择 P1.0 作为 A-D 输入来用
0	0	1	选择 P1.1 作为 A-D 输入来用
0	1	0	选择 P1.2 作为 A-D 输入来用
0	1	1	选择 P1.3 作为 A-D 输入来用
1	0	0	选择 P1.4 作为 A-D 输入来用
1	0	1	选择 P1.5 作为 A-D 输入来用
1	1	0	选择 P1.6 作为 A-D 输入来用
1	1	1	选择 P1.7 作为 A-D 输入来用

4. A-D 转换结果寄存器 ADC_RES、ADC_RESL 和 AUXR1

特殊功能寄存器 ADC_RES（地址为 BDH）和 ADC_RESL（地址为 BEH）均用于保存 A-D 转换结果，ADC_RES 存 A-D 转换结果高位；ADC_RESL 存 A-D 转换结果低位。特殊功能寄存器 AUXR1（地址 A2H）只有第 2 位 ADRJ 与 A-D 转换结果存放有关，其格式见表。

当 ADRJ=0 时，A-D 转换结果高 8 位在 ADC_RES 中，低 2 位在 ADC_RESL 中，见表 8-9。

表 8-9　A-D 转换结果寄存器 ADC_RES 和 ADC_RESL

位　序	D7	D6	D5	D4	D3	D2	D1	D0
ADC_RES	ADC_B9	ADC_B8	ADC_B7	ADC_B6	ADC_B5	ADC_B4	ADC_B3	ADC_B2
ADC_RESL	–	–	–	–	–	–	ADC_B1	ADC_B0
AUXR1						ADRJ=0		

此时，如果用户取完整的 10 位结果，则按式（8-5）计算：

$$（ADC\_RES[7：0]，ADC\_RESL[1：0]）=1024×V_{in}/V_{CC} \tag{8-5}$$

如果用户只需取 8 位结果，则按下面公式计算：

$$（ADC\_RES[7：0]）=256×V_{in}/V_{CC} \tag{8-6}$$

式中，V_{in} 为模拟输入通道输入电压，V_{CC} 为单片机实际工作电压，用单片机工作电压作为模拟参考电压。

当 ADRJ=1 时，A-D 转换结果高 2 位在 ADC_RES 中，低 8 位在 ADC_RESL 中，见表 8-10。

表 8-10　A-D 转换结果寄存器 ADC_RES 和 ADC_RESL

符号	D7	D6	D5	D4	D3	D2	D1	D0
ADC_RES	–	–	–	–	–	–	ADC_B9	ADC_B8
ADC_RESL	ADC_B7	ADC_B6	ADC_B5	ADC_B4	ADC_B3	ADC_B2	ADC_B1	ADC_B0
AUXR1						ADRJ=1		

此时，如果用户取完整的 10 位结果，则按式（8-7）计算：

$$(\text{ADC\_RES}[1：0]，\text{ADC\_RESL}[7：0])=1024\times V\text{in}/V\text{CC} \qquad (8\text{-}7)$$

5. A-D 中断控制寄存器

（1）A-D 中断控制寄存器 IE

IE 地址为 A8H，可位寻址，其格式见表 8-11。

表 8-11　A-D 中断控制寄存器 IE 各位定义

位　序	D7	D6	D5	D4	D3	D2	D1	D0
位符号	EA	ELVD	EADC	ES	ET1	EX1	ET0	EX0
位地址	AFH	AEH	ADH	ACH	ABH	AAH	A9H	A8H

IE 寄存器的有些位在前面中断一章已经介绍过，这里只介绍 EADC 位。

EADC：A-D 转换中断允许位。EADC=1，允许 A-D 转换中断；EADC=0，禁止 A-D 转换中断。

STC12C5A60S2 系列单片机的中断源见表 8-12。A-D 转换中断的中断号为 5，入口地址为 002BH。

表 8-12　STC12C5A60S2 系列单片机的中断源

中断源	查询次序	中断号	入口地址
INT0（外部中断 0 中断）		void int0_routine(void)interrupt 0	0003H
T0（定时器/计数器 0 中断）		void time0_routine(void)interrupt 1	000BH
INT1（外部中断 1 中断）	高	void int1_routine(void)interrupt 2	0013H
T1（定时器/计数器 1 中断）		void time1_routine(void)interrupt 3	001BH
UART1（串行口 1 中断）		void uart1_routine(void)interrupt 4	0023H
ADC（A-D 转换中断）		void adc_routine(void)interrupt 5	002BH
LVD（低压检测中断）		void lvd_routine(void)interrupt 6	0033H
PCA（计数器阵列中断）		void pca_routine(void)interrupt 7	003BH
UART2（串行口 2 中断）	低	void uart2_routine(void)interrupt 8	0043H
SPI（SPI 中断）		void spi_routine(void)interrupt 9	004BH

如果要允许 A-D 转换中断，则需要将几个相应的控制位置 1：

将 EADC 置 1，允许 ADC 中断，这是 ADC 中断的中断控制位。

将 EA 置 1，打开单片机总中断控制位，此位不打开，也是无法产生 ADC 中断的，A-D 中断服务程序中要用软件清 A-D 中断请求标志位 ADC_FLAG（ADC_CONTR.4）。

（2）A-D 中断优先级控制寄存器

中断优先级控制寄存器高 IPH，地址为 B7H，不可位寻址。其格式见表 8-13。

表 8-13　A-D 中断优先级控制寄存器 IPH 各位定义

位　序	D7	D6	D5	D4	D3	D2	D1	D0
位符号	PPCAH	PLVDH	PADCH	PSH	PT1H	PX1H	PT0H	PX0H

中断优先级控制寄存器低 IP，地址为 B8H，可位寻址。其格式见表 8-14。

表 8-14   A-D 中断优先级控制寄存器 IP 各位定义

位　序	D7	D6	D5	D4	D3	D2	D1	D0
位符号	PPCA	PLVD	PADC	PS	PT1	PX1	PT0	PX0
位地址	BFH	BEH	BDH	BCH	BBH	BAH	B9H	B8H

与 A-D 转换中断优先级控制有关的位是：PADCH（IPH.5）和 PADC（IP.5）。

当 PADCH=0 且 PADC=1 时，A-D 转换中断为最低优先级中断（优先级 0）。

当 PADCH=0 且 PADC=1 时，A-D 转换中断较低优先级中断（优先级 1）。

当 PADCH=1 且 PADC=0 时，A-D 转换中断为较高优先级中断（优先级 2）。

当 PADCH=1 且 PADC=1 时，A-D 转换中断为最高优先级中断（优先级 3）。

6. A-D 转换模块的参考电压源

STC12C5A60S2 系列单片机的参考电压源是输入工作电压 V_{CC}，所以一般不用外接参考电压源。如 7805 的输出电压是 5V，但实际电压可能是 4.88～4.96V，若用户需要比较高的精度，可在出厂时将实际测出的工作电压值记录在单片机内部的 EEPROM 里面，以供计算。

如果有些用户的 V_{CC} 不固定，如电池供电，电池电压在 5.3～4.2V 漂移，则 V_{CC} 不固定，就需要在 8 路 A-D 转换的一个通道外接一个稳定的参考电压源，来计算出此时的工作电压 V_{CC}，再计算出其他几路 A-D 转换通道的电压。如可在 ADC 转换通道的第 7 通道外接一个 1.25V 的基准参考电压源，由此求出此时的工作电压 V_{CC}，再计算出其他几路 A-D 转换通道的电压（理论依据是短时间之内，V_{CC} 不变）。

8.2.5 A-D 转换器应用举例

【例 8-2】 A-D 转换测试电路如图 8-12 所示，A-D 输入从电位器 RP 上获得接到 P1.0，旋转电位器旋钮，输入电压就会改变，且输入电压的变化范围为 0～5V。由 P0、P2 口控制驱动 4 位动态数码 LED 显示，P0 为段选，P2.0～P2.3 为位选。编写程序，每隔 1s 进行一次 A-D 转换，把 A-D 转换结果显示在 4 位数码 LED 上，并旋转电位器旋钮，观察显示结果。如有条件，可用万用表测试输入电压，与显示结果进行对照。

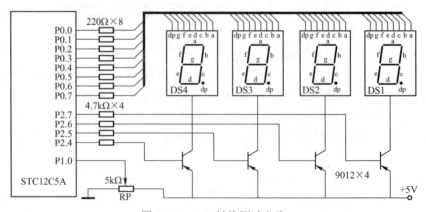

图 8-12   A-D 转换测试电路

1. 用 A-D 中断方式编程

程序如下：

```c
#include<reg51.h>              //包含 51 单片机寄存器定义的头文件
#define uint unsigned int
#define uchar unsigned char
sfr P1M1=0x91;
sfr P1M0=0x92;
sfr ADC_CONTR=0xBC;
sfr ADC_RES=0xBD;
sfr ADC_RESL=0xBE;
sfr ADC_P1ASF=0x9D;
sbit EADC=0xAD;
uchar i;                       //记录显示位置
uchar j;                       //记录中断次数
uchar code dtab[10]={0xc0,0xf9,0xa4,0xb0,0x99,0x92,0x82,0xf8,0x80,0x90};
                               //数码管显示 0～9 的段码表
uchar code selec[4]={0xef,0xdf,0xbf,0x7f};   //动态显示位选码表
uchar disp[4];
uint adz1;                     //A-D 转换结果为全局变量
bit ad_end=0;                  //设立 A-D 结束标志位
/*定时器/计数器 0 中断函数*/
void Time0(void)interrupt 1    //"interrupt"声明函数为中断服务函数
{
        TH0=(65536-4000)/256;  //定时器 T0 的高 8 位重新赋初值，4ms=4000μs
        TL0=(65536-4000)%256;  //定时器 T0 的高 8 位重新赋初值
        P2=0xff;               //全灭
        P0=dtab[disp[i]];      //查段码送 P0 口
        P2=selec[i];           //送位码
        if(++i>3)
        {
            i=0;
        }
        if(++j>250)            //4ms 中断一次，中断 250 次为 1s
        {
            j=0;
            ADC_CONTR|=0x08;   //（00001000）启动 A-D 转换
        }
}
/*A-D 转换中断函数*/
void ADC(void)interrupt 5
{
        ADC_CONTR&=0xE7;       //（11100111）清除 ADC_FLAG 和 ADC_START
        adz1=(ADC_RES<<2)|ADC_RESL;   //取 A-D 结果
        ad_end=1;
}
/*初始化函数*/
void init(void)
{
```

```
                TMOD=0x01;                  //使用定时器 T0 的模式 1
                TH0=(65536-4000)/256;       //定时器 T0 的高 8 位赋初值，4ms=4000μs
                TL0=(65536-4000)%256;       //定时器 T0 的高 8 位赋初值
                P1M1=0x01;                  //P1.0 为高阻输入
                P1M0=0x00;
                ADC_P1ASF=0x01;             //选 P1.0 为 A-D 输入
                ADC_CONTR=0x80;             //选 0 通道（P1.0），转换时钟为 540，打开 A-D 电源
                EA=1;                       //开总中断
                ET0=1;                      //定时器 T0 中断允许
                EADC=1;                     //允许 A-D 中断
                TR0=1;                      //启动定时器 T0
        }
        void main(void)
        {
                uint adc;
                init();                     //初始化
                disp[0]=8;
                disp[1]=8;
                disp[2]=8;
                disp[3]=8;                  //显示 8888
                while(1)                    //无限循环等待中断
                {
                        while(!ad_end);
                        ad_end=0;
                        adc=adz1;
                        disp[3]=adc%10;
                        adc=adc/10;
                        disp[2]=adc%10;
                        adc=adc/10;
                        disp[1]=adc%10;
                        adc=adc/10;
                        disp[0]=adc%10;
                }
        }
```

2. 用 A-D 查询方式编程

查询方式是查询 ADC_CONRT 中的 ADC_FLAG 位。在启动 A-D 转换后，ADC_FLAG =0；当 A-D 转换完成，置 ADC_FLAG=1，因此查询该位是否为 1，就可判断 A-D 转换是否完成。

程序如下：

```
        #include<reg51.h>                   //包含 51 单片机寄存器定义的头文件
        #define uint unsigned int
        #define uchar unsigned char
        sfr P1M1=0x91;
        sfr P1M0=0x92;
```

```
sfr ADC_CONTR=0xBC;
sfr ADC_RES=0xBD;
sfr ADC_RESL=0xBE;
sfr ADC_P1ASF=0x9D;
sbit EADC=0xAD;
uchar i;                                    //记录显示位置
uchar j;                                    //记录中断次数
uchar code dtab[10]={0xc0,0xf9,0xa4,0xb0,0x99,0x92,0x82,0xf8,0x80,0x90};
                                            //数码管显示 0~9 的段码表
uchar code selec[4]={0xef,0xdf,0xbf,0x7f};  //动态显示位选码表
uchar disp[4];
uint adz1;                                  //A-D 转换结果为全局变量
bit ad_end=0;                               //设立 A-D 结束标志位
/*定时器/计数器 0 中断函数*/
void Time0(void)interrupt 1                 //"interrupt"声明函数为中断服务函数
{
        TH0=(65536-4000)/256;               //定时器 T0 的高 8 位重新赋初值，4ms=4000μs
        TL0=(65536-4000)%256;               //定时器 T0 的高 8 位重新赋初值
        P2=0xff;                            //全灭
        P0=dtab[disp[i]];                   //查段码送 P0 口
        P2=selec[i];                        //送位码
        if(++i>3)
          {
             i=0;
          }
        if(++j>250)                         //4ms 中断一次，中断 250 次为 1s
        {
           j=0;
           ADC_CONTR|=0x08;                 // （00001000）启动 A-D 转换
        }
}


/*初始化函数*/
void init(void)
{
        TMOD=0x01;                          //使用定时器 T0 的模式 1
        TH0=(65536-4000)/256;               //定时器 T0 的高 8 位赋初值，4ms=4000μs
        TL0=(65536-4000)%256;               //定时器 T0 的高 8 位赋初值
        P1M1=0x01;                          //P1.0 为高阻输入
        P1M0=0x00;
        ADC_P1ASF=0x01;                     //选 P1.0 为 A-D 输入
        ADC_CONTR=0x80;                     //选 0 通道（P1.0），转换时钟为 540，打开 A-D 电源
        EA=1;                               //开总中断
        ET0=1;                              //定时器 T0 中断允许
        TR0=1;                              //启动定时器 T0
}
```

```
void main(void)
{
    uint adc;
    uchar i;
    init();                             //初始化
    disp[0]=8;
    disp[1]=8;
    disp[2]=8;
    disp[3]=8;                          //显示 8888
    while(1)                            //无限循环等待中断
    {
        while(!(ADC_CONTR&0x10));       //等 A-D 转换结束
        ADC_CONTR&=0xE7;               // （11100111）清除 ADC_FLAG 和 ADC_START
        adc=(ADC_RES<<2)|ADC_RESL;     //取 A-D 结果
        for(i=0;i<4;i++)
        {
            disp[3-i]=adc%10;          //显示 A-D 转换结果
            adc=adc/10;
        }
    }
}
```

【例 8-3】 DAC0832 的接口电路如图 8-13 所示，经 D-A 转换的结果送 P1.1 进行 A-D 转换，通过调整 R_1 和 R_2，就可使送 D-A 转换的数据和 A-D 转换得到的数据相等或成一定的比例。A-D 和 D-A 电路的元器件配置图如图 8-14 所示。编写程序要求如下：在数码管 DS4、DS3 显示送出 D-A 转换的数据，用十六进制数；在数码管 DS2、DS1 显示 A-D 转换的数据，A-D 转换结果只取低 8 位。

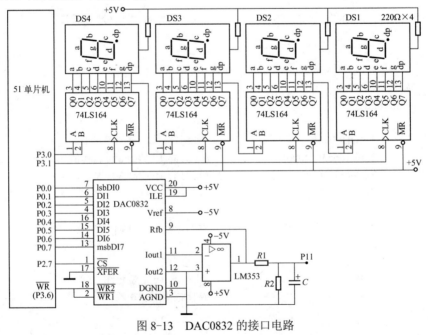

图 8-13 DAC0832 的接口电路

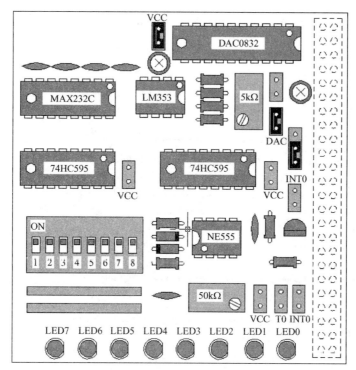

图 8-14 【例 8-3】A-D 和 D-A 电路的元器件配置图

程序如下:

```
#include<reg51.h>        //  包含 51 单片机寄存器定义的头文件
#include<absacc.h>
#define uint unsigned int
#define uchar unsigned char
#define   DACS   XBYTE[0x7FFF]
sfr AUXR1=0xA2;
sfr P1M1=0x91;
sfr P1M0=0x92;
sfr ADC_CONTR=0xBC;
sfr ADC_RES=0xBD;
sfr ADC_RESL=0xBE;
sfr ADC_P1ASF=0x9D;

uchar data1;
uchar data2;
uchar disp[4];      //定义 4 个显示缓冲单元
uchar code dtab[16]={0x03,0x9f,0x25,0x0d,0x99,0x49,0x41,0x1f,0x01,0x09,0x11,0xc1,0x63,
                0x85,0x61,0x71};      //共阳极接法的数字 0~9 段码表
//********************************************
void   rt_disploy(void)        //显示函数
  {
      uchar i;
```

```
    for(i=0;i<4;i++)                //循环 4 次（4 个数码管）
    {
      SBUF=dtab[disp[i]];           //查表取段码，串行送出
      while(TI==0);
      TI=0;
    }
}
//*****************************************
void delay_ms(uint x)   //定义 x_ms 延时函数，x 就是形式参数
{
      uint i;
      uchar j;
      for(i=x;i>0; i--)
      for(j=110;j>0;j--);
}
//*****************************************
  void main(void)
{
    disp[0]=8;
    disp[1]=8;
    disp[2]=8;
    disp[3]=8;                      //显示 8888
    rt_disply();                    //调显示
    P1M1=0x02;                      //P1.1 为高阻输入
    P1M0=0x00;
    AUXR1|=0x04;                    //A-D 结果存放格式设置
    ADC_P1ASF=0x02;                 //选 P1.1 为 A-D 输入
    ADC_CONTR=0x81;                 //选 0 通道（P1.1），转换时钟为 540，打开 A-D 电源
    data1=0;
    while(1)                        //无限循环等待
    {
      DACS=data1;                   //D-A 输出
      delay_ms(10);                 //延时 10ms
      ADC_CONTR|=0x08;              // (0000 1000)启动 A-D 转换
      while(!(ADC_CONTR&0x10));     //等 A-D 转换结束
      ADC_CONTR&=0xE7;              //(1110 0111)清除 ADC_FLAG 和 ADC_START

      data2=ADC_RESL;               //只取低 8 位 A-D 结果
      disp[0]=data2&0x0F;           //A-D 结果低 4 位
      disp[1]=data2>>4;             // A-D 结果高 4 位
      disp[2]=data1&0x0F;           //D-A 数据低 4 位
      disp[3]=data1>>4;             //D-A 数据高 4 位
      rt_disply();                  //调显示
      delay_ms(5000);               //延时 100ms
      data1++;
    }
}
```

8.3 任务 11 EEPROM 存储器应用——数据的掉电保护

任务描述：EEPROM 的应用电路如图 8-15 所示，由 P0、P2 口控制驱动 4 位动态数码 LED 显示，P0 为段选，P2.0～P2.3 为位选。在 P1.0、P1.1、P1.2 外接 3 个按键，命名为 S1、S2、S3。在单片机内部间接寻址区（内部 RAM80H～FFH），定义 2 个数组 ep1[ ]、ep2[ ]（大小可以自己选择），本例选 10 个元素。ep1[ ]中存的是准备向 EEPROM 中写的数据，ep2[ ]存的是从 EEPROM 中读出的数据，且写入和读出都是在同一扇区的相同地址范围。编写程序，实现下述功能：按 S1 键时，把 ep1[ ]的内容显示在 DS4、DS3，同时把 ep2[ ]对应元素的内容显示在 DS2、DS1，这样可以对比 ep1[ ]和 ep2[ ]的内容是否相同。按 S2 键时，把 ep1[ ]的内容写入 EEPROM。按 S3 键时，从 EEPROM 中读取数据存入 ep2[ ]。

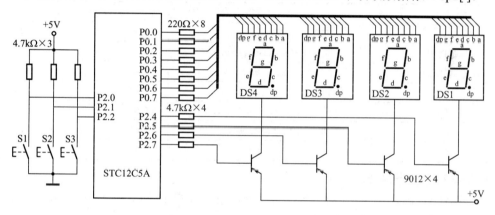

图 8-15 EEPROM 的应用电路

任务分析：在智能仪器或仪表中有些设定的参数和运行过程参数是非常重要的，即使在系统掉电时也不能丢失。单片机运行时的数据都存放在 RAM 中，在掉电后 RAM 中的数据是无法保留的，为了使数据在掉电后不丢失，需要使用 EEPROM 或 FLASH 等存储器来实现。在传统的单片机系统中，一般是在片外扩展存储器，单片机与存储器之间通过并行接口或 SPI 等接口来进行数据通信，这样不光会增加开发成本，同时在程序开发上也要花更多的心思。STC 单片机在片内置了 EEPROM（其实是采用 IAP 技术读写内部 Data Flash 来实现 EEPROM），可擦写次数 10 万次以上，这样就节省了片外资源，使用起来也更加方便。STC 单片机内部 EEPROM 的操作也是通过特殊功能寄存器实现的，因此掌握了特殊功能寄存器的意义，也就可顺利地操控内部 EEPROM 了。

任务准备：硬件电路可参看任务六的实物图。

8.3.1 EEPROM 的功能

EEPROM 可分为若干扇区，每个扇区包含 512 字节。使用时，建议同一次修改的数据放在同一个扇区，非同一次修改的数据放在不同的扇区，不一定要用满。数据存储器的擦除操作是按扇区进行的。

在用户程序中，可以对 EEPROM 进行字节读/字节编程/扇区擦除操作。在工作电压 V_{CC} 偏低时，建议不要进行 EEPROM/IAP 操作。

需要注意的是：5V 单片机在 3.7V 以上对 EEPROM 进行操作才有效，3.7V 以下对 EEPROM 进行操作，MCU 不执行此功能，但会继续往下执行程序。3.3V 单片机在 2.4V 以上对 EEPROM 进行操作才有效，2.4V 以下对 EEPROM 进行操作，MCU 不执行此功能，但会继续往下执行程序。所以建议上电复位后在初始化程序时加 200mS 延时。可通过判断 LVDF 标志位判断 V_{CC} 的电压是否正常。

8.3.2 IAP 及 EEPROM 新增特殊功能寄存器介绍

STC12C5A60S2 系列单片机的 EEPROM 也是由特殊功能寄存器进行控制，其新增特殊功能寄存器见表 8-15 所示。

表 8-15 IAP 及 EEPROM 新增特殊功能寄存器

符 号	描 述	地 址	复 位 值
IAP_DATA	ISP/IAP Flash Data Register	C2H	11111111B
IAP_ADDRH	ISP/IAP Flash Address High	C3H	000000000B
IAP_ADDRL	ISP/IAP Flash Address Low	C4H	000000000B
IAP_CMD	ISP/IAP Flash Command Register	C5H	×××××00B
IAP_TRIG	ISP/IAP Flash Command Trigger	C6H	××××××××B
IAP_CONTR	ISP/IAP Control Register	C7H	0000×000B
PCON	Power Control	87H	00110000B

1. ISP/IAP 数据寄存器 IAP_DATA

IAP_DATA：ISP/IAP 操作时的数据寄存器，地址为 C2H。ISP/IAP 从 Flash 读出的数据放在此处，向 Flash 写的数据也需放在此处。

2. ISP/IAP 地址寄存器 IAP_ADDRH 和 IAP_ADDRL

IAP_ADDRH：ISP/IAP 操作时的地址寄存器高 8 位，地址为 C3H，复位后值为 00H。

IAP_ADDRL：ISP/IAP 操作时的地址寄存器低 8 位，地址为 C4H，复位后值为 00H。

3. ISP/IAP 命令寄存器 IAP_CMD

IAP_CMD：ISP/IAP 操作时的命令寄存器，地址为 C5H。其格式见表 8-16。

表 8-16 ISP/IAP 命令寄存器 IAP_CMD 格式

位 序	D7	D6	D5	D4	D3	D2	D1	D0
位符号	—	—	—	—	—	—	MS1	MS0

MS1、MS0 的命令模式组合见表 8-17。

表 8-17 MS1、MS0 的命令模式组合

MS1	MS0	命令/操作模式选择
0	0	Standby 待机模式，无 ISP 操作
0	1	从用户的应用程序区对"Data Flash/EEPROM 区"进行字节读
1	0	从用户的应用程序区对"Data Flash/EEPROM 区"进行字节编程
1	1	从用户的应用程序区对"Data Flash/EEPROM 区"进行扇区擦除

程序在用户应用程序区时，仅可以对数据 Flash 区（EEPROM）进行字节读/字节编程/

扇区擦除。

4. ISP/IAP 命令触发寄存器 IAP_TRIG

IAP_TRIG：ISP/IAP 操作时的命令触发寄存器，地址为 C6H。在 ISPEN（IAP_CONTR.7）=1 时，对 IAP_TRIG 先写入 5AH，再写入 A5H，ISP/IAP 命令才会生效。

ISP/IAP 操作完成后，IAP 地址的高 8 位寄存器 IAP_ADDRH、IAP 地址的低 8 位寄存器 IAP_ADDRL 和 IAP 命令寄存器 IAP_CMD 的内容不变。如果接下来要对下一个地址的数据进行 ISP/IAP 操作，则需手动将该地址的高 8 位和低 8 位分别写入 IAP_ADDRH 和 IAP_ADDRL 寄存器。

每次 ISP/IAP 操作时，都要对 IAP_TRIG 先写入 5AH，再写入 A5H，ISP/IAP 命令才会生效。

5. ISP/IAP 命令寄存器 IAP_CONTR

IAP_CONTR：ISP/IAP 控制寄存器，地址为 C7H。其格式见表 8-18。

表 8-18 IAP_CONTR 格式

位 序	D7	D6	D5	D4	D3	D2	D1	D0
位符号	IAPEN	SWBS	SWRST	CMD_FAIL	—	WT2	WT1	WT0

IAPEN：ISP/IAP 功能允许位。IAPEN=0：禁止 IAP/ISP 读/写擦除 Data Flash/EEPROM；IAPEN=1：允许 IAP/ISP 读/写擦除 Data Flash/EEPROM。

SWBS：SWBS=0，软件选择从用户应用程序区启动；SWBS=1，软件从系统 ISP 监控程序区启动。要与 SWRST 直接配合才可以实现。

SWRST：SWRST=0，不操作；SWRST=1，产生软件系统复位，硬件自动复位。

CMD_FAIL：如果送了 ISP/IAP 命令，并对 IAP_TRIG 送 5AH/A5H 触发失败，则 CMD_FAIL=1，需由软件清零。

在用户应用程序区（AP 区）软件复位并从用户应用程序区（AP 区）开始执行程序：

IAP_CONTR=0x20（00100000B）；//SWBS=0（选择 AP 区），SWRST=1（软复位）。

在用户应用程序区（AP 区）软件复位并从系统 ISP 监控程序区开始执行程序：

IAP_CONTR=0x60（01100000B）；//SWBS=1（选择 ISP 区），SWRST=1（软复位）。

在系统 ISP 监控程序区软件复位并从用户应用程序区（AP 区）开始执行程序：

IAP_CONTR=0x40（00100000B）；//SWBS=0（选择 AP 区），SWRST=1（软复位）。

在系统 ISP 监控程序区软件复位并从系统 ISP 监控程序区开始执行程序：

IAP_CONTR=0x60（01100000B）；//SWBS=1（选择 ISP 区），SWRST=1（软复位）。

WT2、WT1、WT0：ISP/IAP 操作等待时间设置见表 8-19。

表 8-19 等待时间设置格式

设置等待时间			CPU 等待时间（多少个 CPU 工作时钟）			
WT2	WT1	WT0	READ/读（2 个时钟）	编程（=55μs）	扇区擦除（=21ms）	跟踪等待参数对应的推荐系统时钟
1	1	1	2 个时钟	55 个时钟	21012 个时钟	≤1MHz
1	1	0	2 个时钟	110 个时钟	42024 个时钟	≤2MHz

（续）

设置等待时间			CPU 等待时间（多少个 CPU 工作时钟）			
WT2	WT1	WT0	READ/读 （2 个时钟）	编程 （=55μs）	扇区擦除 （=21ms）	跟踪等待参数对应 的推荐系统时钟
1	0	1	2 个时钟	165 个时钟	63036 个时钟	≤3MHz
1	0	0	2 个时钟	330 个时钟	126072 个时钟	≤6MHz
0	1	1	2 个时钟	660 个时钟	252144 个时钟	≤12MHz
0	1	0	2 个时钟	1100 个时钟	420240 个时钟	≤20MHz
0	0	1	2 个时钟	1320 个时钟	504288 个时钟	≤24MHz
0	0	0	2 个时钟	1760 个时钟	672384 个时钟	≤30MHz

6. 工作电压过低判断

工作电压过低判断通过 PCON 寄存器的 LVDF 位进行，PCON 寄存器地址为 87H。PCON 寄存器的某些位在以前的章节中做过介绍。PCON 寄存器格式见表 8-20。

表 8-20　PCON 寄存器格式

位　序	D7	D6	D5	D4	D3	D2	D1	D0
位符号	SMOD	SMOD0	LVDF	POF	GF1	GF0	PD	IDL

LVDF：低压检测标志位。当工作电压 V_{CC} 低于低压检测门槛电压时，该位置 1。该位要由软件清零，当发现工作电压 V_{CC} 偏低时，不要进行 EEPROM/IAP 操作。

8.3.3　EEPROM 空间大小及地址

STC12C5A60S2 系列单片机内部可用 Data Flash（EEPROM）的地址（与程序空间是分开的），如果对应用程序区进行 IAP 写数据/擦除扇区的动作，则该语句会被单片机忽略，继续执行下一句。程序在用户应用程序区（AP 区）时，仅可以对 Data Flash（EEPROM）进行 IAP/ISP 操作。STC12C5A60S2 系列单片机内部 EEPROM 因具体型号不同有所差别，具体应用时可查用户手册。表 8-21 所示是 STC12C5A08S2/AD/PWM/CCP 单片机的内部 EEPROM 地址表。

表 8-21　STC12C5A08S2/AD/PWM/CCP 单片机的内部 EEPROM 地址表

第一扇区		第二扇区		第三扇区		第四扇区	
起始地址	结束地址	起始地址	结束地址	起始地址	结束地址	起始地址	结束地址
0000H	1FFH	200H	3FFH	400H	5FFH	600H	7FFH
第五扇区		第六扇区		第七扇区		第八扇区	
起始地址	结束地址	起始地址	结束地址	起始地址	结束地址	起始地址	结束地址
800H	9FFH	A00H	BFFH	C00H	DFFH	E00H	FFFH
第九扇区		第十扇区		第十一扇区		第十二扇区	
起始地址	结束地址	起始地址	结束地址	起始地址	结束地址	起始地址	结束地址
1000H	11FFH	1200H	13FFH	1400H	15FFH	1600H	17FFH
第十三扇区		第十四扇区		第十五扇区		第十六扇区	
起始地址	结束地址	起始地址	结束地址	起始地址	结束地址	起始地址	结束地址
1800H	19FFH	1A00H	1BFFH	1C00H	1DFFH	1E00H	1FFFH

建议：

1）每个扇区 512 字节。建议同一次修改的数据放在同一扇区，不必用满，当然可全用。非同一次修改的数据放在另外的扇区，就不需读出保护。

2）如果一个扇区只用一个字节，那就是真正的 EEPROM，STC 单片机的 Data Flash 比外部 EEPROM 要快很多，读一个字节/编程一个字节大概是 2 个时钟/55μs。

3）如果在一个扇区中存放了大量的数据，某次只需要修改其中的一个字节或一部分字节时，则另外不需要修改的数据须先读出放在 STC 单片机的 RAM 中，然后擦除整个扇区，再将需要保留的数据和需修改的数据按字节逐字节写回该扇区中（只有字节写命令，无连续字节写命令）。这时每个扇区使用的字节数是使用得越少越方便（不需读出一大堆需保留数据）。

4）字节编程。将 1 写成 1 或 0，只有字节是 FFH，才可对其进行字节编程。如果该字节不是 FFH，则须先将整个扇区擦除，因为只有"扇区擦除"才可以将 0 擦除为 1。

8.3.4　EEPROM 存储器应用的程序实现

程序如下：

```
#include<reg51.h>
#include<intrins.h>                    //包含_nop_()函数
#define uchar unsigned char
#define uint unsigned int
sfr IAP_DATA=0xC2;
sfr IAP_ADDRH=0xC3;
sfr IAP_ADDRL=0xC4;
sfr IAP_CMD=0xC5;
sfr IAP_TRIG=0xC6;
sfr IAP_CONTR=0xC3;
bit ful_fiag=0;                        //EEPROM 已读出标志
uchar k=0;
uchar i;                               //记录显示位置
uchar j;                               //记录中断次数
uchar code dtab[10]={0xc0, 0xf9, 0xa4, 0xb0, 0x99, 0x92, 0x82, 0xf8, 0x80, 0x90};
                                       //数码管显示 0~9 的段码表
uchar code selec[4]={0xef, 0xdf, 0xbf, 0x7f};    //动态显示位选码表
uchar disp[4];
uchar idata ep1[10]={0x11, 0x22, 0x33, 0x44, 0x55, 0x66, 0x77, 0x88, 0x99, 0x10};
                                       //存向 EEPROM 写入的数
uchar idata ep2[10];                   //存从 EEPROM 读出的数
/*延时 xms 函数*/
void delay_ms(uint x)                  //定义 x_ms 延时函数，x 就是形式参数
    uint i;
    uchar j;
    for(i=x; i>0; i--)
    for(j=110; j>0; j--);
}
```

```
/*定时器/计数器 0 中断函数（动态显示）*/
void Time0(void)interrupt 1              // "interrupt"声明函数为中断服务函数
{
    TH0=(65536-4000)/256;   /定时器 T0 的高 8 位重新赋初值，4ms=4000μs。
    TL0=(65536-4000)%256;            //定时器 T0 的高 8 位重新赋初值
    P2=0xff;                          //全灭
    P0=dtab[disp[i]];                 //查段码送 P0 口
    P2=selec[i];                      //送位码
    if(++i>3) i=0;
}
/*退出 ISP/IAP 功能函数*/
void eep_disable(void)
{
    IAP_CONTR=0;
    IAP_CMD=0;
    IAP_TRIG=0;
    IAP_ADDRH=0x80;                   //赋一个无效地址
    IAP_ADDRL=0x00;
}
/*扇区擦除函数 EEPROM 函数*/
void eep_erase(uint addr)
{
    IAP_CONTR=0x83;                   //EEPROM 功能允许，等待 660 个时钟
    IAP_CMD=0x03;                     //扇区擦除命令
    IAP_ADDRL=addr;                   //地址低位
    IAP_ADDRH=addr>>8;                //地址高位
    IAP_TRIG=0x5a;                    //写特种字
    IAP_TRIG=0xa5;
    _nop_();                          //空操作
    eep_disable();                    //取消 EEPROM 功能
}
/*写 x 字节到 EEPROM 的函数。把数组 ep1[ ]的内容写入 EEPROM*/
void eep_write(uint addr，uchar x)
{
    uchar j;
    eep_erase(addr);                  //扇区擦除
    IAP_CONTR=0x83;
    IAP_CMD=0x02;                     //字节写命令
    IAP_ADDRL=addr;
    IAP_ADDRH=addr>>8;
    for（j=0；j<x；j++）                //x 字节
    {
        _nop_();
        IAP_DATA=ep1[j];
        IAP_TRIG=0x5A;
        IAP_TRIG=0xA5;
```

```
                IAP_ADDRL++；
        }
    eep_disable()                           //禁止 EEPROM 功能
}
/*从 EEPROM 中读 x 字节函数，送数组 ep2[]*/
void eep_read(uint addr，uchar x)
{
    uchar i；
    IAP_ADDRL=addr；
    IAP_ADDRH=addr>>8；
    IAP_CONTR=0x83；
    IAP_CMD=0x01；                           //读命令
    for(i=0；i<x；i++)
        {
            IAP_TRIG=0x5A；
            IAP_TRIG=0xA5；
            _nop_()；
            ep2[i]=IAP_DATA；
            IAP_ADDRL++；
        }
    eep_disable()                           //禁止 EEPROM 功能
}
/*初始化函数*/
void init(void)
{
    TMOD=0x01；                              //使用定时器 T0 的模式 1
    TH0=(65536-4000)/256；                   //定时器 T0 的高 8 位赋初值，4ms=4000μs
    TL0=(65536-4000)%256；                   //定时器 T0 的高 8 位赋初值
    EA=1；                                   //开总中断
    ET0=1；                                  //定时器 T0 中断允许
    TR0=1；                                  //启动定时器 T0
}
/*主函数*/
void main()
{
    disp[0]=8；
    disp[1]=8；
    disp[2]=8；
    disp[3]=8；                              //显示 8888
    init()；                                 //初始化
    while(1)
        {
            if((P2&0x07)!=0x07)             //!=0x07 则有键按下
                {
                    delay(15)；              //延时 10ms
                    if((P2&0x07)!=0x07)     //确实有键按下
```

```
        {
            switch(P2&0x07)
            {
            case 0x06:               //00000110，S1 键合
            {
                disp[0]=ep2[k];  disp[1]=ep2[k]>>4;
                disp[2]=ep1[k];  disp[3]=ep1[k]>>4;
                k++;
                if(k>9) k=0;
            } break;
            case 0x05:               //00000101，S2 键合
            {                        //地址是 0x0000，写入 10 字节
                eep_write(0x0000，0x0a);
            } break;
            case 0x03:               //00000011，S3 键合
            {                        //地址 0x0000，读出 10 字节送 ep2[ ]
                eep_read(0x0000，0x0a);
            } break;
            default：break;
        }
        while(!P2&0x07)              //等松键。如不为 0，没松键
        {
            delay(100);              //延时 100ms
        }
    }
  }
}
```

注意：做验证时，先按 S1 键，比较 ep1[ ]和 ep2[ ]的内容是否对应相等。按 S2 键，把 ep1[ ]的 10 个数写入 EEPROM。再按 S3 键，把 EEPROM 的内容读出送 ep2[ ]。再按 S1 键，比较 ep1[ ]和 ep2[ ]的内容是否对应相等。把系统断电，隔几秒，给电之后按 S1 键，比较 ep1[ ]和 ep2[ ]对应内容是否相等？结合程序，分析结论。

8.4 任务 12 LCD 点阵显示电路 LCD1602 的应用

任务描述：LCD1602 接口电路如图 8-16 所示，在 LCD1602 液晶屏上第一行的中间位置显示"LCD1602"；第二行显示"NormalUniversity"。

任务分析：液晶显示器（Liquid Crystal Display，LCD），具有体积小、质量轻、功耗低、显示信息量大、抗干扰能力强等优点，在便携式电子仪器、电子信息产品中得到了广泛应用。

学习使用点阵式液晶显示器时，要理解工作原理，掌握编程控制方法。

任务准备：按图 8-16 的引脚标记，用连接线把 LCD1602 的对应引脚接到最小系统板即可。连接完成后的实物图如图 8-17 所示。

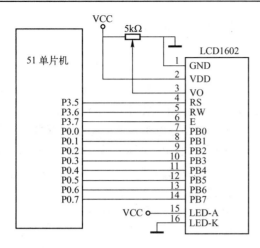

图 8-16 LCD1602 接口电路   图 8-17 任务 12 的实物图

8.4.1 LCD1602 硬件介绍及其工作原理

LCD 分字符型显示器和图形显示器。字符型显示器显示的是点阵字符，有 5×7 和 5×10 两种点阵可选择。每种点阵又分为 1 行、2 行、4 行三类，每行有 8、16、20、40、80 等多种字符长度，每个字符可显示一个 ASCII 码。通过指令编程可以实现分行、全屏显示，可以实现静止显示，也可以实现移动显示。

LCD 品种多，内部结构复杂，涉及知识面广。LCD 包括 LCD 控制器、RAM、ROM 和液晶显示片，它们安装在一块 PCB 上的液晶显示模块。LCD1602 字符型的实物图如图 8-18 所示。

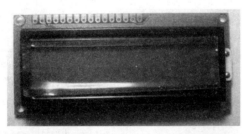

图 8-18 LCD1602 的实物图

1. 1602 液晶显示模块的引脚功能

1602 显示器每行显示 16 个字符，显示两行，一次显示最大信息量为 16×2 个字符，采用时分驱动方式。LCD 工作电流很小，并行接口可以与单片机 I/O 口直接连接。1602 采用标准的 14 脚（无背光）或 16 脚（带背光）接口。1602 各引脚的功能如下：

第 1 脚：VSS 为地电源。

第 2 脚：VDD 接 5V 正电源。

第 3 脚：VL 为液晶显示器对比度调整端，接正电源时对比度最弱，接地时对比度最高，对比度过高时会产生"鬼影"，使用时可以通过一个 10kΩ的电位器调整对比度。

第 4 脚：RS 为寄存器选择，高电平时选择数据寄存器、低电平时选择指令寄存器。

第 5 脚：R/W 为读写信号线，高电平时进行读操作，低电平时进行写操作。当 RS 和 R/W 共同为低电平时，可以写入指令或者显示地址；当 RS 为低电平 R/W 为高电平时，可以读忙信号；当 RS 为高电平 R/W 为低电平时，可以写入数据。

第 6 脚：E 端为使能端，当 E 端由高电平跳变成低电平时，液晶模块执行命令。

第 7～14 脚：D0～D7 为 8 位双向数据线。

第 15 脚：背光源正极。

第 16 脚：背光源负极。

2. LCD 的结构及其显示原理

LCD 本身不发光，它依靠外部光线照射液晶材料而实现显示。不同类型的液晶显示器件，其组成可能会有不同，但是所有液晶显示器件都可以认为是由两片光刻有透明导电电极的玻璃基板，夹持一个液晶层，液晶材料是液晶显示器件的主体。不同器件所用液晶材料不同，液晶材料大都是由几种乃至十几种单体液晶材料混合而成。每种液晶材料都有自己固定的清亮点 T_L 和结晶点 T_S。因此也要求每种液晶显示器件必须使用和保存在 TS～TL 的一定温度范围内，如果使用或保存温度过低，结晶会破坏液晶显示器件的定向层；而温度过高，液晶会失去液晶态，也就失去了液晶显示器件的功能。

液晶材料封装在上下两片导电玻璃电极之间，液晶分子平行排列，上下扭曲 90°，外部射入光线通过偏振片后形成偏振光，该偏振光通过平行排列的液晶材料后被旋转 90°；在仅与上偏振片垂直的下偏振片，被反射过来，呈透明状态，若在其上、下电极加上一个电压，在电场的作用下迫使加载电极部分的液晶分子转成垂直排列，其旋光作用也随之消失，致使从上偏振片入射的偏振光不旋转，光无法通过下偏振片返回，呈黑色。在去掉电压以后，液晶分子又恢复其扭转结构。可以根据需要将电极做成各种形状，用以显示各种文字、数字或图形。LCD 的结构如图 8-19 所示。

LCD 显示器由 LCD 控制电路 HD44780（或类似电路）、驱动器和 LCD 晶片构成。HD44780 控制电路是 LCD 显示器的核心电路，由日立公司生产。控制器主要由指令寄存器 IR、数据寄存器 DR、忙标志 BF、地址计数器 AC、DDRAM、CGROM、CGRAM 以及时序发生电路组成。

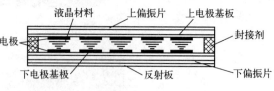

图 8-19 LCD 的结构

DDRAM（Data Display RAM）即数据显示存储器，用于存放要 LCD 显示的数据，相当于显示缓冲区，能够存储 80 个字符。只要将标准的 ASCII 字符放入 DDRAM，内部控制电路就会自动将数据传送显示器上显示该字符。

CGROM（Character Generator ROM）即字符产生器 ROM，它存储了 8 位字符码生成的 16×12=192 个 5×7 点阵标准 ASCII 字符（包括空格符）和 32 个 5×10 点阵字符的地址。

LCD1602 采用的字符是标准 ASCII 字符编码表，可查找标准 ASCII 字符编码表。

CGRAM（Character Geterator RAM）即字符产生器 RAM，CGRAM 为用户提供指定义字符，CGRAM 指令格式见 LCD1602 指令表，它共有 64 个单元，每 8 个单元可组成一个自定义字符，因此 CGRAM 最多可提供 8 个自定义字符，其对应关系见表 8-22。

表 8-22　DDRAM 对应 CGRAM 地址表

DDRAM 数据								CGRAM 地址							
DB7	DB6	DB5	DB4	DB3	DB2	DB1	DB0	DB7	DB6	DB5	DB4	DB3	DB2	DB1	DB0
0	0	0	0	*	A	A	A	0	1	A	A	A	0	0	0
													0	0	1
													0	1	0
													0	1	1
													1	0	0
													1	0	1
													1	1	0
													1	1	1

注：表中 A 为地址计数器中的位。

DDRAM 数据（是自编字符地址）的高 4 位为 0，低 3 位对应为 8 个 CGRAM 地址（DB3 未用）。而 CGRAM 地址为 01AAA000～01AAA111 的 8 个地址。为 01 位 CGRAM 的指令格式，由于 A 可以为 0 或 1，因此 CGRAM 共对应 64 个地址。

下面以自定义"↑"字符，说明这一用法。设 A 全为 0，这时 DDRAM 地址为 0000 0000B=00H，CGRAM 的地址为 0100 0000B～0100 0111B=40H～47H 的 8 个地址，在此 8 个地址中制作代码见表 8-23。用程序将自定义的代码写入 CGRAM 地址。

表 8-23　"↑"字符的代码表

CGRAM 地址								CGRAM 数据（"↑"）的点阵数据								自定义代码
DB7	DB6	DB5	DB4	DB3	DB2	DB1	DB0	D7	D6	D5	D4	D3	D2	D1	D0	
0	1	A	A	A	0	0	0	*	*	*	0	0	1	0	0	04H
					0	0	1	*	*	*	0	1	1	1	0	0EH
					0	1	0	*	*	*	1	0	1	0	1	15H
					0	1	1	*	*	*	0	0	1	0	0	04H
					1	0	0	*	*	*	0	0	1	0	0	04H
					1	0	1	*	*	*	0	0	1	0	0	04H
					1	1	0	*	*	*	0	0	1	0	0	04H
					1	1	1	*	*	*	0	0	0	0	0	00H

注：表中*为无效位，可用 0 代替。

CGRAM 地址 0～2 位生成字符数据行。第 8 行是光标，因此构成字符数据时，在设置光标显示的情况下，应赋值为 0；如果赋值为 1，不论光标显示与否，第 8 行均处于显示状态；字符数据 0～4 位的赋值状态构成了自定义字符的位图数据。从表 8-23 中可以看出，字符码高 3 位的赋值状态并不影响用户自定义字符在 CGROM 中的字符码，CGRAM 数据为 1 时，处于显示状态。

IR（Instruction Register）即指令寄存器，用于存储 CPU 要写给 LCD 的指令码，当 RS 和

R/引脚信号为 0，且使能端 E 引脚由 1 变为 0 时，D0～D7 引脚上的数据便会写入 IR 存储器。

DR（Data Register）即数据寄存器，用于存储单片机要写入 CGRAM 或 DDRAM 的数据，或者存储 CPU 从 CGRAM 或 DDRAM 读出的数据。当 RS 引脚信号为 1，R/W 引脚信号为 0 且使能端 E 引脚由 1 变为 0 时，存入数据；当 RS 引脚信号为 1，R/W 引脚信号为 1 且使能端 E 引脚由 1 变为 0 时，CPU 读取数据。

AC（Address Counter）即地址计数器，是 DDRAM 或者 CGRAM 的地址指针。随着 IR 中指令码的写入，指令码中携带的地址信息自动送入 AC 中，并做出 AC 作为 DDRAM 的地址指针还是 CGRAM 的地址指针的选择。

AC 具有自动加 1 或者减 1 的功能。当 DR 与 DDRAM 或者 CGRAM 之间完成一次数据传送后，AC 会自动加 1 或减 1。

LCD1602 内部 ASCII 字符表见表 8-24。

表 8-24 LCD1602 内部 ASCII 字符表

十进制	十六进制	字符	十进制	十六进制	字符	十进制	十六进制	字符
32	20	[空格]	64	40	@	96	60	`
33	21	!	65	41	A	97	61	a
34	22	"	66	42	B	98	62	b
35	23	#	67	43	C	99	63	c
36	24	$	68	44	D	100	64	d
37	25	%	69	45	E	101	65	e
38	26	&	70	46	F	102	66	f
39	27	'	71	47	G	103	67	g
40	28	(	72	48	H	104	68	h
41	29	)	73	49	I	105	69	i
42	2A	*	74	4A	J	106	6A	j
43	2B	+	75	4B	K	107	6B	k
44	2C	,	76	4C	L	108	6C	l
45	2D	-	77	4D	M	109	6D	m
46	2E	.	78	4E	N	110	6E	n
47	2F	/	79	4F	O	111	6F	o
48	30	0	80	50	P	112	70	p
49	31	1	81	51	Q	113	71	q
50	32	2	82	52	R	114	72	r
51	33	3	83	53	S	115	73	s
52	34	4	84	54	T	116	74	t
53	35	5	85	55	U	117	75	u
54	36	6	86	56	V	118	76	v
55	37	7	87	57	W	119	77	w
56	38	8	88	58	X	120	78	x
57	39	9	89	59	Y	121	79	y
58	3A	:	90	5A	Z	122	7A	z
59	3B	;	91	5B	[	123	7B	{
60	3C	<	92	5C	\	124	7C	|
61	3D	=	93	5D	]	125	7D	}
62	3E	>	94	5E	^	126	7E	~
63	3F	?	95	5F	_	127	7F	DEL

3. 1602 液晶的显示与 RAM 的对应关系

LCD1602 内部有 80 个的 RAM 缓冲区，显示位置与 RAM 地址的对应如图 8-20 所示。LCD 显示器第一行地址为 00~27H 共 40 个单元，只能显示 00H~0FH 单元地址的信息，要显示 10~27H 单元信息，必须用移位方式才能显示。同样，显示器第二行地址为 40~67H，只能显示 40H~4FH 单元的内容，50~67H 的信息需要用移位方式才能显示。只要送出 ASCII 字符表的高位和低位地址就可以显示信息。例如显示 0~9，只要将 30~39H 送入显示缓冲区即可。

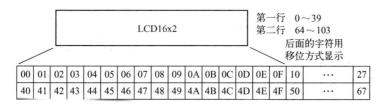

图 8-20　LCD1602 内部 RAM 结构图

数据指针位置：80H+地址码（0~27H，40~67H）。

8.4.2　LCD1602 指令

LCD1602 模块向用户提供了 11 条指令，大致可以分为四大类：

1）模块功能设置，诸如显示格式、数据长度等。

2）设置内部 RAM 地址。

3）完成内部 RAM 数据传送。

4）完成其他功能。

一般情况下，内部 RAM 数据传送的功能使用最为频繁，因此，RAM 中的地址指针所具备的自动加 1 或减 1 功能，在一定程度上减轻了 MPU 编程负担。此外，由于数据移位指令与写显示数据可同时进行，这样用户就能以减少系统开发时间，达到高的编程效率。LCD1602 模块中控制器的指令见表 8-25。

表 8-25　LCD1602 指令表

指令名称	控制信号		指令代码								指令功能
	RS	R/W	D7	D6	D5	D4	D3	D2	D1	D0	
清屏	0	0	0	0	0	0	0	0	0	1	将空位字符码 20H 送入全部 DDRAM 地址中，使 DDRAM 中的内容全部清除，显示消失；地址计数器 AC=0，自动增 1 模式；显示归位，光标或者闪烁回到原点（显示屏左上角），但并不改变移位设置模式
回车	0	0	0	0	0	0	0	0	1	*	置地址计数器 AC=0；将光标及光标所在位的字符回原点，但 DDRAM 中的内容并不改变
输入模式设置	0	0	0	0	0	0	0	1	I/D	S	I/D: 字符码写入或者读出 DDRAM 后 DDRAM 地址指针 AC 变化方向标志 I/D=1: 完成一个字符码传送后，AC 自动加 1；I/D=0: 完成一个字符码传送后，AC 自动减 1 S: 显示移位标志 S=1: 将全部显示向右（I/D=0）或者向左（I/D=1）移位；S=0: 显示不发生移位。S=1 时，显示移位时，光标似乎并不移位；此外，读 DDRAM 操作以及对 CGRAM 的访问，不发生显示移位

(续)

指令名称	控制信号		指令代码								指令功能
	RS	R/W	D7	D6	D5	D4	D3	D2	D1	D0	
显示开关设置	0	0	0	0	0	0	1	D	C	B	D：显示开/关控制标志 D=1：开显示；D=0：关显示 关显示后，显示数据仍保持在 DDRAM 中，立即开显示可以再现 C：光标显示控制标志 C=1：光标显示；C=0：光标不显示 不显示光标并不影响模块其他显示功能；显示 5×8 点阵字符时，光标在第 8 行显示，显示 5X10 点阵字符时，光标在第 11 行显示 B：光标闪烁显示控制标志 B=1：光标所指位置上，交替显示全黑点阵和显示字符，产生闪烁效果，f_{osc}=250kHz 时，闪烁频率为 0.4ms 左右；通过设置，光标可以与其所指位置的字符一起闪烁
显示模式设置	0	0	0	0	1	L	N	F	*	*	设置数据格式、显示行、显示字符大小 DL：数据接口宽度标志 DL=1：8 位数据总线 DB7~DB0；DL=0：4 位数据总线 DB7~DB4。DB3~DB0 不用，使用此方式传送数据，需分两次进行 N：显示行数标志 N=1：双行显示；N=0：单行显示 F：显示字符点阵字体标志 F=1：5×10 点阵字形；F=0：5×7 点阵
地址设置	0	0	0	1	地址范围 0~63						设置 CGRAM 地址（范围 0~63）
	0	0	1	地址范围 0~127							设置 DDRAM 地址（范围 0~127）
查忙	0	1	BF	AC							BF=1：LCM 忙；BF=0：LCM 空闲
写数据	1	0	DATA								向 CGRAM 或 DDRAM 写数据指令
读数据	1	1	DATA								从 CGRAM 或 DDRAM 读数据指令

8.4.3 LCD1602 内部复位电路初始化

LCD1602 设有内部复位电路，上电后，当电源电压超过+4.5V 时，自动对模块进行初始化。在此期间，忙标志 BF=1，直到初始化结束后，忙标志 BF 才为 0。初始化大约持续 10ms 左右。

上电复位初始化，对模块进行了下列指令的操作：

- 清显示。
- 功能设置。DL=1：8 位数据接口；N=0：一行显示；F=0：5×8 点阵字符字体。
- 显示开/关控制。D=0：关显示；C=0：不显示光标；B=0：关闪烁。
- 输入模式设置。I/D=1：AC 自动加 1；S=0：不移位。

需要说明的是，倘若供电电源达不到要求，模块内部复位电路非正常操作，上电复位初始化就会失败。此时，建议用户通过指令设置对模块进行初始化。

【例 8-4】 在液晶屏上显示吉林工程技术师范学院的英文名称，即第一行上显示"Jilin Engneering"，第二行显示"NormalUniversity"其电路图如图 8-21 所示。

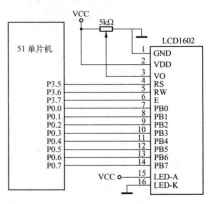

图 8-21 LCD1602 液晶显示电路图

程序如下：

```
#include<reg52.h>                //包含头文件
#include<intrins.h>             //包含_nop_()函数;
sbit LCD1602_RS=P3^5;           //LCD1602_RS 引脚定义
sbit LCD1602_RW=P3^6;           //LCD1602_RW 引脚定义
sbit LCD1602_EN=P3^7;           //LCD1602_EN 引脚定义
sbit BF=P0^7;                   //LCD1602_BF 标志位 P0.7;
#define LCD1602_PORT P0         //LCD1602 数据端口定义;
unsigned char code table[]="Jilin Engneering"; //显示数组
unsigned char code table1[]="NormalUniversity";        //显示数组
void delay(unsigned int n)      //延时函数
{
    unsigned int x,y;
    for(x=n;x>0;x--)
        for(y=110;y>0;y--);
}
unsigned char LCD1602_Busy_Test(void) //检测 LCD1602 忙函数
  {
    bit result;
        LCD1602_RS=0;       //RS 清零
    LCD1602_RW=1;           //RW 置 1;
    LCD1602_EN=1;           //En 置 1
    _nop_();                /延时
    _nop_();
    _nop_();
    _nop_();
    result=BF;              //读标志位
    LCD1602_EN=0;
    return result;
  }
void Write_LCD1602_Com(unsigned char com)      //写命令
{
    while(LCD1602_Busy_Test() == 1);           //等待 LCD1602 不忙
        LCD1602_RS=0;
    LCD1602_RW=0;
    LCD1602_PORT=com;                          //写入命令
    delay(5);
    LCD1602_EN=1;
    LCD1602_EN=0;
}
void Write_LCD1602_Data(unsigned char dat)     //写数据
{
    while(LCD1602_Busy_Test() == 1);           // 等待 LCD1602 不忙
    LCD1602_RS=1;
    LCD1602_RW=0;
    LCD1602_PORT=dat;                          //写入数据
```

```
    delay(5);
    LCD1602_EN=1;
    LCD1602_EN=0;
}
void Initial_LCD1602(void)                    //LCD1602 初始化
{
    Write_LCD1602_Com(0x38);                  //8 位数据双列显示
    Write_LCD1602_Com(0x0c);                  //开显示关光标，光标不显示
    Write_LCD1602_Com(0x06);                  //显示地址递增，即写入数据后显示位置右移一位
    Write_LCD1602_Com(0x01);                  //清屏
}
void main()
{
    unsigned char n,m=0;
    Initial_LCD1602();                        //初始化 LCD1602
    Write_LCD1602_Com(0x80);                  //显示地址设置，位置 00H
    for(m=0;m<16;m++)                         //写入数组
    {
            Write_LCD1602_Data(table[m]);
            delay(200);
    }
    Write_LCD1602_Com(0x80+0x40);             ///显示地址设置，位置 40H
    for(n=0;n<16;n++)                         //写入数组
    {
            Write_LCD1602_Data(table1[n]);
            delay(200);
    }
    while(1);                                 //停机
}
```

8.5 任务 13 温度测控仪表的设计

任务描述： 对温度测控仪表的要求如下。

1. 仪表技术性能要求

1）温度测试范围：-50～300℃；误差±1％。

2）AC 220V 供电。

3）4 位数码管显示，可通过键盘设定参数。

4）采用区间控制方式，采用触点式控制输出；可设定温度上限和温度下限，有报警显示和工作状态指示。

5）温度测量采用电阻式传感器，分度号是 Pt100。

2. 面板要求

按技术要求设计的温控仪表面板图如图 8-22 所示。对小型测控仪表来说，一般都会采用 4 个键形式。个别也有采用 3 个键形式的，但在使用上不如 4 个键形式灵活。

4 个键的功能分配如下：

1）功能键：按下功能键，进入给定值设定状态。在设定状态时，每按一次功能键，就会进入下一设定状态。当所有状态显示完成后，再按功能键就会提出设定状态，返回到正常工作状态。

2）移位键：在设定状态时，用移位键选择需设定的 LED 位。每按一下移位键，闪烁的数码管向后移一位，只有闪烁的数码管可以设定。

3）加 1 键：按下该键，闪烁的数码管数值加 1。

4）减 1 键：按下该键，闪烁的数码管数值减 1。

任务分析：根据任务描述，画一个温度测控仪表的系统框图，通过系统框图来表达设计思路及明确设计任务。温度测控仪表的系统框图如图 8-23 所示。

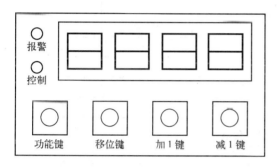

图 8-22　温控仪表面板图

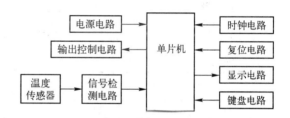

图 8-23　温度测控仪表的系统框图

系统框图是设计工作的指南，要认真规划，不断完善修改。有了框图，接下来的设计工作就是把框图具体化。

任务准备：准备一块 5mm×7mm 大小的万能 PCB。工具准备：电烙铁、焊锡、剥线钳、偏口钳、万用表、小一字螺钉旋具，准备图 8-24 所示的电阻箱，准备 Pt100 温度传感器如图 8-25 所示，表 8-26 是 Pt100 的分度表，如须更详细的分度表可查阅相关资料。按表 8-27 准备元件。

图 8-24　电阻箱

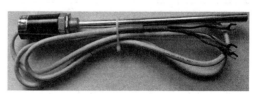

图 8-25　Pt100 温度传感器

表 8-26　Pt100 分度表

温度/℃	−50	−40	−30	−20	−10
电阻值/Ω	80.31	84.27	88.22	92.16	96.09
温度/℃	0	10	20	30	40
电阻值/Ω	100	103.9	107.79	111.67	115.54
温度/℃	50	60	70	80	90
电阻值/Ω	119.40	123.24	127.07	130.89	134.70
温度/℃	100	110	120	130	140
电阻值/Ω	138.50	142.29	146.06	149.82	153.58
温度/℃	150	160	170	180	190
电阻值/Ω	157.31	161.04	164.76	168.46	172.16
温度/℃	200	210	220	230	240
电阻值/Ω	175.84	179.51	183.17	186.82	190.45
温度/℃	250	260	270	280	290
电阻值/Ω	194.07	197.69	201.29	204.88	208.45
温度/℃	300	310	320	330	340
电阻值/Ω	212.02	215.57	219.12	222.65	226.17

表 8-27　任务 13 的元件清单

名　称	型号或参数	数量	封　装	名　称	型号或参数	数量	封　装
电阻	1kΩ	5	直插	电阻	2kΩ	3	
	2kΩ	3			10kΩ	2	
	4.7kΩ	8			20kΩ	1	
	82Ω	1			30kΩ	1	
	220Ω	8			51kΩ	1	
	3.3kΩ	1			510Ω	1	
变压器	9V/3W	1		整流桥	DB107G	1	DIP
稳压块	7805	1	直插	电解电容	470μF/25V	1	直插
可变电阻	470	1			100μF/16V	3	
传感器	Pt100	1	带线		10μF/16V	2	
集成运放	LM358	1	DIP	磁片电容	104	1	
按键	6*6*5	4	直插		27pF	2	
晶体管	9012	5		晶振	12MHz	1	
二极管	1N4148	1		光耦合器	817B	1	DIP
发光二极管	φ3 红色	1		数码管	0.56,4 位一体	1	直插
	φ3 绿色	1		继电器	9V	1	

8.5.1　测控仪表要考虑的问题

作为智能仪表设计，常要考虑如下问题。

1）仪表尺寸。仪表尺寸是个很重要的问题，可以此来确定数显仪表是便携式还是柜装式或者是台式。如果是柜装式，则要考虑采用什么样的仪表壳，若采用非标准仪表壳，则要自己设计壳体，还要找公司开模，成本较高。若采用标准壳体，则要考虑整体的协调性，既要兼顾功能扩展、数显等尺寸，还要考虑成本和应用对象。目前数显表面框的国际标准尺寸主要有以下几种：48mm×24mm；48mm×48mm；48mm×96mm；72mm×72mm；96mm×96mm；96mm×48mm；160mm×80mm 等，表壳的深度有不同的尺寸，要根据实际情况选择。此外还要注意仪表壳的接线端子类型，常用的有焊脚和弹脚之分。

2）显示位数。这直接关系到数显表的测量精度，一般来讲，显示位数越高，测量更精确，主要有以下几种：两位（99，特殊）；三位（999，极少）；三位半（1999，普通数显表占主流）；四位（9999，智能数显表占主流）；四位半（19999）；四又四分之三（3999）；五位及五位以上（常见于计数器、累计表和高端仪表），可以根据用户要求的测量精度来选择几位的数显表。

3）输入信号选择。指直接输入仪表的测量信号或外接传感器的类型，有些工业信号或测量传感器是直接接入仪表进行测量的，有些信号则是经过转化后接入仪表的。因此必须弄清楚测量信号的性质及类型：电流还是电压，交流还是直流，电阻还是电容，是脉冲信号还是线性信号等，还要弄清信号的大小。如果直接与传感器相接，还要考虑对传感器输出信号进行处理，如隔离、放大、整形等。

4）工作电源。所有数显表都需要工作电源，一般输入 AC 220V 或 AC 380V，把交流电变成直流电可以有变压器方式和开关电源方式。

5）仪表功能。仪表功能也是很重要的一项，在设计时要确定仪表应具备哪些功能、适用于哪些用户、采用什么方式实现这些功能，是模块化还是一体化。一般数显表主要有以下功能：报警功能及报警输出的组数（即继电器动作输出），馈电电源输出及输出电压的大小及功率，变送输出及变送输出的类型（4～20mA 还是 0～10V 等），通信输出及通信方式和协议（RS-485 还是 RS-232，是 Modbus 还是其他协议）。对于调节控制仪表，可选功能就更多，具体要根据用户要求，与用户沟通并确认无误后才可以设计实施。

6）特殊要求。若用户有特殊要求，要仔细研究，反复试验后才可确认，比如 IP 防护等级、高温工作场合、强干扰场合、特殊信号场合、特殊工作方式等。

8.5.2 温度检测电路的测试

设计温度测试仪表首先要考虑用什么样的温度传感器，依据制作温度传感器采用材料的不同，常用的温度传感器有热电偶、热电阻、NTC 热敏电阻、半导体温度传感器等。其次要根据传感器设计检测电路，把传感器信号变换调制成电压信号。

1. 温度传感器的选择

常用的温度传感器有以下几种。

1）热电偶温度传感器：热电偶由两种特定的金属材料（如铂铑）结合后制成，测温范围一般在-184～2300℃。

2）热电阻温度传感器：热电阻是由一种特定的金属材料（如铂等）制成的，测温范围一般在-200～850℃。

以上两种温度传感器测温范围宽，可以在高温场合工作，但体积较大、成本较高。

3）NTC 热敏电阻温度传感器：NTC 热敏电阻即负温度系数热敏电阻。测温范围一般在-55～300℃。NTC 热敏电阻阻值随温度的变化符合指数规律，其最大的缺点也在于它的非线性，一般需要经过线性化处理才能使输出电压与温度之间基本上成线性关系。NTC

热敏电阻温度传感器的一致性和互换性较差。

4）半导体温度传感器：半导体温度传感器的温度检测依据是 PN 结正向电压和温度的关系。其测温范围一般在–55～150℃。半导体温度传感器很容易制成集成温度传感器。与热电偶、热电阻、热敏电阻等其他温度传感器相比，半导体温度传感器具有灵敏度高、线性度好、响应速度快等特点。另外，它可将驱动电路、信号处理电路以及必要的逻辑控制电路集成在单片 IC 上，有尺寸小、使用方便等特点。

本次设计采用工业上常用的热电阻温度传感器，分度号是 Pt100。Pt100 温度传感器又称为铂热电阻。Pt100 具有抗振动、精度高、稳定性好、非线性小、耐高压等优点。选择 Pt100 除使用较为普遍的原因外，最主要的是可以在实验室用电阻箱模拟 Pt100 的电阻值，便于设计调试。

2. 检测电路设计

使用热电阻温度传感器，就要设计检测电路，把随温度变化的电阻值转换成电压信号，为了提高温度测量的准确性，常使用电桥电路。对于 Pt100，要注意桥臂的电流不能大于 5mA。如果电桥的电源能稳定在 1mV，同时利用软件对测量误差进行矫正，可以使测得温度的精度达±0.2℃左右。常用的 Pt100 检测电路如图 8-26 所示。在原理图中，与 Pt100 相对的桥壁电阻是 82Ω，之所以这样选，是为了使仪表能显示负温度值。在 Pt100 分度表中可以看到，当温度是-50℃时，Pt100 的电阻值是 80.31Ω，以 80.31Ω 为基准调整电桥的平衡使 V_{out}=0V，而当 Pt100 的电阻值是 100Ω 时 V_{out}=V100，把这个 V100 经 A-D 转换、软件处理后减常数 50，就是实际的 0℃。而 0<Vout<V100 范围内的值对应的就是 0～-50℃。

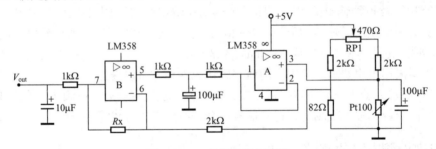

图 8-26　Pt 检测电路原理图

3. 检测电路调试

根据检测电路原理图 8-26，用万能 PCB 焊接检测电路，实物图如图 8-27 所示。用图 8-24 所示的电阻箱替代温度传感器 Pt100，用万用表测试 V_{out} 端电压，调试检测电路接线原理图如图 8-28 所示。

图 8-27　用万能 PCB 制作的检测电路实物图

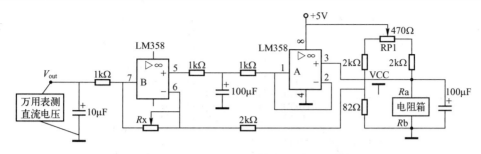

图 8-28　调试检测电路接线原理图

依据表 8-26 所示的 Pt100 分度表，改变电阻箱的阻值，通过调整 RP1 使电桥平衡，通过调整 Rx 确定运算放大器的放大倍数，最后确定 Rx 为一固定电阻值。Rx 取不同电阻值时的 V_{out} 测试结果见表 8-28。

表 8-28　Rx 取不同电阻值时的 V_{out} 测试结果

温度/℃	电阻箱的电阻值/Ω	Rx 电阻值/ kΩ			
		10	20	30	51
−50	80.31	0V	0V	0V	0V
0	100	0.20V	0.34V	0.54V	0.80V
100	138.50	0.57V	1.04V	1.59V	2.54V
200	175.84	0.93V	1.71V	2.58V	3.64V
300	212.02	1.27V	2.34V	3.52V	3.64V

从表 8-28 可以看到，当 Rx=10kΩ 时，100℃时测得的 V_{out}=0.57V，如果采用 10 位 A-D 转换器，基准电压 Vref=5V，0.57V 对应的数字量是（0.57V÷5V）×1024=116，而从−50～100℃，需要的数码大小是 150，所以 Rx=10kΩ 的放大倍数不够。当 R_x=51kΩ 时，温度超过 200℃，V_{out}=3.64V 已达饱和。为什么会饱和呢？因为运放的电源电压是单 5V 供电，所以运放的输出电压不会达到 5V，一般在 3.5～4.0V。当 R_x=30kΩ 时，温度在 300℃时，V_{out}=3.52V 已接近饱和。所以 R_x 的取值范围在 20kΩ 左右时较为合适，本次设计取 R_x=20kΩ，300℃时 V_{out}=2.34V，对应的数字量是（2.34V÷5V）×1024=479，远大于 350 满足显示要求。

8.5.3　温控仪表的硬件设计

在确定了检测电路以后，就可以按系统框图设计其他硬件电路，包括选择什么型号的单片机、显示和键盘电路、控制输出电路等。

1. 单片机选择

根据仪表温度测试范围及精度要求，最少应选 10 位 A-D 转换器。通常带 10 位 A-D 转换器的单片机很多，这里选用 STC12C5628 系列的 STC12C5608AD。STC12C5608AD 也是使用 51 单片机核而生产的，因此指令系统和 51 单片机兼容，其内部基本结构和 51 单片机也相同，只是增加了一些扩展功能。关于 STC12C5608AD 的详细资料，读者可以到相关网站进行查看。STC12C5608AD 的引脚图如图 8-29 所示。

```
                    P2.2 ─┤1        28├─ VCC
                    P2.3 ─┤2        27├─ P2.1
                     RST ─┤3        26├─ P2.0/CEX2/PCA2/PWM2
                 RXD/P3.0 ─┤4        25├─ P1.7/SCLK/ADC7
                 TXD/P3.1 ─┤5        24├─ P1.6/MIS0/ADC6
                   XTAL1 ─┤6        23├─ P1.5/MOSI/ADC5
                   XTAL2 ─┤7        22├─ P1.4/SS̄/ADC4
                 INT0̄/P3.2 ─┤8        21├─ P1.3/ADC3
                 INT1̄/P3.3 ─┤9        20├─ P1.2/ADC2
                ECI/T0/P3.4 ─┤10       19├─ P1.1/ADC1/CLKOUT1
      PWM1/PCA1/CEX1/T1/P3.5 ─┤11       18├─ P1.0/ADC0/CLKOUT0
      PWM3/PCA3/CEX3/P2.4 ─┤12       17├─ P3.7/CEX0/PCA0/PWM0
                    P2.5 ─┤13       16├─ P2.7
                     GND ─┤14       15├─ P2.6
```

图 8-29　STC12C5608AD 的引脚图

2. 显示和键盘电路

采用动态显示方式，用 P2 口作为段选，用 P1.0～P1.3 作为位选，数码管采用共阳极接法。用 P3.2～P3.5 外接 4 个按键。对应关系为：P3.2——功能键；P3.3——移位键；P3.4——加 1 键；P3.5——减 1 键。P1.4 外接一个 LED 作为报警输出。其电路原理图如图 8-30 所示。

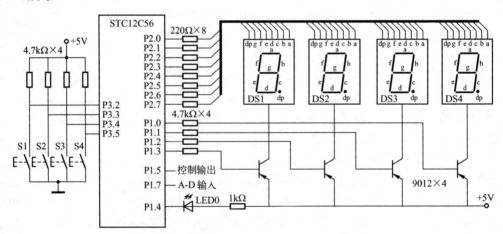

图 8-30　显示和键盘接口电路

3. 控制输出电路

如图 8-31 所示，P1.5 经光耦合器驱动晶体管 9012，控制继电器的通断，虽然共用一个电源，但继电器用 9V 驱动，所以有必要用光耦合器进行隔离。

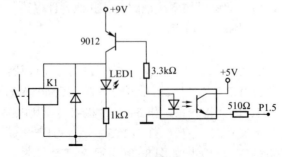

图 8-31　控制输出电路

242

4. 电源电路

电源电路如图 8-32 所示，变压器二次侧输出的交流 9V 是空载电压，经 DB107G 整流和 470μF 电容的滤波，获得满负荷时的直流 9V 电压为控制输出继电器供电，再使用稳压芯片 7805 获得直流 5V 电压。

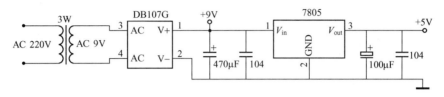

图 8-32　电源电路

5. 温度检测电路

把已确定的温度检测电路的 V_{out} 端接至单片机 STC12C5608AD 的 P1.7 脚进行 A-D 转换。

8.5.4　仪表壳确定和 PCB 设计

本次设计采用柜装标准仪表壳，壳的面框尺寸为 96mm×48mm，深度为 110mm。仪表壳实物图如图 8-33 所示，仪表壳的接线端子有弹脚和焊脚之分，图 8-34 是这两种接线方式的端子图。本次设计仪表壳的接线端子采用弹脚方式。

图 8-33　仪表壳实物图

a)　　　　　　　　　　　　　　b)

图 8-34　仪表壳接线端子图

a) 焊脚接线端子图　b) 弹脚接线端子图

在确定了仪表壳后，就要根据表壳的尺寸设计 PCB。电路板应分成两块：主电路板和显示电路板。显示电路板固定在仪表的前面框上，主电路板和仪表的前面框卡接，并和显示电路板通过插排相连。经过测量主电路板和显示电路板的尺寸如图 8-35 和图 8-36 所示。

图 8-37 所示为某种采用 96mm×48mm×110mm 仪表壳的温度表的实物图。

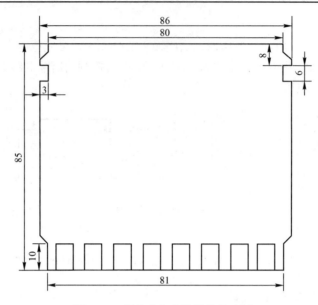

图 8-35 温控表主电路板的尺寸图

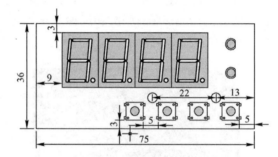

图 8-36 温控表显示电路板的尺寸图

图 8-37 温度表实物图

8.5.5 温控仪表的软件设计

软件设计采用模块化设计方法，如按硬件功能划分，可分成显示程序、键盘程序、A-D
转换程序、输出控制程序、数据处理程序等，把调试完成的程序转化成函数，最后用主程序管理这些函数。在数据处理程序中，经常会遇到数值和量纲不匹配的问题，如这次的温度测量中，被测物理量的单位是℃，传感器的输出则是一个电信号；再如压力测量中，弹性元件膜片、膜盒以及弹簧管等传感器，被测物理量的参数单位是 Pa、kPa 和 MPa 等；在测量流量中使用节流装置，被测物理量的参数单位为 m^3/h 等。所有这些参数都经过变送器转换成一些标准的电压和电流信号，如 0～5V、0～5V、4～20mA 等。A-D 转换器接收到这些信号后，又会将这些信号变换为数字量。为了方便操作人员对生产过程进行监视和管理，在计算机中需要将这些数字量转换为对应的工程测量参数，以进一步执行显示、记录、打印和报警等操作，这个过程一般称为标度变换。标度变换有线性变换和非线性变换之分，这里只介绍线性变换。

线性参数标度变换是最常用的标度变换方法，其前提条件是被测参数值与 A-D 转换结果为线性关系。线性标度变换的公式为

$$A = (A_m - A_0)\frac{N - N_0}{N_m - N_0} + A_0 \tag{8-7}$$

式中，A_0 为测量仪表的下限；A_m 为测量仪表的上限；N_0 为仪表下限所对应的数字量；N_m 为仪表上限所对应的数字量；N 为 A-D 转换测得的数字量测量值；A 为被测量物理量的实际数值。在一些情况下，为了处理方便，常常使测量仪表下限 A_0 所对应的 A-D 转换值为0，则线性标度变换的公式简化为

$$A = (A_m - A_0)\frac{N}{N_m} + A_0 \tag{8-8}$$

在很多计算机测控系统中，仪表下限值 $A_0 = 0$，同时对应的 $N_0 = 0$，则线性标度变换的公式可进一步简化为

$$A = A_m \frac{N}{N_m} \tag{8-9}$$

例如，某蒸气温度测量系统，其测量范围为 100～500℃，温度变送器输出电压为 1 ～ 5V，送入某 12 位 A-D 转换器进行转换，A-D 转换器的输入范围为 0～5V，试计算当采样数据为 48FH 时，求所对应的蒸气温度。

解：根据题意，已知 $A_0 = 100℃$，$A_m = 500℃$，由于 A-D 转换器为 12 位，对应输入范围 0～5V，输出数字量 0～FFFH(4095D)，但由于 A-D 转换器输入信号范围只有 1～5V，仪表下限对应的数字量为

$$A_0 = \frac{1V}{5V} \times 4095 = 819$$

若采样数据为 48FH，对应的蒸气温度为

$$A = (A_m - A_0)\frac{N - N_0}{N_m - N_0} + A_0 = (500 - 100) \times \frac{1167 - 819}{4095 - 819} + 100 = 142.5$$

根据线型标度变换公式很容易编写计算机标度变换程序。设计时可以采用定点运算，也可以采用浮点运算。需要注意的是，采用定点计算时同样要考虑数据溢出问题。

对于本次设计的温度仪表，可以参考以上的标度变换公式编写程序。

作为单片机控制的测控仪表，都少不了键盘和显示器，键盘和显示器在前几章已经接触过。可以用已有的键盘和显示器实验板编写和调试键盘和显示器程序，并把它做成函数，以

便设计其他类型的仪表时使用。

按照模块设计思路编写的程序如下，供参考。

```c
//#include <stdio.h>
//#include <reg52.h>
#include<intrins.h>
#include<stc12c56.h>          //STC12C5628 系列头文件，如果用<reg52.h>，对一些特殊功能
                              //寄存器要给以定义
#define uint unsigned int
#define uchar unsigned char
sbit led=P1^4;                //P1.4=1 正常,P1.4=0 报警
sbit jdq=P1^5;                //P1.5=1 置控制输出   P1.4=0 清除控制输出
uchar g1=0;                   //中断计数
bit g2=0;                     //特征字
uchar g3=0;
uchar code disply[]={0xc0,0xF9,0xA4,0xB0,0x99,0x92,0x82,0xF8,0x80,0x90,
     0x88,0x83,0xC6,0xA1,0x86,0x8E,0xA3,0x89,0xEF,0xC7,0xA3,0xff,0xbf};
     //{0,1,2,3,4,5,6,7,8,9,A,B,C,D,E,F,n,H,i,L,o,灭,-}
uchar ep[6];                  //参数设定，有 3 个参数：hi.lo.ce. 7 字节
uchar code nvmarry[6] _at_ 0xfc00;        //定义 EEPROM 的地址
uchar idata bcd[4];                       //定义显示缓冲区，用数组表示
uchar idata disp[4]={0xfe,0xfd,0xfb,0xf7};   //显示位选
uchar ddi;                                //显示位置记录
bit key_flag;                             //按键标志
uchar key_gneng=0;                        //功能键计数
uchar jk4=0;                              //键盘延时计数
uchar jk3=0;                              //记录设定参数
uint jk5=0;                               //记录 a/d 结果显示时间间隔
uchar mema=21;                            //灭码
uchar fuhao=22;                           //符号 -
bit fu_flag;                              //负号标志
bit flas_flag;                            //闪烁标志      flas_flag=0 不闪烁
uchar dsc1;                               //记录闪烁单元
uchar dsc2;                               //记录闪烁起始单元
uchar dsc3;                               //存闪烁的数
uchar dsc4;                               //闪烁延时计数
bit adck=0;                   //是否进行 A-D 转换标志字，adck=0 进行 A-D 转换，否则不进行 A-D 转换
uint idata adjg=0;            //A-D 平均值结果
uint idata adk[16];
uint idata js[8];
uchar jsl;
uchar adi=0;
uint idata hi_data;
uint idata lo_data;
uchar idata ce_data;
uchar idata ce_data1;
```

```
void key(void);                //按键处理函数
//***********************************************************
void delay(uchar x)            //x*2ms 左右
{
  uint a=1000,b;
  b=a;
  while(x--)
  {
      while(b--);
      b=a;
  }
}

void initial(void)             //定义端口属性,初始化设置
{
    P1M0=0xc0;                 //P1.0～P1.5 为一般 I/O 口；P1.7 为测温输入, P1.6 预留
    P1M1=0x00;                 //初始化 PORTD 的端口；段选
    P2M0=0x00;                 //P2 口段选；
    P2M1=0x00;
    P3M0=0x00;                 //P3 读键
    P3M1=0x00;
    P1=0xff;
    P2=0xff;
    adi=0;
    jsl=0;
    TMOD=0x01;
    TL0=0xf8;
    TH0=0x30;
    EA=1;
    ET0=1;
    TR0=1;
    ddi=0;
    ADC_CONTR|=0x80;           //打开 A-D 电源
}

uint stc12_ad()                //A-D 转换函数
{
    uint ad;
    //AUXR1|=0xa4;             //允许 ADC 电路工作
    _nop_();
    ADC_CONTR|=0xaf;           //A-D 设置 10100111 选通道 P1.7
    _nop_();
    ADC_CONTR|=0x08;           //起动 A-D
    _nop_();
    _nop_();
    while(!(ADC_CONTR&0x10));
```

```
        ADC_CONTR&=0xe7;              //停 ADC
        ad=(ADC_DATA<<2)+ADC_LOW2;
        return ad;


}
void t0(void) interrupt 1 using 1          // 2ms 定时器 0 中断
{
    TH0=0xF8;      //重设初值     2ms=0ed0h>>f830h;   5ms=1388h>>ec78h 5MS 闪
    TL0=0x30;
    if(key_flag)
    {
     if(flas_flag)
       {if (++g1 >100)                 //times of interrupt
          {
          if (g2)                      //反向 LED 控制脚
            { g2=0;
              //dsc3=bcd[jk2];
              bcd[dsc1]=mema;     //灭码
            }
          else
            {
               g2=1;
               bcd[dsc1]=dsc3;
            }
            g1=0;
          }
       }
    }
    else
     {
      if (++g3>19)
        {
          adk[adi]=stc12_ad();          //adc[i]=addata;
          if (++adi>15) adi=0;
          g3=0;
        }
     }
    P1=0xff;
    _nop_();
    P2=disply[bcd[ddi]];   //段码
    P1=disp[ddi];          //位码
    if (++ddi==4)
       {ddi=0x00;}

    jk4--;
    jk5++;
```

```
    }

void EepromWrite(void)              //eeprom 写函数
{
    uchar j;
    ISP_ADDRH=0x00;
    ISP_ADDRL=0x00;
    ISP_CONTR=0x83;
    ISP_CMD=0x03;                   //扇区擦除
    ISP_TRIG=0x46;
    ISP_TRIG=0xB9;
    _nop_();
    ISP_CONTR=0x83;
    ISP_CMD=0x02;                   //字节写命令
    for(j=0;j<7;j++)                //7 字节
    {
       _nop_();
       ISP_DATA=ep[j];
       ISP_TRIG=0x46;
       ISP_TRIG=0xB9;
       ISP_ADDRL++;
    }
    ISP_CONTR=0x00;
    ISP_CMD=0x00;
    ISP_TRIG=0x00;
    ISP_ADDRH=0xff;
    ISP_ADDRL=0xff;
}

void EepromRead(void)               //EEPROM 读函数
{
    uchar i;
    ISP_ADDRH=0x00;
    ISP_ADDRL=0x00;
    ISP_CONTR=0x83;
    ISP_CMD=0x01;                   //读命令
    for(i=0;i<7;i++)
    {
       ISP_TRIG=0x46;
       ISP_TRIG=0xB9;
       _nop_();
       ep[i]=ISP_DATA;
       ISP_ADDRL++;
    }
    ISP_CONTR=0x00;
    ISP_CMD=0x00;
```

```
        ISP_TRIG=0x00;
        ISP_ADDRH=0xff;
        ISP_ADDRL=0xff;
}
//***********************************
//主程序
//***********************************
void main()
{
    uchar i,aa,ce;
    uchar   k,ddr;
    uint ada;
    jk3=0;
    ddr=0;
    EepromRead();              //读 eeprom
    for(i=0;i<6;i++)
    { if(ep[i]>9) ep[i]=0;}
      hi_data=ep[0]*100+ep[1]*10+ep[2];
      lo_data=ep[3]*100+ep[4]*10+ep[5];
      if((ep[6]>0x63)&&(ep[6]<0x9d)) ep[6]=0xff;
      ce_data=ep[6]+1;         //ep[6]存有符号数
    initial();
    bcd[0]=1;
    bcd[1]=2;  //ep[jk3]/100;
    bcd[2]=3;  //(ep[jk3]%100)/10;
    bcd[3]=4;  //(ep[jk3]%100)%10;
    jk5=0;
    while(1)
    {
        if(jk5>400)
        {
            ada=0;
            for(k=0;k<16;k++)
            {
                ada+=adk[k];
            }
            ada=ada/32;              //去掉一位
             ada=ada-50;             //减去 50，获得实际的零度
             if(ce_data&0x80)        //偏移量处理
             {
                 ce=~ce_data+1;
                 ada=ada-ce;
             }
             else ada=ada+ce_data;   //加偏移量
             if(ada&0x8000)          //负号处理
               {
```

```c
bcd[0]=fuhao;
                ada=~ada+1;
                led=0;
            }
            else
            {
                if(ada>120)
                {
                    aa=(ada-120)/10;
                    ada=ada+aa;
                }
                bcd[0]=mema;
                if(ada<lo_data)
                {
                    jdq=0;          //加热
                    led=0;          //报警
                }
                elese if(ada>hi_data)
                {
                    jdq=1;          //停止加热
                    led=0;          //报警
                }
                else {led-1;}      //报警清除
                }
            for(i-0;i<3;i++)
            {
                bcd[3-i]=ada%10;
                ada=ada/10;
            }
            jk5=0;
        }
        if((P3&0x3c)!=0x3c)              //读按键输入  0011 1100
        {
          jk4=40;
          while(jk4!=0);                 //延时去抖动
          if((P3&0x3c)!=0x3c)            //确定按键
          {
            if((P3&0x3c)==0x38)          //是功能键(0011 1000)，第一次按键必须是功能键
            {
                key_gneng=0;
                key_flag=1;              //置按键标志
                while(key_flag)          //key_biao 为按键标志
                {
                    key();
                }
            }
```

```
                    }
                }
            }
    }
}
//*****************************
//键盘程序
//*****************************
void key(void)
{
    if((P3&0x3c)!=0x3c)
    {
        jk4=40;
        while(jk4!=0); //延时去抖动
        if((P3&0x3c)!=0x3c)
        {
            if((P3&0x3c)==0x38)                  //功能键
            {
                ++key_gneng;
                switch(key_gneng)
                {
                    case 1:
                    {
                        bcd[0]=17;     //显示 hi，设定温度上限
                        bcd[1]=18;
                        bcd[2]=mema;
                        bcd[3]=mema;
                        flas_flag=0;           //不闪烁
                        delay(20); //调延时
                        bcd[0]=mema;
                        dsc1=1;
                        dsc2=1;
                        bcd[1]=hi_data/100;          //显示
                        bcd[2]=(hi_data%100)/10;
                        bcd[3]=(hi_data%100)%10;
                        dsc3=bcd[1];
                        flas_flag=1;                 //开始闪烁
                    }
                    break;                        //case 0
                    case 2:
                    {
                        bcd[dsc1]=dsc3;
                        hi_data=bcd[1]*100+bcd[2]*10+bcd[3];  //保存前一功能的设定内容
                        ep[0]=bcd[1];
                        ep[1]=bcd[2];
                        ep[2]=bcd[3];
                        bcd[0]=19;      //显示 Lo ，设定温度下限
```

```
            bcd[1]=20;
            bcd[2]=mema;
            bcd[3]=mema;
            flas_flag=0;        //不闪烁
            delay(20); //调延时
            bcd[0]=mema;
            dsc1=1;
            dsc2=1;
            bcd[1]=lo_data/100;          //显示
            bcd[2]=(lo_data%100)/10;
            bcd[3]=(lo_data%100)%10;
            dsc3=bcd[1];
            flas_flag=1;         //开始闪烁
        }
    break;      //case 1
    case 3:
    {
            bcd[dsc1]=dsc3;
            lo_data=bcd[1]*100+bcd[2]*10+bcd[3];    //保存前一功能的设定内容
            ep[3]=bcd[1];
            ep[4]=bcd[2];
            ep[5]=bcd[3];
            bcd[0]=12;           //显示 ce ，设定温度补偿值
            bcd[1]=14;
            bcd[2]=mema;
            bcd[3]=mema;
            flas_flag=0;         //不闪烁
            delay(20);           //调延时
            bcd[0]=mema;
            if(ce_data&0x80)
            {
                bcd[1]=fuhao;
                ce_data1=~ce_data+1;
            }
            else
            {
                bcd[1]=mema;
                ce_data1=ce_data;
            }
            bcd[2]=ce_data1/10;
            bcd[3]=ce_data1%10;
            flas_flag=0;         //不闪烁
    }
    break;          //case 2
    case 4:         //功能选择结束
    {
```

```
                ep[6]=ce_data-1;
                EepromWrite();    //写7字节
                flas_flag=0;
                key_flag=0;
                bcd[1]=mema;
                bcd[2]=mema;
                bcd[3]=mema;
                delay(20); //调延时
            }
            break;
            default:
            break;
        }           //switch 结束
    }               //if(ddi==1) 结束
    else if((P3&0x3c)==0x34)       //移位键(0011 0100)
    {
        if(key_gneng!=3)
        {
            bcd[dsc1]=dsc3;    //回存闪烁数
            dsc1=dsc1+1;
            if(dsc1>3) dsc1=dsc2;
            dsc3=bcd[dsc1];
        }
    }
    else if((P3&0x3c)==0x2c)        //加1键(0010 1100)
    {
            if(key_gneng==3)      //偏移量设定
            {
                ce_data=ce_data+1;
                if(ce_data&0x80)
                    {
                        bcd[1]=fuhao;
                        ce_data1=~ce_data+1;
                    }
                 else
                    {
                        bcd[1]=mema;
                        ce_data1=ce_data;
                    }
                bcd[2]=ce_data1/10;
                bcd[3]=ce_data1%10;
            }
            else
            {
                dsc3=dsc3+1;
                if(dsc3>9) dsc3=0;
```

```
                    bcd[dsc1]=dsc3;
                }
            }
            else if((P3&0x3c)==0x1c)              //减 1 键(0010 1100)
            {
                if(key_gneng==3)
                {
                    ce_data=ce_data-1;
                    if(ce_data&0x80)
                    {
                        bcd[1]=fuhao;
                        ce_data1=~ce_data+1;
                    }
                    else
                    {
                        bcd[1]=mema;
                        ce_data1=ce_data;
                    }
                    bcd[2]=ce_data1/10;
                    bcd[3]=ce_data1%10;
                }
                else
                {
                    dsc3=dsc3-1;
                    if(dsc3==255) dsc3=9;
                    bcd[dsc1]=dsc3;
                }
            }
        } //if(read_key)   结束
        while(P3&0x80);//等松键
    }     //if(read_key) 1 层结束
}   // while(key_biao) 结束
```

8.6 任务 14 数字式电流表设计

任务描述：

1. 仪表技术性能要求

1）电流测试范围：0.0～10.0A；误差 0.1A。

2）AC 220V 供电。

3）4 位数码管显示，可通过键盘设定参数。

4）可设定电流上限和电流下限，当电流超过上线或低于下限时报警。

5）电流传感器的变比为 5A/5mA。

2. 面板要求

面板要求与任务 13 的面板要求相同。

任务分析：

电流作为一个基本的量值，其重要性是显而易见的，对其检测有非常广泛的应用场合，比如可用于各种电源的电流模式控制，各种用电设备的电流监测保护等。在各种不同的应用场合，对电流的检测要求也因场合而异，但主要是从精度、反馈速度、功耗、体积等几个方面考虑。测量电流的方法一般分为直接式和非直接式。直接式是利用欧姆定律通过电阻把电流变成电压进行测量；非直接式测量一般通过磁耦合或霍尔效应间接测量被检测电流。

任务准备：准备一块 5mm×7mm 大小的万能 PCB 板，工具准备：电烙铁、焊锡、剥线钳、偏口钳、万用表、小一字螺钉旋具。按表 8-29 准备元件。

表 8-29　任务 13 的元件清单

名　称	型号或参数	数量	封　装	名　称	型号或参数	数量	封　装
电阻	1kΩ	5	直插	电阻	5.1kΩ	1	
	2kΩ	1			10kΩ	2	
	4.7kΩ	8			20kΩ	1	
					30kΩ	1	
	220	8					
	3.3kΩ	1			510	1	
变压器	双 9V/3W	2		整流桥	DB107G	1	DIP
稳压块	7805	1	直插	电解电容	470μF/25V	1	直插
	7905	1			100μF/16V	3	
可变电阻	10kΩ	1	多圈				
传感器	5A/5mA	1	直插		10μF/16V	2	
集成运放	LM358	1	DIP	磁片电容	104	1	
按键	6mm×6mm×5mm	4			27pF	2	
晶体管	9012	5	直插	晶振	12MHz	1	
二极管	1N4148	1		光耦合器	817B	1	DIP
发光二极管	φ3 红色	1		数码管	0.56,4 位一体	1	直插
	φ3 绿色	1		继电器	9V	1	

8.6.1　小电流的测量方式

小电流的测量可直接利用欧姆定律，把电流转换成电压进行测量。成本低廉的电阻一般精度较低，温漂大；如果要选用精度高低温漂的电阻，则需要用到合金电阻，成本将大大提高。

测量电路可以采用低端检测和高端检测这两种拓扑结构，低端检测是把测量电阻接在靠近电源的负端进行测量，电路易对地线造成干扰；高端检测是把测量电阻接在靠近电源正端进行测量，电阻与运放的选择要求高。两种测量电路如图 8-38 和 8-39 所示。由于是直接测量，都存在一定的风险性。

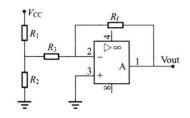
图 8-38　低端测量电路

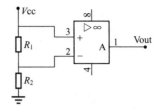
图 8-39　高端测量电路

8.6.2　大电流的测量方法

小电流可以直接测量，大电流的测量则要借助一些方法和器件。

1. 用康铜丝、锰铜丝测量

康铜丝或锰铜丝是当前国内外广泛应用的高阻材料。康铜是以铜镍为主要成分的电阻合金，其特点是：具有较低的电阻温度系数，较宽的使用温度范围（480°以下），加工性能良好，可制作交流仪器的电阻及元件。锰铜是以铜、锰、镍为主要成分的电阻合金，具有较高的电阻率，很小的电阻温度系数和对铜热电势低及优良的电阻长期稳定性，是制作标准电阻器、电阻元件及分流电阻的主要材料。表 8-30 是康铜丝的几个参数。图 8-40 是康铜丝实物图。利用康铜丝测量电流属于直接测量方式。

表 8-30　康铜丝的几个参数

直径/mm	每米电阻/Ω	截面积/mm²
2.0	0.153	3.14
1.8	0.189	2.54
1.7	0.212	2.27
1.5	0.272	1.77
1.2	0.424	1.13

图 8-40　康铜丝实物图

2. 用分流器测量

要测量一个很大的直流电流，例如几十安培甚至几百安培，没有那么大量程的电流表进行电流的测量，这时就要采用分流器。分流器实际就是一个阻值很小的电阻，当有直流电流通过时，分流器两端产生毫伏级直流电压信号，使并接在该分流器两端的计量表指针摆动，该读数就是该直流电路里的电流值。

用于直流电流测量的分流器有插槽式和非插槽式。分流器有锰镍铜合金电阻棒和铜带，并镀有镍层。其额定压降有 75 mV、100mV、120mV、150mV 及 300mV。

实际使用可根据测量表头的电压进行选择。比如是一种满刻度为 75mV 的电压表。那么用这块电压表测量比如 20A 的电流，就需要给它配一个在流过 20A 电流时候产生 75mV 电压降的分流电阻，也称 75mV 分流器。图 8-41 是分流器的实物图。

a)   b)

图 8-41　分流器实物图

a) 测量大电流的分流器　b) 测量小电流的分流器

3. 用电流互感器测量

在变压器理论中，变压器一、二次电压比等于匝数比，电流比为匝数比的倒数。而电流互感器（Current Transformer，CT）和电压互感器（Phasevoltage Transformers，PT）就是特殊的变压器。基本构造上，CT 的一次侧匝数少，二次侧匝数多，如果二次侧开路，则二次电压很高，会击穿绕阻和回路的绝缘，伤及设备和人身，因此 CT 的二次侧不允许开路。PT 相反，一次侧匝数多，二次侧匝数少，如果二次侧短路，则二次电流很大，使回路发热，烧毁绕阻及负载回路电气，因此 PT 的二次侧不允许短路。

电流互感器是将一次侧的大电流，按比例变为适合通过仪表或继电器使用的，额定电流为 5A 或 1A 的变换设备。它的工作原理和变压器相似。其工作特点和要求如下：

1）一次绕组与高压回路串联，只取决于所在高压回路电流，而与二次负荷大小无关。

2）二次回路不允许开路，否则会产生危险的高电压，危及人身及设备安全。

3）二次回路必须有一点直接接地，防止一、二次绕组绝缘击穿后产生对地高电压，但仅一点接地。

4）变换的准确性。

电流互感器铭牌上的额定电流比是指一次额定电流与二次额定电流之比，通常用不约分的分数表示。所谓额定电流就是在这个电流下互感器可以长期运行而不会因发热损坏。

电流互感器变换电流存在着一定的误差，根据电流互感器在额定工作条件下所产生的变比误差规定了准确等级。0.1 级以上电流互感器主要用于试验，进行精密测量或者作为标准用来校验低等级的互感器，也可以与标准仪表配合用来校验仪表，常被称为标准电流互感器，0.2 级和 0.5 级常用来连接电气计量仪表，3 级及以下等级电流互感器主要连接某些继电保护装置和控制设备。用于测量的工业标准互感器二次侧是 5A 的，非标准的互感器二次电流可根据需求确定。

图 8-42 是电流互感器的实物图。

值得注意的是，用电流互感器只能测量交流电流，不能用于测量直流。

图 8-42　电流互感器的实物图

a) 工业标准互感器　b) 非标准互感器

4. 用电流检测专用芯片测量

美国 Allegro 公司把霍尔效应现象同最新的双极性集成电路技术完美结合，生产出了 ACS 系列霍尔电流传感器，该系列器件的主要优点如下：

1）芯片级霍尔电流传感器，串联在电流回路中，外围电路简单。

2）开环模式的霍尔电流传感器（因体积问题，芯片级霍尔电流传感器无法做到闭环模式）。

3）可测交、直流电流。

4）无需检测电阻，内置毫欧级路径内阻。

5）单电源供电，原边无需供电。

6）80～120kHz 的带宽，外围滤波电容可调整带宽与噪声的关系。

7）输出加载于 $0.5V_{CC}$ 上，非常稳定的斩波输出。

8）μs 级响应速度，精度在 –40～+85℃时小于 2%。

9）带抑制干扰的特殊封装工艺。

10）非常好的一致性与可靠性。

常用的 Allegro 霍尔电流传感器主要有 ACS712、ACS710、ACS758 等。

（1）引脚描述

ACS712 采用小型的 SOIC8 封装，其引脚图如图 8-43 所示，采用单电源 5V 供电。其各引脚的功能介绍见表 8-31，其中引脚 1 和 2、3 和 4 均内置有保险，为待测电流的两个输入端，当检测直流电流时，1 和 2、3 和 4 分别为待测电流的输入端和输出端。

```
 1 ┌─ IP+    VCC ─┐ 8
 2 ┤  IP+   VOUT  ├ 7
 3 ┤  IP-  FILTER ├ 6
 4 └─ IP-    GND ─┘ 5
```

图 8-43　ACS712 的引脚图

表 8-31　ACS712 引脚功能描述

引　　脚	名　　称	功　能　描　述
1、2	IP+	被测电流输入或输出
3、4	IP–	被测电流输入或输出
5	GND	信号地
6	FILTER	外接电容
7	VOUT	模拟电压输出
8	VCC	电源电压

（2）ACS712 的工作原理

ACS712 的封装图和内部结构图如图 8-44 所示。ACS712 一次电流只是从芯片内部流过，与二次侧电路并无接触，一次侧与二次侧是隔离的，因为封装小，所以 ACS712 的隔离电压为 2100V。因为电流的流过会产生一个磁场，霍尔元件根据磁场感应出一个线性的电压信号，经过内部的放大、滤波与斩波电路，输出一个电压信号。

ACS712 根据尾缀的不一样，量程分为 3 个规格：5A、20A、30A，温度等级均为 E 级（-40~+85℃）。输入与输出在量程范围内为良好的线性关系，其系数 Sensitivity 分别为 185mV/A、100mV/A、66mV/A。因为斩波电路的原因，其输出将加载于 $0.5V_{CC}$ 上。ACS712 的 V_{CC} 电源一般建议采用 5V。输出与输入的关系为 $V_{out}=0.5V_{CC}+I_p×Sensitivity$。一般输出的电压信号介于 0.5~4.5V。

被测电流流经的通路（I_p+与 I_p-之间）的内电阻通常是 1.2mΩ，具有较低的功耗。当大电流流经它时，所产生的功耗很小，如 30A 满量程的电流流经它时，产生的功耗为 P=30×30×1.2/1000=1.08W，此功耗所引起的温度变化约为 23°。

ACS712 的全温度范围的精度为±1.5%。在 25~85℃时，精度特性更好。输入与输出之间的响应时间为 5μs。带宽为 80kHz，通过调整滤波脚与地之间的滤波电容，可根据客户的要求来调整噪声与带宽的关系，电容取值大，带宽小，噪声小。

ACS712 的典型应用如图 8-45 所示，被监测的电流由 1、2 端输入，3、4 端输出，V_{OUT} 输出模拟电压，该电压在指定的监测范围内与被监测的直流和交流电流呈线性关系，CF 用于噪声处理，提高输出精度。

图 8-44 ACS712 的封装图和内部结构图

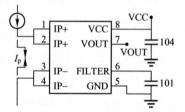

图 8-45 ACS712 的典型应用图

ACS710 与 ACS712 的电流检测原理是一样的，所不同的有以下几点：

1）ACS710 因为封装 SOIC-16 体积比 ACS712 稍大，所以一次侧与二次侧的隔离电压也比 ACS712 大，为 3000V。

2）内置路径内阻为 1.0mΩ。

3）量程不一样，根据尾缀不同，分 12.5A 与 25A 两种量程。这里的 12.5A 量程与 25A 量程指的是优化量程，实际上，ACS710 有三倍过载能力，即它们的实际量程分别为 37.5A 与 75A。但考虑到电流过大，会出现温升效应，不建议让 ACS710 长期工作于过载条件下。

4）ACS710 的 V_{CC} 可选用 5V 与 3.3V 两种。5V 与 3.3V 时，其输入输出的线性系数（Sensitivity）也为线性。如量程 25A 的 ACS710，V_{CC} 为 5V 时，Sensitivity 为 28mV/A；3.3V 时，Sensitivity 为 28×3.3/5=18.5mV。

5）温度等级不一样，ACS710 为 K 级，-40~+125℃。

6）ACS710 的带宽为 120kHZ，响应时间为 4μs，过流保护响应时间为 2μs。

ACS758 与 ACS712 的电流检测原理是一样的，与 ACS712、ACS710 相比，其特点如下：

1）量程大，分为 50A、100A、150A、200A 这 4 个等级。

2）内置路径内阻小，为 100μΩ。

3）温度等级，50A、100A 量程的等级为 L 级，即-40～+150℃；150A 量程的等级为 K 级，即-40～+125℃；200A 量程的等级为 E 级，即-40～+85℃。

4）带宽为 120kHz，响应时间为 4μs。

5）25℃时，一次电流为 1200A 时，可承受时间为 1s；85℃时，一次电流为 900A 时，可承受时间为 1s；150℃时，一次电流为 600A 时，可承受时间为 1s。

8.6.3　交流电流测量

直流电流的测量较易实现，只要把大电流转换成能可测量的小电流，就可用仪表进行测量。交流电流的测量不同于直流，要先把交流变换成直流。目前有各种真有效值 AC/DC 转换芯片，可用于交流电真有效值测量，如 AD736、AD637 等，已广泛用于万用表交流测量电路。在大部分要求不是很精确的交流电流测量场合，使用最多的仍然使用平均值转换法来对其进行测量，这种方法要通过平均折算来反映被测量，存在着一定的理论误差，但在监控和保护场合完全可满足要求。

1. 精密半波整流

输入给数字仪表的测量信号，是经过变换后的小电流信号，因此应使用精密整流电路，精密整流电路的功能：将微弱的交流电压转换成直流电压。精密半波整流电路如图 8-46 所示。

工作原理：当 $u_1>0$ 时，必然使集成运放的输出 $u_o'<0$，从而导致二极管 VD2 导通，VD1 截止，电路实现反相比例运算，输出电压为

$$u_o = -\frac{R_f}{R}u_1$$

当 $u_1<0$ 时，必然使集成运放的输出 $u_o'>0$，从而导致二极管 VD1 导通，VD2 截止，R_f 中电流为零，因此输出电压 $u_o'=0$。

2. 精密全波整流

图 8-47 是最经典的全波精密整流电路电路，优点是可以在电阻 R5 上并联滤波电容，并可以通过更改 R_5 来调节增益，电阻匹配关系为 $R_1=R_4=R_3=R_5$，$R_2=2R_1$。

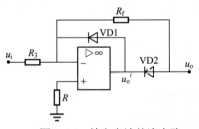
图 8-46　精密半波整流电路

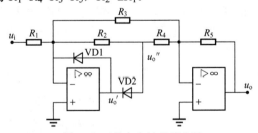
图 8-47　精密全波整流电路

当 $u_1>0$ 时，必然使集成运放的输出 $u_o'<0$，从而导致二极管 VD2 导通，VD1 截止，电路实现反相比例运算，输出电压为

$$u_o'' = -2u_1 \quad (R_2=2R_1)。$$

当 $u_1<0$ 时，必然使集成运放的输出 $u_o'>0$，从而导致二极管 VD1 导通，VD2 截止，R_2 中电流为零，因此输出电压 $u_o''=0$。

分析由 A2 所组成的反相求和运算电路可知，输出电压为

$$u_o = -(u_I + u_o'');$$

当 $u_I > 0$ 时，$u_o'' = -2u_I$，$u_o = -(-2u_I + u_I) = u_I$；

当 $u_I < 0$ 时，$u_o'' = 0$，$u_o = -(-u_I) = u_I$。

所以，$u_o = |u_I|$。

故此电路也称为绝对值电路。

如果设二极管的导通电压为 0.7V，集成运放的开环差模放大倍数为 50 万倍，那么为使二极管 VD1 导通，集成运放的净输入电压为

$$u_P - u_N = \frac{0.7}{5 \times 10^5} \text{V} = 0.14 \times 10^{-5} \text{V} = 1.4 \mu\text{V} 。$$

同理可估算出为使 VD2 导通集成运放所需的净输入电压，也是同数量级。可见，只要输入电压 u_I 使集成运放的净输入电压产生非常微小的变化，就可以改变 VD1 和 VD2 工作状态，从而达到精密整流的目的。

8.6.4 利用 5A/5mA 电流互感器设计电流表

本次电流表设计使用 5A/5mA 电流传感器，在确定了互感器后，可用图 8-48 所示的全波整流电路，把交流变成直流。

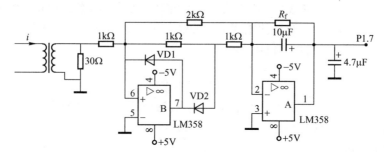

图 8-48 全波整流电路

1. 检测电路调试

根据检测电路原理图 8-48，用万能 PCB 焊接检测电路如图 8-49 所示。用 9V/3W 变压器串联多圈可变电阻模拟互感器二次侧输出加在 30Ω电阻上，对整流电路进行调试，确定反馈电阻 R_f 的大小范围，如图 8-50 所示。改变多圈可变电阻，使流过 30Ω电阻的电流分别为 1mA、5mA、10mA、15mA、20mA，R_f 取不同电阻值时的 V_{out} 测试结果见表 8-32。

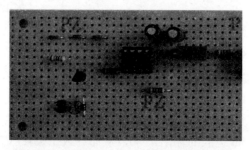

图 8-49 用万能 PCB 制作的检测电路实物图

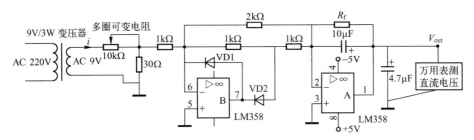

图 8-50　调试检测电路接线原理图

表 8-32　不同 R_f 时 V_{out} 的测试结果

输入电流（i）/mA	电阻 Rx/kΩ			
	5.1	10	20	30
1	0.05V	0.1V	0.21V	0.31V
5	0.32V	0.63V	1.26V	1.91V
10	0.65V	1.25V	2.55	3.62V
15	1.0V	1.92V	3.61V	3.62V
20	1.34V	2.57V	3.62V	3.62V

从表 8-32 可以看到，当 $R_f=5.1kΩ$ 时，$i=10mA$ 测得的 $V_{out}=0.65V$，如果采用 10 位 A-D 转换器，基准电压 $V_{ref}=5V$，0.65V 对应的数字量是（0.65V÷5V）×1024=133，而从 0～10.0A，需要的数码大小是 100，所以 $R_f=5.1kΩ$ 的放大倍数够用。当 $R_f=20kΩ$ 时，$i=15mA$ 以上，$V_{out}=3.61V$ 已达饱和。继续测试会发现取 $R_f=10kΩ$ 时，$i=30mA$ 时输出才达到饱和状态；如果取 $R_f=5.1kΩ$ 时，$i=50mA$ 时输出才能达到饱和状态；因此 R_f 取值范围在 5.1～10kΩ 为宜。

2. 软硬件设计

电流表的硬件设计可以参考任务 13。只有电源电路与任务 13 不同，这里是正负双极性电源，如图 8-51 所示。

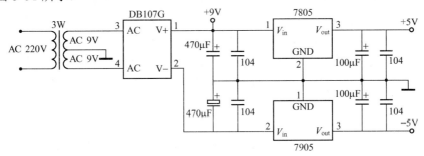

图 8-51　电源电路

电流表的软件设计可参考任务 13，这里不再赘述。

8.7　任务 15　远程循环检测仪表设计

任务描述：采用 STC12C5608AD 设计主机和从机，从机可以设计多个。采用 RS-485 进行通信，通信协议可以参照 Mocbus。主机用广播形式发送，一帧 5 字节，分别为从机地址、命令码、回读字节数、CRC 高 8 位及 CRC 低 8 位。从机应答，一帧的字节数由回传的数据字节数确定，帧格式为：从机地址、命令码、回传字节数、字节 1 高 8 位、字节 1 低 8 位、…、字节 N 高 8 位、字节 N 低 8 位、CRC 高 8 位、CRC 低 8 位。

任务分析：本任务的主要目的是学习如何运用 RS-485 进行通信，检测的内容可以自行设计，比如可以模仿任务 13 或任务 14 的设计方法，只要在任务 13 或任务 14 的基础上增加 RS-485 通信电路，就可以完成从机的设计。主机的设计应包括键盘、显示、RS-485 通信电路等。串行通信除 RS-485 硬件电路外，在软件设计时要注意两点：一是主机和从机的波特率要一致，否则是无法进行通信的；二是要设计通信协议，所以要先学习 Modbus 协议，并在此基础上设计自己的通信协议。Modbus 协议是现在工控设备中应用最多的协议，不妨按 Modbus 协议设计通信软件。

任务准备：以任务 13 设计的温度测控仪表为基础，增加 MAX485 芯片，使之成为具有串行通信功能的仪表。

8.7.1 串行总线通信的基本原理

单片机控制的远程多路循环监测仪表，一般采用 RS-232、RS-422 或 RS-485 等串行通信总线接口。RS-232、RS-422 与 RS-485 都是串行数据接口标准，最初都是由电子工业协会（Electronic Industries Association，EIA）制定并发布的，RS-232 在 1962 年发布，被命名为 EIA-232-E。为弥补 RS-232 通信距离短、速率低的缺点，RS-422 定义了一种平衡通信接口，将传输速率提高到 10Mbit/s，传输距离延长到 1219m（速率低于 100kbit/s 时），并允许在一条平衡总线上连接最多 10 个接收器。RS-422 是一种单机发送、多机接收的单向、平衡传输规范，命名为 TIA/EIA-422-A 标准。为扩展应用范围，EIA 于 1983 年在 RS-422 基础上制定了 RS-485 标准，增加了多点、双向通信能力，即允许多个发送器连接到同一条总线上，同时增加了发送器的驱动能力和冲突保护特性，扩展了总线共模范围，后命名为 TIA/EIA-485-A 标准。

RS-232、RS-422 与 RS-485 标准只对接口的电气特性做出规定，而不涉及接插件、电缆或协议，用户可以在此基础上建立自己的高层通信协议。但由于 PC 上的串行数据通信是通过 UART 芯片（较老版本的 PC 采用 I8250 芯片或 Z8530 芯片）来处理的，其通信协议也规定了串行数据单元的格式（8-N-1 格式）：1 位逻辑 0 的起始位，6/7/8 位数据位，1 位可选择的奇（ODD）/偶（EVEN）校验位，1/2 位逻辑 1 的停止位。基于 PC 的 RS-232、RS-422 与 RS-485 标准均采用同样的通信协议。

1. RS-232 标准

RS-232 被定义为一种在低速率、近距离串行通信的单端标准。RS-232 采取不平衡传输方式，即所谓单端通信。

RS-232 的电气标准如下。

1）电平为逻辑"0"时：+3～+15V。

2）电平为逻辑"1"时：-3～-15V。

3）未定义区：-3～+3V。在此区域内的信号处理将由通信接口的 RS-232 收发器决定。

2. RS-422/485 标准

RS-422/485 标准的全称为 TIA/EIA-422-B 和 TIA/EIA-485 串行通信标准。RS-422/485

标准与 RS-232 标准不一样，数据信号采用差分传输方式（Differential Driver Mode，DDM），也称为平衡传输。由于 RS-422 与 RS-485 标准在电气特性上非常相近，在传输方式上有所区别；为便于理解，下面将主要介绍应用比较普遍的 RS-485 标准，并简单介绍 RS-422 标准与 RS-485 标准的区别。

（1）RS-485 标准

电子工业协会于 1983 年制定并发布 RS-485 标准，并经通信工业协会（Telecommunications Industry Association，TIA）修订后命名为 TIA/EIA-485-A，习惯地称之为 RS-485 标准。

RS-485 标准是为弥补 RS-232 通信距离短、速率低等缺点而制定的。RS-485 标准只规定了平衡发送器和接收器的电特性，而没有规定接插件、传输电缆和应用层通信协议。

RS-485 标准与 RS-232 不一样，数据信号采用差分传输方式，也称作平衡传输，它使用一对双绞线，将其中一线定义为 A，另一线定义为 B。通常情况下，发送发送器 A、B 之间的正电平在+2～+6V，是一个逻辑状态；负电平在-2～-6V，是另一个逻辑状态。另有一个信号地 C。在 RS-485 器件中，一般还有一个"使能"控制信号。"使能"信号用于控制发送端发送器与传输线的切断与连接，当"使能"端起作用时，发送端发送器处于高阻状态，称作"第三态"，它是有别于逻辑"1"与"0"的第三种状态。

对于接收端发送器，也做出与发送端发送器相对的规定，收、发端通过平衡双绞线将 A-A 与 B-B 对应相连。当在接收端 A-B 之间有大于+200mV 的电平时，输出为正逻辑电平；小于-200mV 时，输出为负逻辑电平。在接收端发送器的接收平衡线上，电平范围通常为 200mV～6V。定义逻辑 1（正逻辑电平）为 B＞A 的状态，逻辑 0（负逻辑电平）为 A＞B 的状态，A、B 之间的压差不小于 200mV。

RS-485 标准的最大传输距离约为 1219m，最大传输速率为 10Mbit/s。

通常，RS-485 网络采用平衡双绞线作为传输媒体。平衡双绞线的长度与传输速率成反比，只有在 20kbit/s 速率以下，才可能使用规定最长的电缆长度。只有在很短的距离下才能获得最高速率传输。一般来说，15m 长双绞线最大传输速率仅为 1Mbit/s。

注意：并不是所有 RS-485 收发器都能够支持高达 10Mbit/s 的通信速率。如果采用光电隔离方式，则通信速率一般还会受到光电隔离器件响应速度的限制。

RS-485 网络采用直线拓扑结构，需要安装两个终端匹配电阻，其阻值要求等于传输电缆的特性阻抗（一般取值为 120Ω）。在矩距离、或低波特率波数据传输时可不需终端匹配电阻，即一般在 300m 以下、19200bit/s 不需终端匹配电阻。终端匹配电阻安装在 RS-485 传输网络的两个端点，并联连接在 A-B 引脚之间。

RS-485 标准通常被用作为一种相对经济、具有相当高噪声抑制、相对高的传输速率、传输距离远、宽共模范围的通信平台。同时，RS-485 电路具有控制方便、成本低廉等优点。

在过去的几十年里，建议性标准 RS-485 作为一种多点差分数据传输的电气规范，被应用在许多不同的领域，作为数据传输链路。目前，在我国应用的现场网络中，RS-485 半双工异步通信总线也是被各个研发机构广泛使用的数据通信总线。但是基于在 RS-485 总线上任一时刻只能存在一个主机的特点，它往往应用在集中控制枢纽与分散控制单元之间。

（2）RS-422 标准

RS-422 标准的全称是"平衡电压数字接口电路的电气特性"，它定义了接口电路的电气特性。典型的 RS-422 采用 3 线接口，加上 1 根信号地线，共 5 根线通信线。

由于 RS-422 接收器采用高输入阻抗和发送器，因此比 RS-232 更强的驱动能力，故允许在相同传输线上连接多个接收节点，最多可接 10 个节点。即一个主设备（Master），其余为从设备（Salve），从设备之间不能通信，所以 RS-422 支持点对多点的双向通信。接收器输入阻抗为 4kΩ，故发端最大负载能力是 10×4kΩ+100Ω（终接电阻）。RS-422 的 4 线接口由于采用单独的发送和接收通道，因此不必控制数据方向，各装置之间任何必需的信号交换均可以按软件方式（XON/XOFF 握手）或硬件方式（一对单独的双绞线）实现。

RS-422 的最大传输距离为约 1219m，最大传输速率为 10Mbit/s。其平衡双绞线的长度与传输速率成反比，在 20kbit/s 速率以下，才可能达到最大传输距离。只有在很短的距离下才能获得最高速率传输。一般 100m 长的双绞线上所能获得的最大传输速率仅为 1Mbit/s。

RS-422 需要安装一个终接电阻，要求其阻值约等于传输电缆的特性阻抗（一般取值为 120Ω）。在短距离或低波特率数据传输时可不安装终接电阻，即一般在 300m 以下不安装终接电阻。终接电阻安装在传输电缆的最远端。

3. 各种串行接口性能比较

常见的 3 种串口通信性能比较见表 8-33。

表 8-33　常见的 3 种串口通信性能比较

总线名称	RS-232	RS-422	RS-485
功能	全双工	全双工	半双工
传输方式	单端	差分	差分
最大速率	20	10Mbit/s	10Mbit/s
最大距离/m	15	1200	1200
抗干扰能力	弱	强	强
常用接口芯片	MAX232	MAX491	MAX485

8.7.2　RS-485 接口电路

用于 RS-485 接口电路的芯片种类很多，功能各异，这里只介绍由 MAX485 组成的串行接口电路。

1. RS-485 接口芯片

MAX485 接口芯片是 Maxim 公司的一种 RS-485 芯片。采用单一电源+5V 工作，额定电流为 300μA，采用半双工通信方式。它具有将 TTL 电平转换为 RS-485 电平的功能。其引脚结构图如图 8-52 所示。从图中可以看出，MAX485 芯片的结构和引脚都非常简单，内部含有一个驱动器和接收器。RO 和 DI 端分别为接收器的输出和驱动器的输入端，与单片机连接时只需分别与单片机的 RXD 和 TXD 相连即可；$\overline{RE}$ 和 DE 端分别为接收和发送的使能端，当 $\overline{RE}$ 为逻辑 0 时，器件处于接收状态；当 DE 为逻辑 1 时，器件处于发送状态，因为 MAX485 工作在半双工状态，所以只需用单片机的一个管脚控制这两个引脚即可；A 端和 B 端分别为接收和发送的差分信号端，当 A 引脚的电平高于 B 时，代表发送的数据为 1；当 A 的电平低于 B 时，代表发送的数据为 0。在与单片机连接时接线非常简单，只需要一个信号控制 MAX485 的接收和发送即可。同时将 A 和 B 之间加匹配电阻，一般可选 100Ω 的电阻。

RS-485 接口电路的主要功能为：将来自微处理器的发送信号 TX 通过 "发送器" 转换成通信网络中的差分信号，也可以将通信网络中的差分信号通过 "接收器" 转换成被微处理器接收的 RX 信号。任一时刻，RS-485 收发器只能够工作在 "接收" 或 "发送" 模式，因此，必须为 RS-485 接口电路增加一个收/发逻辑控制电路。另外，由于应用环境的各不相同，RS-485 接口电路的附加保护措施也是必须重点考虑的环节。下面以选用 MAX485 芯片为例，列出 RS-485 接口电路中的几种常见电路并加以说明。同理，这一节提供的电路实例对 RS-422 接口设计也具有设计参考作用。

2. 基本 RS-485 电路

图 8-53 为一个经常被应用到的 MAX485 芯片的示范电路，可以被直接嵌入实际的 RS-485 应用电路中。微处理器的标准串行口通过 RXD 直接连接 MAX485 芯片的 RO 引脚，通过 TXD 直接连接 MAX485 芯片的 DI 引脚。由微处理器输出的 R/D 信号直接控制 MAX485 芯片的发送器/接收器使能：R/D 信号为 "1"，则 MAX485 芯片的发送器有效，接收器禁止，此时微处理器可以向 RS-485 总线发送数据字节；R/D 信号为 "0"，则 MAX485 芯片的发送器禁止，接收器有效，此时微处理器可以接收来自 RS-485 总线的数据字节。此电路中，任一时刻 MAX485 芯片中的 "接收器" 和 "发送器" 只能有 1 个处于工作状态。连接至 A 引脚的上拉电阻 R_7、连接至 B 引脚的卜拉电阻 R_8 用于保证无连接的 MAX485 芯片处于空闲状态，提供网络失效保护，以提高 RS-485 节点与网络的可靠性。如果将 MAX485 连接至微处理器 51 单片机芯片的 UART 串口，则 MAX485 芯片的 RO 引脚不需要上拉；否则，需要根据实际情况考虑是否在 RO 引脚增加 1 个大约 10kΩ 的上拉电阻。

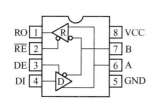

图 8-52　MAX485 的引脚结构图

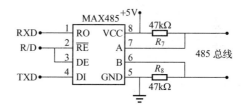

图 8-53　MAX485 的基本 RS-485 电路

3. 上电抑制电路

由多个 RS-485 收发器连接而成的 RS-485 多机网络中，任一时刻只能有一个 RS-485 发送器工作在 "发送" 状态，其余节点必须工作在 "接收" 状态，这称为 "单主/多从" 通信方式。在一个 RS-485 网络中同时有两个或更多个 RS-485 收发器工作在 "发送" 状态将会导致数据丢失、产生错误，严重的甚至损坏 RS-485 收发器，使 RS-485 网络瘫痪。因此，在设计阶段时就应仔细考虑，避免后期可能出现的种种事故。图 8-54 所示实例介绍了在一个应用系统上电阶段的 RS-485 接口电路设计窍门。RS-485 接口电路实现系统的通讯功能，但仅是一个完整系统中的一个有机部分，当然受到微处理器的状态控制。当微处理器在上电时，串行通讯接口的控制信号 SCI_DE 并不能够确定处于高或低电平状态，这可能会导致该单元在上电阶段向 RS-485 网络发送一组 "无效" 数据，破坏原来正常的网络通讯功能。设计时增加一组由 R1、C1、D1、U1 简单元件组成的上电抑制电路，即可以避免在应用系统上电时出现网络通信事故。

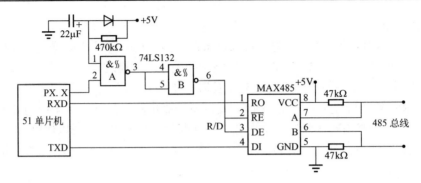

图 8-54　RS-485 接口电路的上电抑制

8.7.3　RS-485 通信协议

RS-485 标准只对接口的电气特性做出规定，而不涉及接插件、电缆或协议，因此，用户需要在 RS-485 应用网络的基础上建立自己的应用层通信协议。

由于 RS-485 标准是基于 PC 的 UART 芯片上的处理方式，因此其通信协议也规定了串行数据单元的格式（8-N-1 格式）：1 位逻辑 0 的起始位，6/7/8 位数据位，1 位可选择的奇（ODD）/偶（EVEN）校验位，1/2 位逻辑 1 的停止位。

目前，RS-485 在国内有着非常广泛的应用，许多领域（比如工业控制、电力通信、智能楼宇等）都经常可以见到具有 RS-485 接口电路的设备。但是，这些设备采用的用户层协议（术语参考自 OSI 的 7 层结构）都不相同；这些设备之间并不可以直接连接通信。比如，很多具有 RS-485 接口电路的用户设备采用自己制订的简单通信协议，或是直接取自 Modbus 协议（AscII/RTU 模式）中的一部分功能；在电力通信领域，当前国家现在执行的行业标准中，颁布有按设备分类的各种通讯规约，如 CDT、SC-1801、u4F、DNP3.0 规约和 1995 年的 IEC60870-5-101 传输规约、1997 年的国际 101 规约的国内版本 DL/T634-1997 规约；在电表应用中，国内大多数地区的厂商采用多功能电能表通信规约（DL/T645-1997）。

下面将分别对 Modbus 协议（RTU 模式）、多功能电能表通信规约（DL/T645-1997）进行简单介绍，便于大家对应用层通信协议有一个基本的概念与理解。

1. Modbus 协议（RTU 模式）

以下资料摘录自 Modbus 协议（RTU 模式），介绍 Modbus RTU 协议的基本构成、主要特点及参数规定，便于读者理解一个通信协议的基本模式与要求。关于详细的 Modbus 协议，可以从 Modbus-IDA 协会（www.modbus.org）网站下载具体的内容。

（1）查询—响应周期

Modbus 协议遵循"查询—响应"模式。

查询：查询信息中的功能代码告诉被选中的从设备要执行何种功能。数据段包含了从设备要执行功能的任何附加信息。例如功能代码 03 是要求从设备读保持寄存器并返回它们的内容。数据段必须包含要告诉从设备的信息：从何寄存器开始读及要读的寄存器数量。错误检测域为从设备提供了一种验证信息内容是否正确的方法。

响应：如果从设备产生正常的响应，在响应消息中的功能代码是在查询消息中的功能代码的响应。数据段包括了从设备收集的资料：读寄存器值或状态。如果有错误发生，功能代码将被修改以用于指出响应消息是错误的，同时数据段包含了描述此错误信息的代码。错误检测域允许主设备确认消息内容是否可用。

（2）RTU 模式

RTU 模式的格式为

地址	功能代码	数据数量	数据 1	…	数据 n	CRC 高字节	CRC 低字节

当控制器设为在 Modbus 网络上以 RTU（远程终端单元）模式通信，在消息中的每个字节（8bit）包含两个 4bit 的十六进制字符。这种方式的主要优点是：在同样的波特率下，可比 ASCII 方式传送更多的数据。

代码系统：

- 8 位二进制，十六进制数 0～9，A～F。
- 消息中的每个 8 位域均由一个两位十六进制字符组成。

每个字节的位：

- 1 个起始位。
- 8 个数据位，最小的有效位先发送。
- 1 个奇偶校验位，无校验则无。
- 1 个停止位（有校验时）；2 个停止位（无校验时）。

错误检测域：

- CRC（循环冗长检测）。

2. RTU 帧

使用 RTU 模式，消息发送至少要以 3.5 个字符的停顿间隔开始。在网络波特率下多样的字符时间，这是最容易实现的。传输的第一个域是设备地址。可以使用的传输字符是十六进制的 0～9，A～F。网络设备不断侦测网络总线，包括停顿间隔内。当第一个域（地址域）接收到信息后，每个设备都进行解码以判断是否是发往自己的。在最后一个传输字符之后，一个至少 3.5 个字符时间的停顿标定了消息的结束。一个新的消息可在此停顿后开始。

整个消息帧必须作为一连续的流转输。如果在帧完成之前有超过 1.5 个字符时间的停顿时间，接收设备将刷新不完整的消息并假定下一字节是一个新消息的地址域。同样，如果一个新消息在小于 3.5 个字符时间内接着前个消息开始，接收的设备将认为它是前一消息的延续。这将导致一个错误，因为在最后的 CRC 域的值不可能是正确的。RTU 典型的消息帧格式见表 8-34。

表 8-34　RTU 典型的消息帧格式

起　始　位	设备地址	功能代码	数　据	CRC 校验	结　束　符
T1-T2-T3-T4	8bit	8bit	n 个 8bit	16bit	T1-T2-T3-T4

（1）地址域

消息帧的地址域包含 8bit（RTU）。单个设备的地址范围是 1～247。主设备通过将要联络的从设备的地址放入消息中的地址域来选通从设备。当从设备发送回应消息时，它把自己的地址放入回应的地址域中，以便主设备知道是哪一个设备做出回应。

地址 0 用作广播地址，以使所有从设备都能认识。若 Modbus 协议用于更高水准的网络，广播可能不允许或以其他方式代替。

（2）功能代码域

消息帧中的功能代码域包含 8bits（RTU）。可能的代码范围是十进制的 1～255。当然，有些代码适用于所有控制器，有些应用于某种控制器，还有些保留以备后用。

当消息从主设备发往从设备时，功能代码域将告诉从设备需要执行哪些行为。例如去读取输入的开关状态，读一组寄存器的数据内容，读从设备的诊断状态，允许调入、记录、校验在从设备中的程序等。

当从设备回应时，它使用功能代码域来指示是正常回应（无误）还是有某种错误发生（称作异议回应）。对正常回应，从设备仅回应相应的功能代码。对异议回应，从设备返回一等同于正常代码的代码，但最重要的位置为逻辑 1。

例如，一从主设备发往从设备的消息要求读一组保持寄存器，将产生如下功能代码：

00000011（十六进制 03H）

对正常回应，从设备仅回应同样的功能代码。对异议回应，将返回：

10000011（十六进制 83H）

除功能代码因异议错误做了修改外，从设备将一独特的代码放入回应消息的数据域中——这能告诉主设备发生了什么错误。

主设备应用程序得到异议的回应后，典型的处理过程是重发消息，或者诊断发给从设备的消息并报告给操作员。

（3）数据域

数据域是由两个十六进制数集合构成的，范围为 00～FF。根据网络传输模式，这可以是由一 RTU 字符组成。

从主设备发给从设备消息的数据域包含附加信息，从设备必须用于进行执行由功能代码所定义的所为。这包括了不连续的寄存器地址、要处理项的数目以及域中实际数据字节数。

例如，如果主设备需要从设备读取一组保持寄存器（功能代码 03 十六进制），数据域指定了起始寄存器以及要读的寄存器数量。如果主设备写一组从设备的寄存器（功能代码 10 十六进制），数据域则指明了要写的起始寄存器以及要写的寄存器数量，数据域的数据字节数，要写入寄存器的数据。

如果没有错误发生，由从设备返回的数据域包含请求的数据。如果有错误发生，此域包含一异议代码，主设备应用程序可以用来判断采取下一步行动。

在某种消息中数据域可以是不存在的（0 长度）。例如，主设备要求从设备回应通信事件记录（功能代码 0B 十六进制），从设备不需任何附加的信息。

（4）CRC 检测域

使用 RTU 模式，信息包括了一基于 CRC 方法的错误检测域。CRC 域检测了整个信息的内容。

CRC 域是两个字节，包含 16 位二进制值。它由传输设备计算后加入信息中。接收设备重新计算收到信息的 CRC，并与接收到的 CRC 域中的值比较，如果两值不同，则有误。

生成一个 CRC 的流程如下：

1）预置一个 16 位寄存器为 0FFFFH（全 1），称之为 CRC 寄存器。

2）把数据帧中第一个字节的 8 位与 CRC 寄存器中的低字节进行异或运算，并将结果存回 CRC 寄存器。

3）将 CRC 寄存器向右移一位，最高位填以 0，最低位移出并检测。

4）如果最低位为 0，重复步骤 3（下一次移位）；如果最低位为 1，将 CRC 寄存器与一个预设的固定值（0A001H）进行异或运算。

5）重复步骤 3 和步骤 4 直到 8 次移位。这样就处理完了一个完整的 8 位。

6）重复步骤 2～步骤 5 来处理下一个 8 位，直到所有字节处理结束。

7）最终 CRC 寄存器的值就是 CRC 的值。

此外还有一种利用预设的表格计算 CRC 的方法，其主要特点是计算速度快，但是表格需要较大的存储空间，此处对此不再赘述。

CRC 添加到信息中时，低字节先加入，然后高字节。

8.7.4　基于 RS-485 通信的软件设计

这里给出串行通信的几段参考程序，其余部分的程序设计可参照任务 13。

```c
/**********************************
    从机定义的几个变量
**********************************/
unsigned char txbuf[7];            //从机发送 7 字节
unsigned char rxbuf[5];            //从机接收 5 字节
unsigned char tx_number;           //发送字节数
unsigned char rx_number;           //接收字节数
unsigned char tx_count, rx_count;
bit rx_ok;                         //从机接收内容正确标志
unsigned char rx_temp;
/**********************************
    初始化函数，用于确定串行通信的波特率
**********************************/
void InitTimer1()                  //初始化
{
    TMOD=0x20;                     //将 T1 设为方式 2
    TH1=0xfd;
    EA=1;
    TL1=0xfd;                      //晶振为 11.0592MHz，9.6kbit/s 时的初值
    ET1=1;                         //允许 T1 中断
    TR1=1;                         //T1 开始计数
    }
/**********************************
串行中断函数
**********************************/
void scomm() interrupt 4 using 3   //串行口中断，modbus RTU 模式
{
    if(TI)
    {
```

```
            TI = 0;
            if(tx_count < tx_number)          //是否发送结束
             {
                SBUF = txbuf[tx_count];
              }
             tx_count++;
          }
        if(RI)
        {
            rx_temp=SBUF
            if(rx_count< rx_number)
             {
                rxbuf[rx_count]=rx_temp;
             }
             rx_count++;
             RI=0;
        }
    }
}
/*********************************
对接受到的数据进行校验
    接收的数据在数组 rxbuf[]中；接收的内容为：rxbuf[0]=地址、rxbuf[1]=命令码、rxbuf[2]=回送字
节数、rxbuf[3]=crc 高 8 位、rxbuf[4]=crc 低 8 位、
    *********************************/
    viod proof()                    // 校验函数
    {
        unsigned char byAddr ;          // 地址
        unsigned char byFunCode ;       // 功能代码
        unsigned int CRC,by_crc ;
        unsigned char i;
        byAddr = rxbuf[0];              // 地址
        byFunCode = rxbuf[1];           // 功能代码
        rx_ok=0;
        if( byAddr = m_byAddress)       // 判断地址对否
        {
            rx_ok=1;                    //地址正确
        }
        CRC = 0xffff;                   //计算 rxbuf 中的 3 个字节的 CRC
        for(i = 0;i < 3;i++)            //rxbuf 做 3 次循环计算 crc
        {
            CRC = CrcCal(rxbuf[i],CRC);
        }
        by_crc=(rxbuf[3]<<8)|rxbuf[4];        //接收到的 crc 码
        if(crc=by_crc)
        {
            rx_ok=1;                    //crc 校验正确
        }
```

```
        else    rx_ok=0;
            }
/*********************************
从机组建回送数据
    组建的数据在数组 txbuf[]中；回送的内容为：txbuf[0]=地址、txbuf[1]=命令码、txbuf[2]=回送字
节数、txbuf[3]=数据高 8 位、txbuf[4]=数据低 8 位、txbuf[5]=crc 高 8 位、txbuf[6]=crc 低 8 位、
*********************************/
    viod ParseFrame()                      // 从机组建并发送响应帧函数
    {
        unsigned char i;
        unsigned int crcf;
        proof();                           //调校验函数
        if(rx_ok)
        {
            txbuf[0]=rxbuf[0]
            txbuf[1]=rxbuf[1]
            txbuf[2]=2;                    //发送 2 字节数据
            txbuf[3]=datah                 //数据高 8 位
            txbuf[4]=datal                 //数据低 8 位
            crcf = 0xffff;                 //计算 rxbuf 中的 5 个字节的 CRC
            for(i = 0;i <5;i++)            //rxbuf 做 5 次循环计算 crcf
            {
                crcf = CrcCal(rxbuf[i],crcf);
            }
            txbuf[5]=crcfh                 //crc 高 8 位
            txbuf[4]=crcfl                 //crc 低 8 位
            REN=0;
            tx_count=0;
            TI=1;                          //启动发送响应帧
            rx_count=0;
            rx_ok=0;
        }
    }
/*********************************
 CRC 计算
 输入：1 个字节（8bit）赋给 16bit 的 Data
 输出：CRC 结果，word（int）（16bit）  CrcData
*********************************/
unsigned int CrcCal(unsigned char Data, unsigned int CrcData)
{
    unsigned int crch,crcl;
    unsigned char i;
    crcl=CrcData&0x00ff;                   //取出低 8 位
    crch=CrcData&0xff00;                   //取出高 8 位
    crcl=crcl^Data;                        //和低 8 位异或
    crcl=crcl&0x00ff;
```

```
        CrcData =crch|crcl;                              //存回 CrcData
        for(i = 8;i > 0;i--)                             //1 个字节移位运算 8 次
        {
            if(CrcData & 0x0001)                         //判断最低位
            {
                CrcData = (CrcData / 2) ^ 0xa001;        //多项式代码：0xa001
            }
            else CrcData /= 2;                           //等同:CrcData >>= 1 右移 1 位
        }
        return (CrcData);                                //返回 CRC 计算结果
    }


    /*******************************
        CRC 测试
        计算缓冲区中数据的 CRC 值,
        通过模拟调试（单步跟踪）可以查看 CRC 的结果
    *********************************/
    void main(void)
    {
        unsigned int CRC1,CRC2;
        unsigned char i;
        char Buf[]={1,3,0,0,0,1};                        //计算 6 个字节的 CRC
        char Buf1[]={1,3,0,0,0,1,0x84,0x0a};             //计算 8 个字节的 CRC
        CRC1 = 0xffff;                                   //计算 Buf 中的 6 个字节
        for(i = 0;i < 6;i++)                             //Buf 做 6 次循环计算
        {
            CRC1 = CrcCal(Buf[i],CRC);
        }                                                //CRC1 = 0x0a84

        CRC2 = 0xffff;                                   //计算 Buf1 中的 8 个字节
        for(i = 0;i < 8;i++)                             //Buf1 做 8 次循环计算
        {
            CRC2 = CrcCal(Buf1[i],CRC2);
        }       // CRC2 = 0x0000
    }
```

练习题

一、选择题

1. DAC0832 是（   ）。

    A．8 位 D-A 转换芯片　　　　　　　　B．8 位 A-D 转换芯

    C．10 位 D-A 转换芯片　　　　　　　　D．10 位 A-D 转换芯片

2. DAC0832 是（   ）。

    A．电压输出型 D-A 转换芯片　　　　　B．电流输出型 D-A 转换芯片

C. 双积分输出型 D-A 转换芯片　　　　D. 逐次逼近输出型 D-A 转换芯片

3．在使用多片 DAC0832 进行 D-A 转换的应用中，它的两级数据锁存结构可以（　　）。
    A. 保证各模拟电压能同时输出　　　　B. 提高 D-A 转换速度
    C. 提高 D-A 转换精度　　　　　　　　D. 增加可靠性

4．提高 A-D 或 D-A 转换器的位数，（　　）。
    A. 只能提高分辨率，和量化误差无关
    B. 能提高分辨率和减小量化误差
    C. 能提高分辨率和增大量化误差
    D. 能减小量化误差，和分辨率无关

5．A-D 转换器是把（　　）。
    A. 把数字量转换成模拟量　　　　　　B. 把电压转换成数字量
    C. 把模拟量转换成数字量　　　　　　D. 把电流转换成数字量

6．一个满量程 V_{fs}=5.12V 的 10 位 ADC，能够分辨输入电压变化的最小值为（　　）。
    A. 2.4mV　　　　B. 4.8mV　　　　C. 5mV　　　　D. 10mV

7．STC12C5A60S2 单片机的 A-D 转换输入是在（　　）。
    A. P0 口　　　　B. P1 口　　　　C. P2 口　　　　D. P3 口

8．在使用 STC12C5A60S2 单片机的 A-D 转换时，要把用于 A-D 转换输入的引脚设置成（　　）。
    A. 准双向输入　　B. 推挽式输出　　C. 高阻输出　　D. 高阻输入

9．STC12C5A60S2 单片机内含的 A-D 转换器是（　　）。
    A. 8 位 A-D 转换芯片　　　　　　　　B. 12 位 A-D 转换芯
    C. 10 位 D-A 转换芯片　　　　　　　　D. 10 位 A-D 转换芯片

10．STC12C5A60S2 单片机内含的 A-D 转换器是（　　）。
    A. 双积分式 A-D 转换芯片　　　　　　B. 逐次逼近式 A-D 转换芯片
    C. F/V 式 A-D 转换芯片　　　　　　　D. V/F 式 A-D 转换芯片

11．STC12C5A60S2 单片机中 A-D 转换中断的中断号为（　　）。
    A. 4　　　　　　B. 5　　　　　　C. 6　　　　　　D. 7

12．STC12C5A60S2 单片机中 A-D 转换中断的入口地址为（　　）。
    A. 001BH　　　　B. 001CH　　　　C. 002BH　　　　D. 002CH

13．STC12C5A60S2 单片机内含的 A-D 转换器可对（　　）进行分时 A-D 转换。
    A. 4 路模拟输入　　　　　　　　　　B. 6 模拟输入
    C. 8 路模拟输入　　　　　　　　　　D. 7 路模拟输入

14．STC12C5A60S2 内部的 EEPROM 每个扇区包含（　　）。
    A. 1024 字节　　B. 256 字节　　C. 128 字节　　D. 512 字节

15．STC12C5A60S2 内部 EEPROM 的擦除操作是（　　）。
    A. 按字节擦除　　　　　　　　　　　B. 按扇区擦除
    C. 不能擦除　　　　　　　　　　　　D. 按时间擦除

二、简答题

1．DAC0832 与 89C52 单片机连接时有哪些控制信号？其作用是什么？

2．以 DAC0832 为例，说明 D-A 的单缓冲与双缓冲有何不同。

3．试述 A-D 转换器的种类和特点。

4．编写 STC12C5A60S2 系列单片机 A-D 转换程序时，主要有哪些步骤？

5．使用 STC12C5A60S2 内部 EEPROM 时要注意哪些问题？

6．LCD1602 的初始化编程包括哪些内容？

三、编程题

1．设计锯齿波信号发生器，要求频率范围在 1Hz～1kHz 可调，设置频率调整按键控制频率步进为 100Hz。

2．采用 DAC0832 设计一个正弦波信号发生器，输出信号频率为 20Hz。

3．编写程序在 P1.0 输入模拟量 0～5V，经 A-D 转换后在 3 位数码管上显示 0.00～4.99。

附　　录

《单片机控制技术及应用》学生工作任务单

任务 2		流水灯控制			学时		4
姓名		学号		班级		日期	
同组人							

任务描述：

在 P1 口外接 8 个 LED，流水灯电路图如图 6-1 所示。编写控制程序，使这 8 个 LED 按表 5-1 所示的规律变化，变化的间隔时间大约 0.5s。

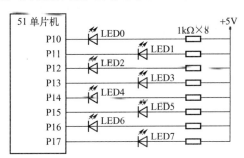

图 6-1　流水灯电路图

表 6-1　LED 变化规律表

状　态	P1.7	P1.6	P1.5	P1.4	P1.3	P1.2	P1.1	P1.0	说　明
1	○	○	○	○	○	○	○	○	保持 0.5s
2	●	○	○	○	○	○	○	●	保持 0.5s
3	●	●	○	○	○	○	●	●	保持 0.5s
4	●	●	●	○	○	●	●	●	保持 0.5s
5	●	●	●	●	●	●	●	●	保持 0.5s
6	○	○	○	○	○	○	○	○	保持 0.5s
7	○	○	○	●	●	○	○	○	保持 0.5s
8	○	○	●	●	●	●	○	○	保持 0.5s
9	○	●	●	●	●	●	●	○	保持 0.5s
10	●	●	●	●	●	●	●	●	保持 0.5s

注：●→亮　　○→灭

步骤一：资讯

1．发光二极管为什么要加限流电阻？限流电阻是如何计算的？

2．单片机如何控制 I/O 口？如果使 P1 口的 P1.3=0，可用几种语句实现？

3．机器周期是什么意思？如果系统时钟频率为 12MHz，机器周期等于多少？

4．在单片机时钟频率为 12MHz 的前提下，分别用 while 语句和 for 语句编写延时 0.5s 的程序。

步骤二：决策与计划

在教师指导下，以小组为单位讨论编写控制程序。

步骤三：实施

1．操作步骤

1）上机，在 Keil 环境下输入源程序，编译成.hex 文件。

2）用下载线连接单片机，用 STC-ISP 软件下载.hex 文件到单片机中，查看运行结果。

2．问题分析

运行结果和任务要求是否一致？如不一致，分析原因。

步骤四：检查

1．小组成员自查和互查，进行补充完善。

2．推荐小组将结果进行展示解说。

3．检查学习目标是否达到，确定任务是否完成。

步骤五：评价

评价方式：小组评价、教师评价，最后按得分原则进行各项赋分。

评分标准如下。

序　号		评分项目	分　值	小组评价	教师评价	备　注
1	知识能力	主动学习理论知识 正确回答引领问题	30			
2	实践能力	正确使用工具及实验设备	10			1. 电源 2. 下载线 3. Keil 使用、STC 下载
		正确完成实验任务	40			
		创新加分	20			采用算法新颖、程序编制有创意、主动探寻新方法
3	职业素养	团队协作能力	20			若不遵守实验室规则，缺乏职业操守，则将从总分中扣除相应分数
		迟到	−5			
		早退	−5			
		桌面不整洁	−5			
		工作时吃东西	−5			
		吵闹、喧哗	−5			
4	不能独立完成任务，如有抄袭及其他非独立完成任务的方法，以上所有分值为零		−100			1. 实践时禁止使用 U 盘和其他的存储体 2. 可以相互讨论，但禁止抄袭他人的程序，更不允许代写程序或代操作 3. 作弊者取消双方的成绩
5	最后得分					综合得分

参 考 文 献

[1] 马忠梅. 单片机 C 语言应用程序设计[M]. 北京：北京航空航天大学出版社，2007.

[2] 张毅刚. 单片机原理及应用[M]. 北京：高等教育出版社，2010.

[3] 张培仁. 基于 C 语言编程 MCS-51 单片机原理及应用[M]. 北京：清华大学出版社，2003.

[4] 彭伟. 单片机 C 语言程序设计实训 100 例[M]. 北京：电子工业出版社，2012.

[5] 唐耀武. 单片机原理及接口技术-C 语言程序设计[M]. 吉林：吉林出版集团有限责任公司，2014.

[6] 艾运阶，等. MCS-51 单片机项目教程[M]. 北京：北京理工大学出版社，2012.

[7] 闫玉德，等. MCS-51 单片机原理与应用[M]. 北京：机械工业出版社，2010.